DOJIN
SENSHO

85

400 年生きるサメ、4 万年生きる植物

生物の寿命はどのように決まるのか

大島靖美 著

① ニシオンデンザメ。出典8より転載／② ホッキョククジラ。出典9より転載／③ アルダブラゾウガメのジョナサン。出典11より転載／④ シロエリハゲワシ。出典14より転載／⑤ いろいろなサンゴの群落。出典30より転載／⑥ ヤマトヒドラ（*Hydra vulgaris*）。出典31より転載／⑦ ニホンベニクラゲ。提供：三宅裕志 氏[32]／⑧ アイスランドガイの貝殻。出典26より転載／⑨ シオミズツボワムシ（*Brachionus plicatilis*）。出典24より転載。

⑩　世界最長寿の植物タスマニアロマティアの野生の状態と花。Royal Tasmanian Botanical Gardenのサイト(48)より。写っている人はそこの職員A. MacfadyenでN. Tapsonが撮影／⑪　群体植物クレオソートブッシュ。出典49より転載／⑫　樹齢9550年のトウヒの木、スウェーデン。出典50より転載／⑬　樹齢約5000年のイガゴヨウマツの木。アメリカ・カリフォルニア州シエラネバダ山脈で。出典52より転載／⑭　屋久島の縄文杉。出典53より転載／⑮　アメリカ・ユタ州フィッシュレイク国有林のポプラの林（Pando）。出典 61 より転載／⑯　モウソウチク（孟宗竹）。北九州市合馬竹林公園で2019年に筆者撮影。

⑳　クモランの花。出典 150 より転載／㉑　ヘラオオバコ。出典 152 より転載／㉒　*Borderea pyrenaica* の雄株。出典 155 より転載／㉓　ニオイヒバ。出典 159 より転載／㉔　ブナの木。出典 165 より転載／㉕　大賀ハス。出典 173 より転載。

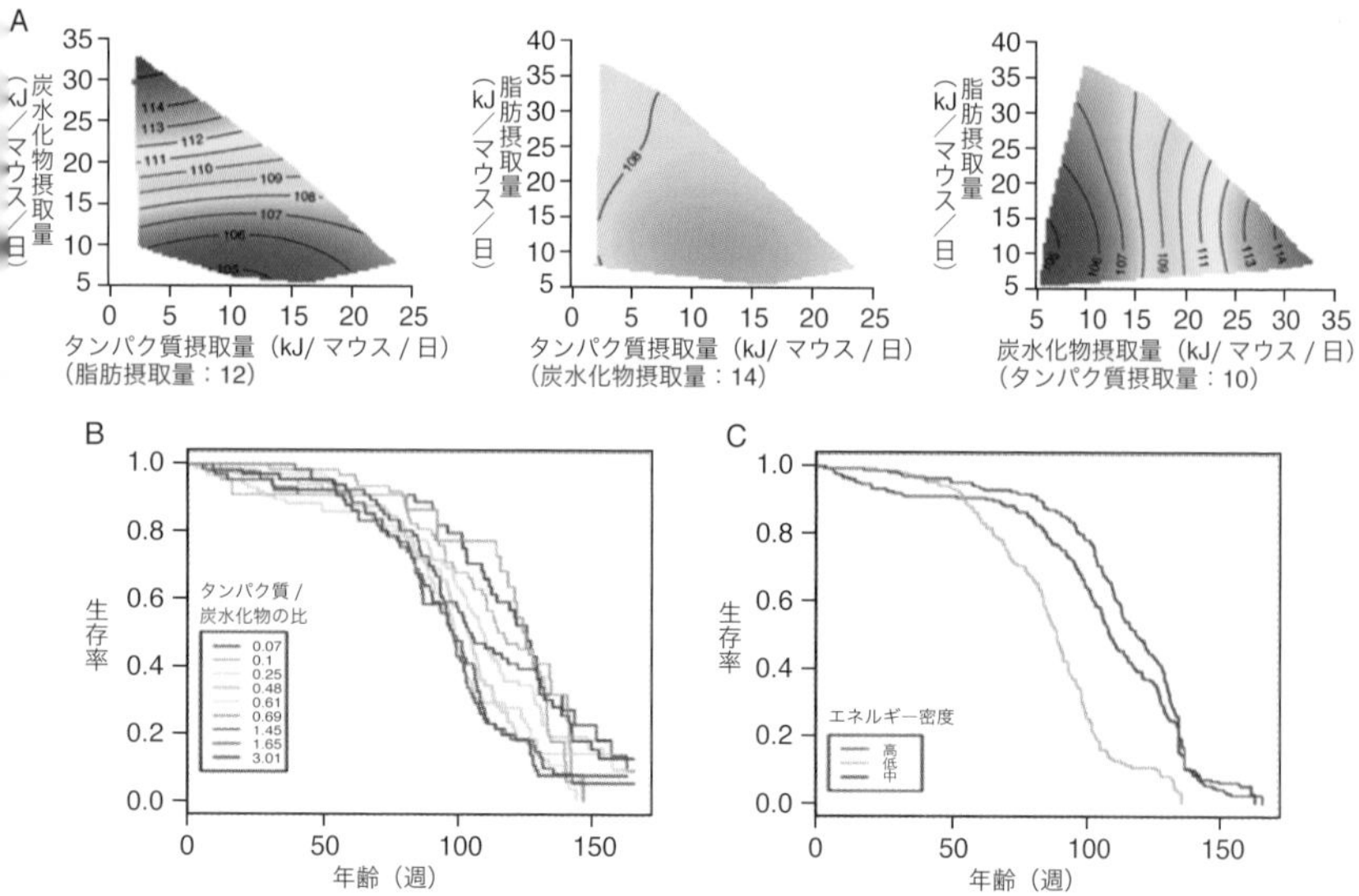

⑰　マウスの寿命に対する栄養素の効果。（A）タンパク質、脂肪、炭水化物の摂取量と寿命の中央値（単位：週）の関係を示すグラフ。くわしい説明は本文参照のこと。（B）摂取するタンパク質/炭水化物の比による寿命の変化を示す生存曲線。（C）3段階のえさのエネルギー密度での生存曲線の比較。出典78のFigure 2 A、B、Cを基に作成。

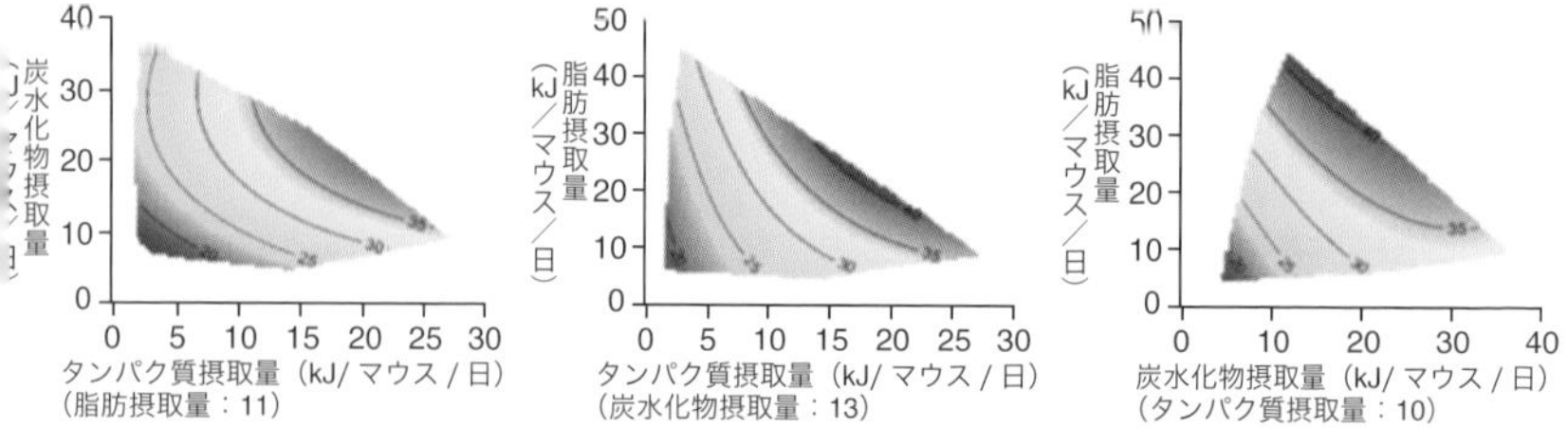

⑱　タンパク質、脂肪、炭水化物の摂取量とマウスの体重（単位：g）の関係を示すグラフ。出典78のFigure 5Aを基に作成。

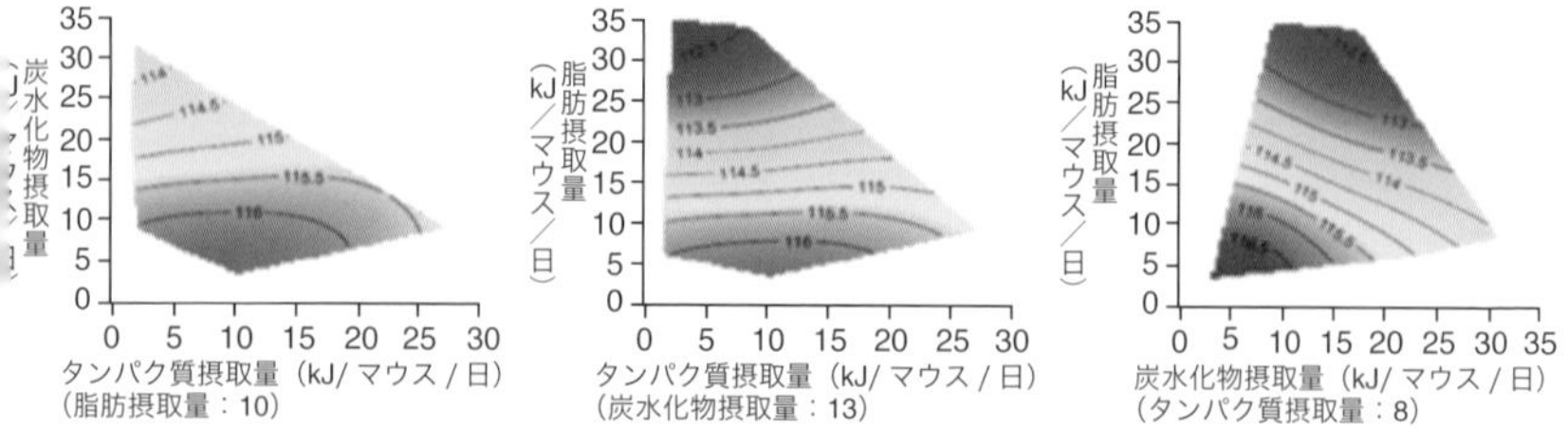

⑲　タンパク質、脂肪、炭水化物の摂取量とマウスの収縮期の血圧（単位：mmHg）の関係を示すグラフ。収縮期の血圧＝最高血圧を示すが、弛緩期の血圧でも同様。出典78のFigure 5Cを基に作成。

はじめに

われわれ日本人の平均寿命は、男女平均して現在80歳前後であろう。一般に、ある生物の平均寿命はそれが生きている環境によって大きく異なるが、生物の最長寿命は基本的に遺伝子によって決定されており、その生物固有の特徴の一つと考えられる。日本人の最長寿命は確からしい記録のある範囲で１１７年であり、人類全体では１２２年とされている。

２００２年の原著を翻訳した『数値で見る生物学』という本には、いろいろな動物の最長寿命が記されている。これによると、哺乳動物ではヒトが最長（１１８年）であり、ついでナガスクジラ１１６年、ロバ１００年となっている。ほかの動物グループでの寿命の最長は、鳥類がシロエリハゲワシの１１８年、爬虫類ではガラパゴスゾウガメの１７７年、魚類ではチョウザメの１５２年、無脊椎動物では軟体動物オウムガイの60～１００年と記されている。このように、脊椎動物で寿命が長いものはどれも比較的大型で、最長寿命は１００年を超えている。他方、われわれに身近なイヌ、ネコなどは平均寿命が10～20年、最長寿命がネコで35年である。無脊椎動物の半数あまりを占める昆虫類の寿命は一般に短く、たとえばショウジョウバエの最長寿命は46日とされている。

これらが、しばらく前まで私たちの多くが知っていた動物の世界の寿命であった。しかし最近では、ある種のサメの寿命が約４００年、アイスランド貝の寿命が最長５００年あまりと報告され、さらにヒドラ、ベニクラゲ、サンゴや海綿がつくる群体の寿命が４０００年以上あるいは不老不死などと推測されている。

植物については、以前から樹木の寿命の最長記録が約５０００年とされていて、当時既知の動物の寿命よりはるかに長いものであった。最近は、植物についても、群体をつくっているもので寿命4万年以上と推定されているものがあり、動物よりやはり桁違いに長いらしい。生物の寿命はじつに驚異的である。

他方、動物の寿命を決定する遺伝子や分子の研究が、30年ほど前から線虫、ショウジョウバエなどを中心としてされるようになっていたが、最近はマウスなどの哺乳動物やヒトでの研究が活発に行われ、非常に多くの論文が発表されている。これを背景として、哺乳類を含む動物の寿命やこれと関連の深い老化の調節機構が明らかになりつつあり、ヒトの老化を防ぎ、寿命を延ばす具体的な方法も示唆されている。

私は長年、分子生物学の研究をしていたが、その中で線虫の寿命の研究をしたこともあり、生物の寿命にずっと関心をもってきた。このような状況を背景として、われわれにとって切実な問題であるヒトの寿命の決定要因とともに、広く動物・植物の寿命やその研究の全体像を記したいと考えて本書を執筆した。一言で言えば、寿命はその生物の生活の総決算である。したがって寿命の決定機構は複雑でまだ研究の途上であるが、その概要は述べることができる。寿命について動物と植物の比較も面白く、将来のヒトの寿命の延長にも役立つかもしれない。ご自分の寿命に関心をもつ中高年の方々、生物に広い興味をもつ一般の方々、生物学の研究者や学生諸君など、多くの方々が本書を興味をもって読んでいただけるものと期待している。

４００年生きるサメ、４万年生きる植物◉目次

目次

第6章　植物の寿命の研究　145

第1章　400年生きるサメ、4000年生きるサンゴ――動物の寿命

1・1　脊椎動物の寿命ランキング

1位：ニシオンデンザメ

脊椎動物の各グループについて、いくつかの動物の最長寿命を表1－1に示す。それぞれのグループは、寿命の短いものから長いものの順に並べた。これらの動物の中で、最長寿命がもっとも長いものは、ニシオンデンザメ（*Somniosus microcephalus*、英名：Greenland Shark）というサメの1種（口絵①）であり、その寿命がごく最近（2016年）報告された。このサメは、北大西洋および北極海に広く棲息し、メスのほうが大きく、その多くが4～5mに達するという[2]。

その最長寿命は表のとおり392±120年と報告されているが、これは調べた28匹の雌のサメの中でもっとも大きいもの（体長約5m）についての、眼のレンズの**放射性炭素**による寿命の推定値であるため、かなり幅がある（±120年は、95%＝2σの信頼限界を示す）。もっとも長い場合、寿命は約500年という可能性があり、さらに大きい個体がいればもっと長いかもしれない。いず

表 1-1　脊椎動物各グループの最長寿命

動物種	最長寿命	動物種	最長寿命
魚類		**鳥類**	
グッピー	5 年	ハチドリ	8 年
サケ	13 年	ニワトリ	30 年
ジンベイザメ	70 年	ツル	62 年
コイ	70～100 年	ダチョウ	62 年
ウナギ	88 年	フクロウ	60～70 年
チョウザメ	152 年	コウノトリ	70～100 年
ニシオンデンザメ	392±120 年[(2)]	コカトー	100 年
両生類		シロエリハゲワシ	118 年
ヒキガエル	40 年	**哺乳類**	
オオサンショウウオ	55 年	トガリネズミ	1.5 年
爬虫類		ハツカネズミ	4 年
ボア	40 年	ブタ	27 年
アメリカアリゲーター	66 年	イヌ	34 年（飼育下）
ムカシトカゲ	100 年	ネコ	35 年
ガラパゴスゾウガメ	177 年[(3)]	チンパンジー	59 年[(5)]
アルダブラゾウガメ（ジョナサン）	183 年[(4)]	ウマ	61 年（飼育下）
		インドゾウ	69 年[(5)]
		ロバ	100 年
		ナガスクジラ	116 年[(6)]
		ヒト	122 年[(6)]
		ホッキョククジラ	211±35 年[(7)]

出典 1 の表 1.1.2 より抜粋。ただし、(2)～(7) の数値は、巻末の出典リストのそれぞれの番号より引用。

れにしても、これが現在知られている脊椎動物の最長寿命の1位であると考えられ、以前1位とされたガラパゴスゾウガメ、チョウザメなどの2～3倍長いという画期的な発見といえよう。

寿命を決めるのは難しい

ニシオンデンザメの例では、寿命は推定であって、その幅が大きいが、表中のその他の例でもコイやコウノトリの70～100年などの値には大きな幅がある。最長寿命が正確と思われる例は、イヌ、ウマなど、元の表には飼育下で記録されたと記されているものであり、グッピー、ニワトリ、ネコなども飼育下の記録でほぼ正確と思われる（なおギネスブックではネコの長寿の記録は34歳とされる）。しかし、表の中の多くの最長寿命は正確ではなく、推定値であろう。

飼育下であって正確な記録がある場合を除いて、一般に動物の寿命を正確に決めることは難しく、とくに長寿のものほど難しいことは容易に想像できる。動物の寿命を測定、あるいは推定する方法については、第9章にまとめて述べる。この表は、動物の寿命を考えるうえで非常に重要なものであるが、このようなことを念頭において見ていただきたい。

2位：ホッキョククジラ

表1－1に戻ろう。2番目に長い最長寿命は、哺乳類のホッキョククジラ（別名グリーンランドクジラ、*Balaena mysticetus*）の211±35年である。[7] ホッキョククジラ（口絵②）は、ヒゲクジラ亜目に属する大型のクジラの1種であり、ニシオンデンザメのように、極地の寒い海に棲《す》み、最大20m前後に達する。[9] この寿命は、48頭のクジラについて、目のレンズの細胞核中のアミノ酸の一つ、アスパラギン酸のラセミ化の程度を指標として推定した寿命の中で、もっとも長いものである。

なお、日本の東白川村で飼われていた花子というコイは、鱗からの推定年齢226歳であり、[10] ギネスブックにも登録されているらしいが、この値の信憑《しんぴょう》性が問題視されているとあるので、ここではリストに載せないことにした。

3、4位：カメ

表1－1で3番目、4番目に長い最長寿命は、爬虫類であるアルダブラゾウガメ（別名セーシェルゾウガメ）の183年、ガラパゴスゾウガメの177年である。どちらも陸生で大型のカメであるが、ジョナサンという名のアルダブラゾウガメ（口絵③）は、2016年現在183歳で元気であり[4]、今も生きていれば186歳であろう。別の資料によると、このジョナサンは2014年の時点（182歳）で、信頼に足る飼育記録が残されている、同種あるいは類似の種の生存個体の中でもっとも長寿であるという[11]。なお、インドの動物園で飼育されていたアルダブラゾウガメのアドワイチャが255年生きたという記録があるとも言われるが、科学的根拠がないという[11]。

ガラパゴスゾウガメの最長寿命177年については、『生物の大きさとかたち』[12]に記されているが、その根拠は不明である。なお、別の記載では、オーストラリアの動物園のガラパゴスゾウガメで176年の記録があるという。

5〜8位

5番目に長いのは**チョウザメ**の152年、6番目に長いのは、哺乳類であるヒトの122年である。これは、フランス人女性ジャンヌ・カルマン（Jeanne-Louise Calment、図1－1）の寿命に基づく。カルマンは1875年2月21日に生まれ、1997年8月4日に死亡したという記録が残されており、生死の確実な証拠がある人の中で最長寿であったとされている[6][13]。なお、**日本人の最長寿の記録**は現在塗り替えられている。1年ほど前から福岡県在住の田中カ子《かね》さんがギネスワールドレコーズ社により存命中の世界最高齢者と認定されていたが、つい最近彼女が117歳となり、しかも元気であると報道された（2020年1月6日付毎日新聞）。日本人の長寿の象徴として、われわれにとって嬉しいニュースである。

7番目は鳥類の**シロエリハゲワシ**（口絵④）の118年である。シロエリハゲワシは、タカ科の猛禽《もうきん》類であり、翼を広げたときの大きさ（翼幅）が2・6mと大型である。[14] 8番目は、ナガスクジラの116年である。

寿命の短い動物

他方、表の中で最長寿命が短い動物は、哺乳類のトガリネズミ1・5年、ハツカネズミ4年、魚類のグッピー5年、鳥類のハチドリ8年などである。これらはいずれも体が非常に小さく、ハツカネズミ（約20g）のほかは体重が数gかそれ以下である。寿命の長い動物はどれも大型であり、脊椎動物全体をおおざっぱに見ると、寿命と体重は相関すると思われる（第7章参照）。

なお、最長寿命34年とされるイヌの日本での平均寿命は、ペットフード協会が行った「平成28年全国犬猫飼育実態調査」によると、14・36歳であるという。[15] 最長寿命の約4割である。

図1－1　ヒトの最長寿記録をもつとされるジャンヌ・カルマン。
出典6より転載。

＊＊＊

このほか、50種類あまりの鳥の寿命のリスト[16]、200種類ほどの魚の寿命のリスト[17]をそれぞれネットで見ることができるので、興味のある方は参照してほしい。

1・2　ヒトの平均寿命

人間の最長寿命は約120年であるが、平均寿命はどのくらいであろうか。WHO（世界保健機関）発表の2018年版の統計によると、2016年の世界平均は男女あわせて72・0歳（男性69・8歳、女性74・2歳）である。女性のほうが男性よりも4歳あまり長生きである。

世界各国の平均寿命

人間の平均寿命は、国によって違う。表1-2に、同じ統計の中から、寿命の長い国、短い国トップ10を抜粋した。これによると、最長の日本が84・2年、最短のレソトが52・9年で、平均寿命が30年あまり違う。寿命の長い10カ国はヨーロッパ、アジアなどの国々であるが、短い10カ国がすべてアフリカの国であるのが印象的である。われわれにとって、日本が世界トップクラスの長寿国であるのはありがたいことである。他方、アフリカの多くの国の平均寿命が短い第一の理由は、以前植民地だった影響で、いまでも貧しいためと思われる。人種や気候・風土の違いも関係するかも

表1-2　平均寿命の長い国、短い国トップ10（2016年）

寿命の長い国			寿命の短い国		
順位	国	平均寿命（年）	順位	国	平均寿命（年）
1	日本	84.2	183	レソト	52.9
2	スイス	83.3	182	中央アフリカ共和国	53.0
3	スペイン	83.1	181	シエラレオネ	53.1
4	オーストラリア	82.9	180	チャド	54.3
4	フランス	82.9	179	コートジボワール	54.6
4	シンガポール	82.9	178	ナイジェリア	55.2
7	カナダ	82.8	177	ソマリア	55.4
7	イタリア	82.8	176	スワジランド	57.7
9	韓国	82.7	175	マリ	58.0
10	ノルウェー	82.5	174	カメルーン	58.1

WHO World Health Statistics（世界保健機関世界保健統計）2018年版による。

しれない。

男女別の平均寿命については、男性は1位スイス（81・2年）、2位日本（81・1年）、3位オーストラリア（81・1年）であり、女性では1位日本（87・1年）、2位フランス、スペイン（85・7年）であった。

なお、この統計には、数値の示されている183の国のほかに、数値のない国・地域の名前が12示されている。その中にも香港は含まれていない。香港は国ではなく、中国の一部であり、またWHOに加盟していないためと思われる。しかし、世界銀行による統計では、男女とも長寿1位は香港であった。毎日新聞（2018年7月21日）には、厚生労働省の簡易生命表により、2017年の日本人の平均寿命は女性87・26年、男性81・09年で、ともに前年より寿命が延び、女性は前年と同じく世界2位、男性は順位を一つ落として世界3位、1位はともに香港、男性の2位はスイスと報道されている。いまでも国の中では日本が男女あわせて世界一の長寿国かもしれない。

人間の寿命の延び

人間の平均寿命は、人類の歴史の中で大きく延びてきている。リヴィーバッチ著『人口の世界史』[18]によると、その平均寿命の推定値は紀元前1万年で20年、紀元0年で22年、1750年（日本では江戸時代中期）で27年、1950年で35年、2000年で56年と記されている。とくに近年の延びは著しく、1950年以降に2倍以上になっている。これは、医学の発展、食料や経済状態の改善などによると思われる。このように、人間の平均寿命は、明らかに文明の発展に伴って著しく延び、最近の世界平均値72年は、最長寿命約120年の0割であって、イヌの場合（約4割）より最長寿命に占める割合が高い。

平均寿命の延びは、世界平均でも日本においてもまだ続いている。日本では、2016年に比べて2017年には、男女とも約0・1年延びた。この平均寿命の延びはまだしばらくは続くと思われるが、いつまで続くか予想するのは難しい。

1・3　脊椎動物の長寿の要因

一般に動物の寿命を決めるしくみは非常に複雑で、要因も多岐に渡る。第7章で分子レベルも含めてまとめて述べるが、ここではいままで記したことから読み取れる、脊椎動物の長寿の重要な要因と思われるものを拾い出してみよう。

長寿の要因は、生物そのものに内在するものと、棲む環境要因とに大きく分けることができる。表1－1などから、非常に長寿な動物はどれもかなり大型のものであることがわかる。すなわち、**体の大きいこと**が長寿の要因の一つであると考えられる。これは、恒温動物（哺乳類・鳥類）、魚類・爬虫類などの変温動物の両方に当てはまる。また、棲むところが陸上であろうが、水中であろうが当てはまる。

体が大きいことが長寿の要因である理由は、簡単にいうと温度・食料などの環境の変化や不利な環境に耐えやすいためであろう。たとえば、最長寿命1位のニシオンデンザメ、2位のホッキョククジラともに低温の海に棲むが、体が大きいために体の深部の体温はかなり高く、生活や成長を支える代謝反応をある程度活発に保っている。

環境要因としては、いま述べたニシオンデンザメ、ホッキョククジラともに低温の海に棲むことから、**棲む環境の温度が低めであること**が長寿の要因と考えられる。温度が低いと成長が遅く、成体になるのに長い時間がかかるので、長生きになると理解できる。環境の温度の低さが、成長の遅さという生体の性質を引き起こしている。そして、成体が大きいと、非常な長寿となる。

低温の海に棲むことは、基本的に遺伝子で決まる生物の性質であると考えられるので、最長寿命が長い要因は結局動物の体内にあるといえよう。

ヒトやイヌの平均寿命については、棲む環境の要因が大きい。国や時代による人間の平均寿命の違いから明らかである。

1・4　無脊椎動物の寿命ランキング

無脊椎動物についても、脊椎動物と同じように、分類グループごとにいろいろな動物の最長寿命を示そう（表1－3）。ここでは、分類グループは、海綿動物門、刺胞動物門、軟体動物門など、生物分類のもっとも大きな単位である「門」としている。無脊椎動物についても、寿命の研究が最近大きく進み、最長寿命が1000年を超える例がいくつも報告されている。

1、3位：サンゴ

表1－3に示した最長寿命の数値で、それが比較的確実と思われるものの中での1位、3位はともに刺胞動物の**サンゴ**である。口絵⑤はいくつかの種類のサンゴの群落である。刺胞動物はクラゲ、サンゴ、イソギンチャク、ヒドラなどの動物が属するグループであり、以前には腔腸動物と呼ばれていた。刺胞とは、毒を注入する、餌を取るなどのために用いる器官であり、刺胞動物はこれをもつのが共通の特徴である。

表の二つのサンゴについては、ともにハワイ近海の生きたサンゴを用い、放射性炭素による年齢測定法により推定した。[20] 年齢4265年、1位のサンゴは、通称黒サンゴとも呼ばれる六放サンゴ亜綱ツノサンゴ目のサンゴの一つである。年齢27400年の3位は八放サンゴ亜綱のサンゴで、刺

表 1-3　無脊椎動物の最長寿命

動物の門と種	最長寿命	動物の門と種	最長寿命
海綿動物門		**軟体動物門**	
ガラスカイメン	9000年[19]?	コウイカ	5年
刺胞動物門		カキ	12年
ウメボシイソギンチャク	15年	ヨーロッパタマキビ	20年
イシサンゴ	＞28年	オウムガイ	60～100年
八放サンゴ *Geradia* sp.	2740±15年[20]	イケチョウガイ	100年
黒サンゴ *Leiopathes* sp.	4265±44年[20]	アイスランドガイ	507年[26,27]
ヤマトヒドラ	＞3572年[21]	**節足動物門**	
ベニクラゲ	永久？[22,23]	ショウジョウバエ	46日
扁形動物門		ナンキンムシ	6カ月
サナダムシ	35年	イシムカデ	5～6年
輪形動物門		カマキリ	8年
シオミズツボワムシ	14日[24]	ザリガニ	20～30年
線形動物門		ロブスター	45年
Cエレガンス	36日[25]	ナステイテルメス・シロ	100年[28,29]
カイチュウ	5年	アリの女王	
環形動物門		**脊索動物門**	
ミミズ	10年	ナメクジウオ	7カ月

特記のないものは、出典1の表1.1.2より抜粋。カッコ内の数字は、巻末の出典リスト中の出典の番号を示す。

胞動物の中の分類は大きく異なる。これらの半径38㎜、または19㎜の半ば化石化した（石灰質の）枝の切片について、表面からのいろいろな深さでの放射性炭素を測定すると、調べた部分はほとんど代謝を受けていないと判断された。そのため、放射性炭素のレベルによって各部分が生成された年代が推定できた。たとえば、1位のサンゴのもっとも内部については、^{14}Cのレベルが表面付近より約40％低い。^{14}Cの半減期は5730年であるからそれに近い数千年の年齢であることが理解できる。

2位：ヒドラ？

表1－3の中で、比較的確実と

思われる推定寿命の2位は、ヤマトヒドラの一種（*Hydra magnipapillata*）の3572年（より長い）である。[21] 口絵⑥は類似（同属）のヒドラである。ヒドラも刺胞動物門に属するが、淡水に棲み、ユニークな形をしており、大きさは2・5㎝以下と小さい。口絵⑥のヒドラ（*H. vulgaris*）もよく研究されており、調べたものの中で最長の寿命は1893年（より長い）と推定されている。これらヒドラは、数年間に渡る飼育実験においてほとんど老化せず、死亡率が非常に低く、その死亡率からこのような長い寿命が推定されたのであり、実際にこれだけ生きた証拠があるわけではない。[21]

ベニクラゲは不老不死？

ベニクラゲは同じ刺胞動物門ではあるが、ヒドロ虫綱、花クラゲ目に属する、いわゆるクラゲの一種である（口絵⑦）。このベニクラゲは、不老不死である可能性があると言われる。[22][23] その根拠は、成熟個体（クラゲ）が触手の収縮、傘の反転、体の縮小などを経て岩礁などに付着しポリプとなり、ふたたびクラゲへと発生を繰り返す能力があると観察されたことである。このことは、1991年にチチュウカイベニクラゲ（*Turritopsis dohrnii*）で初めて発見されセンセーションを起こしたが、別のベニクラゲ（*T. nutricula*）でも確認された。[22] 有性生殖が可能な成熟個体が未成熟な状態に若返りする例は、多細胞動物ではきわめて稀で、ほかにはヤリラクラゲでのみ報告されているという。日本でも、京都大学臨海実験所の久保田信准教授が鹿児島湾で採取したベニクラゲで、最高10回若返りさせることに成功した。[23] これらの事実は、ベニクラゲが無限に生き続ける可能性があることを示すが、現在のところ確かな長寿記録としてはサンゴ類にはるかに及ばないようなので、ここでは

「永久？」とした。

寿命が長い群体

サンゴをはじめ、刺胞動物の多くは「**群体**（colony）」として生活しているという特徴をもつ。群体とは、「分裂または出芽によって生じた新個体が、互いに体の一部分または外に分泌した殻などの構造によって連結された、個体の集合体」であり、原生生物からホヤに至るまで多くの例があるという。[33] 植物においても、桁違いに長い、1万年程度またはそれ以上の寿命をもつとされるものの多くはこの群体であり、サンゴが非常な長寿であることは、おそらく群体を形成していることによると考えられる。群体は、上の定義のように、無性的な細胞の分裂や出芽によって新しい個体ができることを基にしてつくられ、それぞれの個体の寿命が長くなくても、新しい個体が次々につくられることにより、全体としては寿命が長くなるからである。原理としては、ベニクラゲと同じく不死である可能性もある。ベニクラゲのような、いわゆるクラゲの成体は群体ではないが、クラゲの発生途中の形態であるポリプは群体であり、この群体的な性質がベニクラゲの長寿と関連するかもしれない。

海綿動物

海綿動物は、多細胞動物の中でもっとも原始的とされる動物群であり、これもサンゴやクラゲと同じように海に棲み、また群体をつくる。寿命9000年の可能性があるガラススポンジ（glass sponge）は、タコアシカイメン（*Aphrocallistes vastus*）、キヌアミカイメン（*Farrea occa*）ともう1種類の海綿（*Heterochone calyx*）がカナダ太平洋岸につくる巨大な集合体を指す[19]。確かなら最長寿命1位となるが、寿命推定の根拠が示されていないので、表1-3には参考として記した。これも群体であり、個体の寿命の長いものは200〜250年と推定している。

4位：貝

表1-3の中で確実と思われる長寿記録の第4位は、507歳の**アイスランドガイ**（*Arctica islandica*、口絵⑧）である。この貝は北大西洋沿岸地域では一般的な食用の2枚貝であり、海ホンビノスガイなどの別名がある。大きさは、大きいもので貝殻が5cmあまりである。この貝では、貝殻の外側に木の年輪のような模様ができるので、その数を数えることにより年齢が推定できるとされている。

2007年に、イギリス・バンガー大学のスコース、バトラーらのグループが過去の気候変動を調べる目的でこの貝200個を採取して、その年齢を調べた。そのときもっとも長寿と思われた個体の年齢が405〜410歳であり、Ming（明）と名づけられた。しかし、2012年にふたたび年輪を調べ、また放射性炭素による年代測定も行った結果、この個体の年齢が507歳と推定された。この貝は、ある年齢になると成長が遅くなり、多くの個体が同じような大きさであって、大きさだけでは年齢がわからないという[26][27]。

このアイスランドガイについては、その長寿の原因の研究も行われ、酸化ストレスに対する耐性が高いと報告されている[34][35]。その一つ[34]に507歳の年齢推定についての論文[36]が引用されている。

アイスランドガイは、多くの貝、イカ、タコなどが含まれる軟体動物に属している。軟体動物は、無脊椎動物の中ではかなり進化したグループであって、サンゴなどのような群体はつくらない。アイスランドガイは、脊椎動物（表1－1）のどれよりも長寿であり、群体でない生物個体の最長寿記録をもつとされている。脊椎動物の長寿記録をもつニシオンデンザメやホッキョククジラが非常に大型であるのに比べて、アイスランドガイがずっと小型であるのが興味深い。

表1－3にリストしたオウムガイ、イケチョウガイなども100年程度の長寿とされ、今後アイスランドガイよりも長寿の貝が見つかるかもしれない。アイスランドガイは、やや寒い海に棲み、成長が遅いことは脊椎動物の長寿記録をもつサメやクジラと似ており、それが長寿の要因の一つである可能性もある。

寿命が短い無脊椎動物

表1－3の中で、最長寿命がもっとも短いのは、シオミズツボワムシの14日である[24]。シオミズツボワムシは、ワムシという一般名で呼ばれる輪形動物の一つである。ワムシは、大きさ1㎜以下の、運動活発な微小動物（プランクトン）で、陸水（淡水）に多く、世界中で1500種あまりが知られている[37]。ワムシはわれわれの多くがほとんど知らない生物群であるが、シオミズツボワムシ（口絵⑨）は、汽水域に棲むプランクトンで、海水魚の餌にするため、大量に養殖され利用されている。口絵⑨はそのメスで、大きさ0・2㎜前後、消化管などやや複雑な体制をもつが、雄は消化管を欠

き、メスより小さい[24]。

表の中で最長寿命の短いほうから2番目は、線形動物（線虫）Cエレガンスの36日である。Cエレガンスは、小さく細い虫で長さ1㎜ほどである。この虫は、自然界では土の中、落ち葉の表面などにたくさんいるとされているが、50年ほど前から研究に使われるようになり、いまではショウジョウバエと並ぶ重要なモデル動物として世界中で研究されている。小さく、多くの個体を実験室内で飼育するのが容易であり、飼育条件では世代時間が3日ほどと非常に短く、この間に200倍以上の子どもができるなど、研究材料として非常に優れている。私も長年Cエレガンスをおもな材料として研究をしていた。実験室内での平均寿命は2週間ほどであるが、遺伝子の変異により、寿命を最大約10倍に延ばせる[25]。Cエレガンスは、寿命の研究に重要な貢献をしている。その詳細を記すことも可能だが、多くの読者にはなじみが薄く、内容がやや専門的と思えるので、この本では割愛した。

表の中で最長寿命が3番目に短いのは、昆虫のショウジョウバエ（46日）である。昆虫類（綱）は全動物の種の約半数の80万種が属し、断トツに最大の動物グループであるが、大分類としては節足動物門に含まれる。昆虫は一般に寿命が短いことはよく知られているが、表に挙げたカマキリは最長寿命8年とされる。また、驚くことに、表に記したシロアリ（昆虫）の女王は100年生きた記録があるという[28]。これについては、私にはネット上の情報のみしか見つけられなかったので、どの程度信頼できるかわからないが、参考として記した[29]。

なお、イシムカデは多足綱、ザリガニとロブスターは甲殻綱に分類されている。ショウジョウバエの寿命の研究の詳細も重要であるが、線虫の研究と同じ理由で割愛した。

1・5 超長寿無脊椎動物の秘密

アイスランドガイ

群体でない個体の動物の中で最長寿命の記録（507年）をもつのは、軟体動物の一種アイスランドガイであることを前節で述べた。この貝について、長寿の原因を調べる研究が少なくとも二つ発表されている。ここに紹介する一つめの研究[35]では、より寿命が短い北ホンビノス貝（*Mercenaria mercenaria*、最長寿命106年）とアイスランドガイそれぞれの年を取ったグループと若いグループの四つについて、いろいろな比較を行った。その結果、老化を促進する活性酸素分子の一つ過酸化水素（H_2O_2）のえらと心臓での産生が、アイスランドガイのほうがかなり少なかった。過酸化水素の産生は、北ホンビノス貝では年を取ると顕著に増加するが、アイスランドガイでは若いときと変わらなかった。

酸化剤TBHP（*tert*-butyl hydroperoxide）に晒《さら》したときには、アイスランドガイは北ホンビノス貝よりもずっと死亡率が低かった（図1－2）。また、このとき、細胞のアポトーシス（プログラム細胞死）を引き起こすカスパーゼ3の活性が北ホンビノス貝では大きく増加したが、アイスランドガイでは増加せず、細胞死が起こらなかったと考えられる。そのほか、抗酸化作用をもついくつかの酵素活性、およびタンパク質の再生に関与するタンパク分解酵素の活性を調べたが、二つの貝

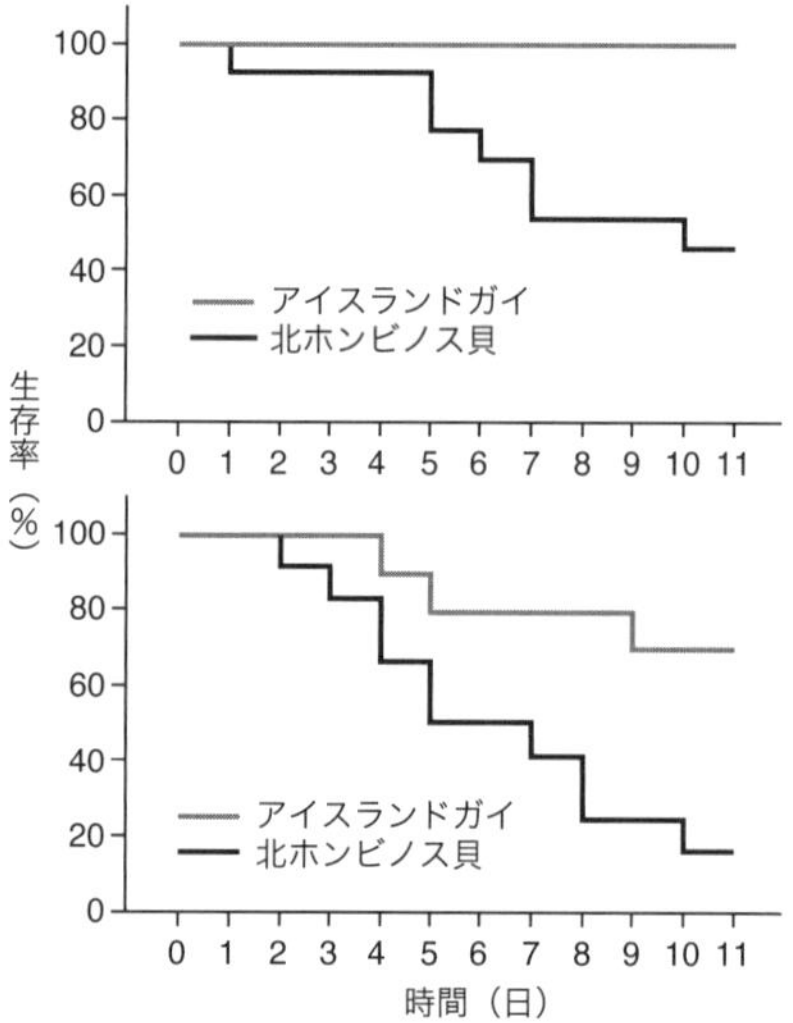

図1－2　アイスランドガイと北ホンビノス貝を酸化剤TBHPに晒したときの生存曲線。（上）1 mM TBHP、（下）6 mM TBHP。
出典35のFig. 3A、Bを基に作成。

で変化がなかった。これらのことから、アイスランドガイの長寿の原因は**活性酸素分子**の産生が少なく、老齢になってもこれが増加しないこと、および**酸化ストレス**に対する耐性が高いことであろうと推論している。

もう一つの研究[34]では、細胞膜中の脂質の過酸化の程度（**過酸化インデックス**〔PI〕）を問題にしている。哺乳類と鳥類の比較研究では、骨格筋およびミトコンドリアのPIは寿命と逆相関する（PIが低いほど寿命が長い）ことが報告されていた。この研究では、アイスランドガイと、同じ場所に棲み、最長寿命が28年、37年、92年、106年の4種の2枚貝について、ミトコンドリアのPIを測定し、比較した。その結果、これらのPIは最長寿命の増加につれて対数的に減少し、アイスランドガイではほかの4種類の貝よりも大きく減少していて、これがアイスランドガイの非常な長寿の要因の一つであろうと結論した。

二つの論文ともに、生体分子の酸化が少ないことが重要であることを示唆している。

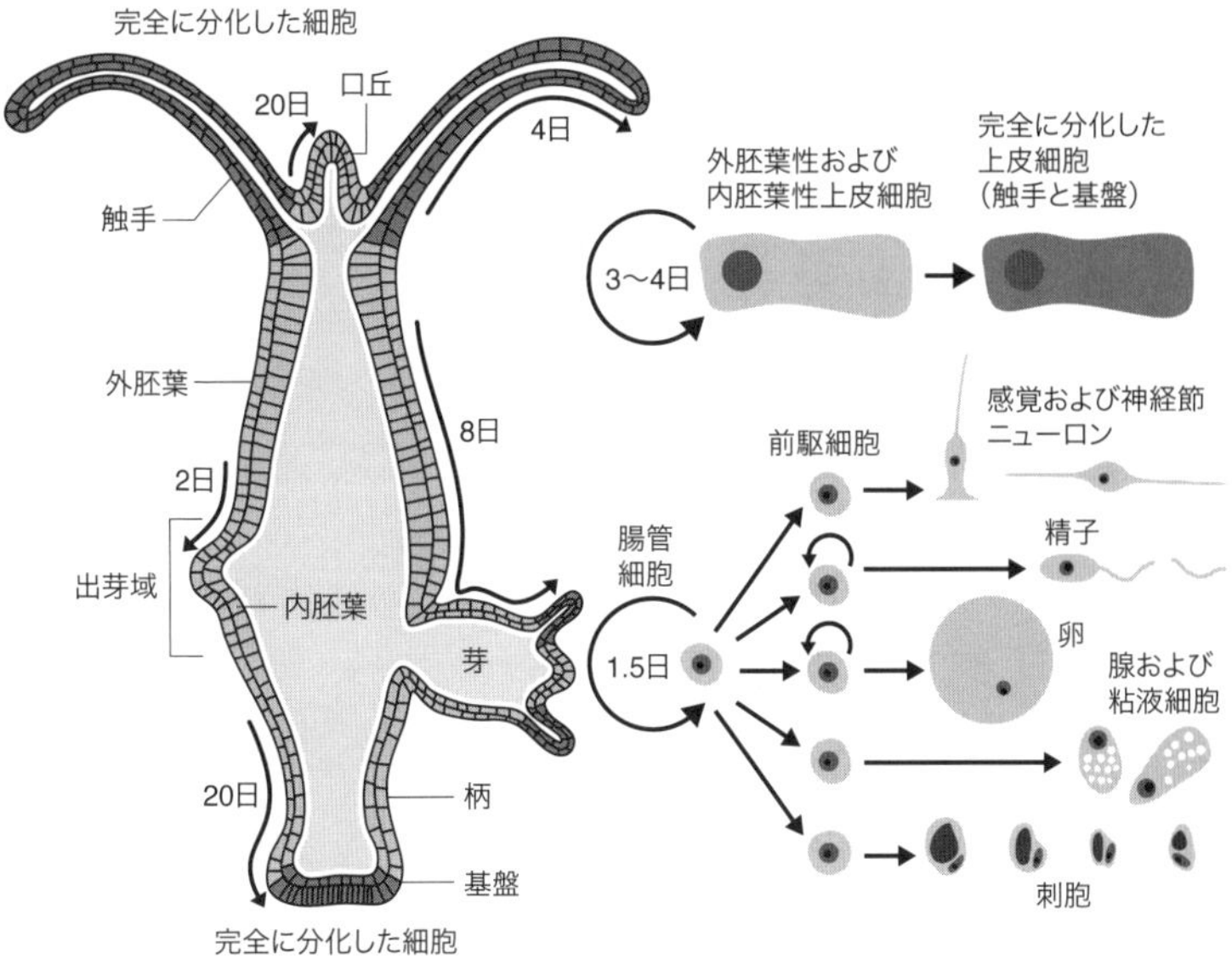

図1－3　ヒドラ（*H. vulgaris*）の体の構造と体をつくる細胞。出典38のFig. 1を基に作成。

ヒドラ

日本語で「〜ヒドラ」と呼ばれる動物は、刺胞動物門ヒドロ虫綱に属し、その中の種の半数前後を占めるようである。[33] 無脊椎動物の寿命ランキングでは、1位がサンゴ、2位がヤマトヒドラの1種（最長寿命3572年以上）としている。ヤマトヒドラは、*Hydra* 属のヒドラの日本名である。

ここではまず、これらヒドラの発生や老化のメカニズムを紹介しよう。[38] 図1－3には、もっともよく研究されている *H. vulgaris* の成虫の体の構造と、体をつくる細胞を示す。成虫の体の中の完全に分化した細胞が濃いグレーで示されている。成虫の体は基盤で何かに着生し、柄で支え

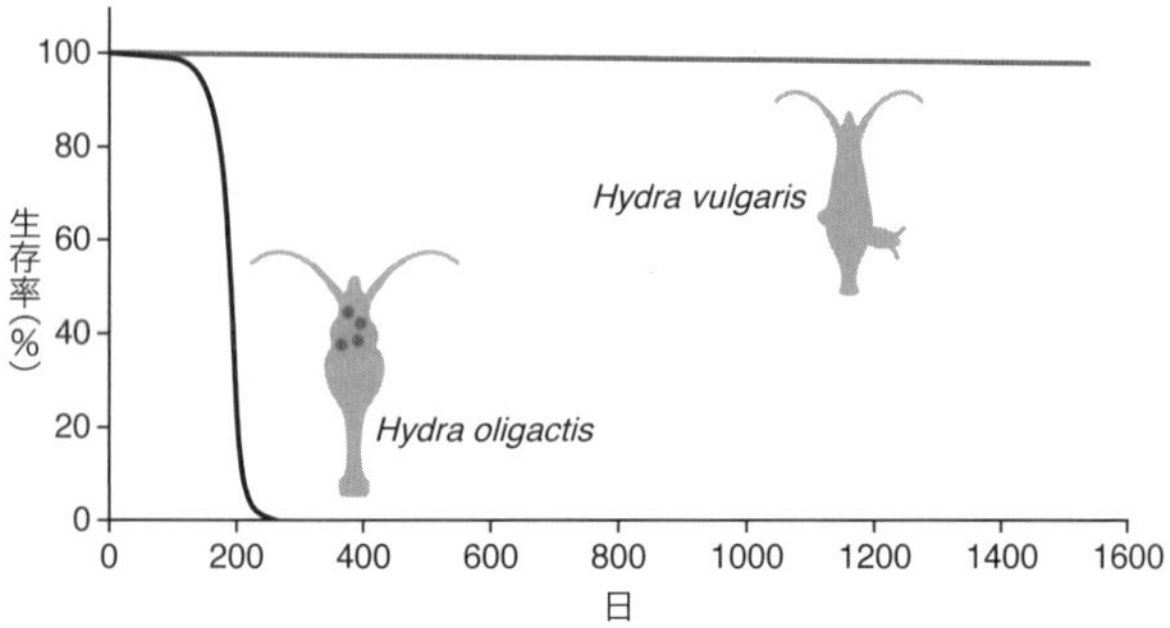

図1－4　2種のヒドラ *H. vulgaris*、*H. oligactis* の生存曲線。出典21の Fig. 2を基に作成。

られ、先端に触手と口丘をもつ。胴体中央部の出芽域からときどき芽（芽体）が出て無性的に増殖できる。胴体部はおもに外胚葉性上皮細胞（外側）と内胚葉性上皮細胞（内側）からできているが、これらは無限に増殖でき、また多能な幹細胞である。これら幹細胞は比較的短期間に触手や基盤の細胞に分化し、移動して、絶えずこれらの組織を**再生**している。また、胴体部の上皮性細胞に混じって間細胞が存在するが、これも**多能性幹細胞**であり、図の右側に示すようにいろいろな体細胞および生殖細胞（精子、卵）に分化する。上皮性細胞が無限の増殖性をもつ多能性幹細胞であること、間細胞も多能性幹細胞でありかつ生殖細胞にも分化すること、芽の形成により無性生殖することの三つが、このヒドラの著しい特徴である。そのためヒドラは、不老不死であるとも言われる。

同じヒドラ属では、有性生殖が起こったあとに老化や死が観察される種（*H. oligactis*）も知られている。図1－4は、2種類のヒドラ *H. vulgaris* と *H. oligactis* の集団の生存曲線を比較して示している。観察が行われた約4年間に、*H. vulgaris* は有性生殖、無性生殖をともに続けたが、きわめて死亡率が低く、ほとんど死んだ個体がなかった。これに対して*H. oligactis*では、有性生殖が誘導されたあとの生存期間を調べているが、最長でも1年未満であった。この種でも無性生殖だけが起こる条件では何年も生き続けるという。

次に紹介するのは、ヒドラ属の2種類（*H. magnipapillata*、*H. vulgaris*）を用いて長寿の原因を調べた研究[21]である。この研究では、ドイツの研究所で維持されていた*H. magnipapillata*の七つの群（実験集団、この実験開始時の個体数各204）、およびアメリカの研究所で維持されていた*H. vulgaris*の三つの群（個体数各150または120）を用い、8年間観察を行った。これらのグループの個体の1年間の自然死の割合は0・0008〜0・0080ときわめて低かった。もっとも低い0・0008は*H. magnipapillata*の一つの群の値であり、これが続くと仮定すると、その群の生存率が5％となるときの生存年数は3572年と推定される。*H. vulgaris*の群でもっとも低い年間死亡率は0・0016であり、この群の生存率5％時の生存年数は1893年と推定された。これらの値を、二つのヒドラ種の最長寿命の推定値として表1－3および前節に記した。

＊＊＊

この章では、長寿の動物を網羅して示した。脊椎動物で約400年、群体をつくる無脊椎動物では4000年程度以上生きるものが何種類かあることが比較的最近明らかにされている。これらの寿命が驚異的であることとともに、最近の生物学の発展がめざましいことを感じていただけたと思う。

第2章　4万年生きる植物——植物の寿命

2・1　植物の寿命ランキング

表2－1は、寿命の長いことが知られているものを中心にした、いろいろな植物の最長寿命である。表中の植物は、第1章の動物の場合と同じように、大きな分類グループに分けている。植物をもっとも大きく分類すると、**藻類**、**コケ植物**、**維管束植物**の3グループとなり、維管束植物はさらに**シダ植物**、**裸子植物**、**被子植物**に分けられる[33]。もっとも原始的と考えられる藻類にも多数の種が含まれるが、その中には非常に長寿のものは見つかっていないらしい。コケ植物については、南極海にあるエレファント島に年齢5500年のものがあるという記載[40]もあるが年齢、種名とも確かでない。表2－1には、放射性炭素や年輪によって、年齢が比較的確実と思われるものをおもに記したが、それは大部分が維管束植物（維管束をもつもの）の中の裸子植物または被子植物に属している。

維管束とは、シダ植物および種子植物の茎・葉・根などの各器官を貫いて分化した条束状の組織

表 2-1　いろいろな植物の最長寿命

植物の分類と種	最長寿命	植物の分類と種	最長寿命
コケ植物（門）		維管束植物	
スギゴケ	10 年[1]	●被子植物双子葉植物	
維管束植物		シロイヌナズナ	約 3 月[3]
●シダ植物		ブルーベリー	25 年[1]
ウサギシダ	7 年[1]	ブドウ	130 年[1]
ヒメハナワラビ	30 年[1]	リンゴ	200 年[1]
●裸子植物		ブナ（長野）	435 年[5]
アカエゾマツ（北海道）	586 年[5]	ミズナラ（北海道）	444 年[5]
ツガ（屋久島）	794 年[5]	サガリバナ科の一種（熱帯アマゾン）	1400 年[5]
ハリモミ（南アルプス）	800 年[5]		
ヒノキ（屋久島）	1065 年[5]	ジャカランダ*（ブラジル）	≧ 3801 年[42]
縄文スギ（屋久島）	1920±150 年[39]	クレオソートブッシュ*（アメリカ）	11,700 年[43, 44]
アラスカヒノキ（アメリカ）	3500 年[5]		
パタゴニアヒバ（チリ）	3620 年[5]	タスマニアロマティア*（オーストラリア）	43,600 年[40, 43, 45]
イガゴヨウマツ（アメリカ）	5062 年[40]		
トウヒ（スウェーデン）	9550 年[40、41]	●被子植物単子葉植物	
		カンスゲ*（アメリカ）	5000 年[46]
		パルメットヤシ*（アメリカ）	約 10,000 年[47]

*は群体の植物。カッコ内は巻末の出典リスト中の出典の番号を示す。

系で、水分や体内物質移動の通路となる。また、種子植物の中で、胚珠が心皮によって覆われないものを裸子植物、覆われて子房を形成するものを被子植物という[33]。

1〜3位：群体植物

表2－1の中で最長寿命1位は、**タスマニアロマティア**（*Lomatia tasmanica*、口絵⑩）という双子葉植物で、バラ下綱ヤマモガシ目ヤマモガシ科に属している。この植物の野生のものは、現在オーストラリア・**タスマニア島**の1カ所だけに見つかっているという、大変な貴重種である。この植物はときどき花を咲かせるが、たね（種子）をつけたところは見られていない。つまり、この植物は無性的に、

根などによって増殖すると考えられ、数百本の地上の木が全部つながって1・2kmに及ぶ大きな植物体をつくっている[45]。この植物は一見針葉樹か草のように見えるが、花の写真でわかるように葉は小さいが広葉であり、高さは最大で8mに達するので[40]、樹木である。また、ほかのいろいろな植物と混ざったやぶのような状態で生えている。

この植物と同属の類縁種との染色体の比較から、この植物は**3倍体**と考えられ、そのため種子ができず、広がらなかったと考えられる。また、この植物の野生植物体の78カ所のいろいろな部分から採取した試料の染色体および16種類のアイソザイム（複数の遺伝子型をもつ酵素）の遺伝子型を調べた結果、遺伝的多様性がまったく検出されなかった。このような、一つの親植物から無性的に増殖してつながった、遺伝的に均一な植物の集合体は「**クローン**（clone）」あるいは「ジェネット（genet）」と呼ばれる。サンゴなどの長寿の動物で見られる**群体**と同様であり、本書では植物のクローンも群体と呼ぶ。この植物の葉の化石が見つかっており、放射性炭素の年代測定により4万3600年前のものと推定されたので、この植物の最長寿命は少なくとも4万3600年と推定される[45]。なお、タスマニア島の植物園（Royal Tasmanian Botanical Garden）では、切った枝を挿し木にして多数栽培されている。

最長寿命2位は、**クレオソートブッシュ**（*Larrea tridentata*、口絵⑪）であり、アメリカ・カリフォルニア州のモハベ砂漠で見つかった。この植物は、双子葉植物ムクロジ目ハナビシ科の常緑低木の1種である。これも群体で、最大直径20mを超える不規則な円形の群落をつくる。モハベ砂漠にはこの植物の群体がいくつかあるが、その最大とされるものの成長速度から推定した年齢が約1万

1700年であり、これは放射性炭素による年齢とほぼ一致するという[44]。

最長寿命3位は、パルメットヤシ（*Serenoa repens*）と呼ばれる単子葉植物である。アメリカ南東部の植物生態系の基礎的な種であるが、農園に侵入する有害な植物と見なされ、駆除されようとしているという。フロリダ州の林の中の20m×20mの区域から採取した計263のパルメットヤシの試料について、PCR（ポリメラーゼ連鎖反応）法によって増幅した遺伝子の制限酵素断片長によって遺伝子型を調べた。その結果、多くの試料の遺伝子型が互いに基本的に同じで、大部分の植物が群体をつくることがわかった。また、それら遺伝子型の変異の頻度から、パルメットヤシ群体の年齢は約1万年のものが多いと推定された[47]。この推定が正しければ、最長寿命は1万年以上であろう。

4〜6位：長寿の木が多い針葉樹

最長寿命4位は、裸子植物の**トウヒ**（*Picea* sp.、口絵⑫）である。この写真のトウヒは、北欧スウェーデンのダラルナ地方で2004年に発見され、放射性炭素による測定で樹齢9550年と推定された[40][41]（なお別の文献[50]には9561年と記されている）。この木の周囲には、樹齢8000年以上と推定されるトウヒの木がほかに20本もある。**裸子植物**の樹木は、多くが針のような細い葉をもつので**針葉樹**と呼ばれるが、トウヒはスギ目マツ科の常緑針葉樹である。この木は、もしヨーロッパトウヒ（*Picea abies*）であれば群体をつくる可能性があり[43]、別の文献[50]にはこの木がヨーロッパトウヒの群体であり、口絵⑫の立ち木の樹齢は約600年と記されている。この木は比較的若く見えるのでそれが正しいと思われる。トウヒは日本でも本州の標高1500m以上の山地に自生し、北海道に自生するエゾマツの変種である。[51]

最長寿命5位の**イガゴヨウマツ**（*Pinus longaeva*、英語名 Bristlecone Pine、口絵⑬）も針葉樹で、スギ目マツ科のマツ（松）の一種（五葉松）である。この写真は、アメリカ・カリフォルニア州の標高3000m以上の高地（シエラネバダ山脈ホワイト・マウンテン）にある木の一つで、同種の木はこの付近や近くのネバダ州の山地に多く見られる。これらの木について、その一部を切り出した材の年輪や放射性炭素による測定により年齢が調べられ、その中でもっとも長寿のものは5062年であったという。切り倒してしまった木の寿命が、切り株の年輪測定により4844年であった例もある。[40] ほかに樹齢4862年のものもあったらしい。[5] この地域には樹齢5000年前後のイガゴヨウマツが現在もかなりあると思われる。このイガゴヨウマツは個体植物最長寿とされている。

最長寿命6位はカンスゲの1種（*Carex curvula*、約5000年）、7位はジャカランダ（*Jacaranda decurrens*、3801年以上）でともに被子植物の群体であるが、8〜10位はいずれも裸子植物針葉樹である（パタゴニアヒバ〔3620年〕、アラスカヒノキ〔3500年〕、縄文杉〔1920年±150年〕）。**縄文杉**（口絵⑭）は、日本では有名で多くの方がご存じと思われる。屋久島の高地には樹齢1000年以上のスギが多数存在すると言われる。中でもこの縄文杉は高さ25m、地上1・3mでの幹回り16mで日本の代表的な**巨樹**であり、推定樹齢7000年と言われていた。[54] しかし放射性炭素を用いた測定により、最長で2170年となった。[39] ほかの長寿の木と同じく現在も生きており、寿命がどのくらいになるかはまだわからない。屋久島には縄文杉のほかに、大王杉、紀元杉と呼ばれる2本の巨樹もあり、ともに推定樹齢3000年とされているが、どの程度確かかわからない。また、表2－1中の縄文杉以外の植物の寿命も、より正確には±XX年という誤差範囲をもつはずであるが、私には把握できなかったので記していない。

スギの木

スギ（杉）およびマツを含むスギ目は裸子植物あるいは針葉樹の大きなグループを形成する。日本に多い**スギ**（*Cryptomeria japonica*）はその学名に日本の国名がつけられており、日本の固有種であろうか。『巨樹・巨木』[54]には日本全国で15本のスギの巨木が掲載されている（巨樹または巨木の環境庁の定義は、地上1・3mでの幹回りが3m以上の木）。この本のリストでは、スギはクスノキ、サクラとともに日本で巨樹がもっとも多い樹木であり、15本の中に推定樹齢1000年以上が11、国の**天然記念物**6件が含まれる。これは、スギに長寿の傾向があることと並んで、おそらく日本全体でもっとも数の多い樹木であるためであろう。スギの人工林は日本全体で448万ヘクタールあり、人工林の4割あまり、全森林面積の18％を占めて1位である[55]。天然林の面積はわからないが、合計20％以上を占めるであろう。スギは成長が早く、木材として有用性が高いが、花粉症を起こし、私にとってはありがたくない。また、スギ、ヒノキなどの針葉樹の人工林は生態系として多様性に乏しく、動物も少ないと言われる。

長寿の可能性があるその他の植物

長寿植物についてここまでにいくつかの記述を引用した *The Oldest Living Things In The World*[40]と、群体植物についての総説[43]には、非常な長寿である可能性のある植物がいくつか紹介されている（確かでないため表2－1に載せていない）。その中で、推定寿命10万年ともっとも長いのが、ポシドニア海草（地中海テープ海草、*Posidonia oceanica*）である。これは、地中海に浮かぶスペイン領バレアレス諸島のアイビッサ（イビサ）島とフォルマンテーラ島の間の海中に広がっていて、ユネスコは地中海に特有の重要な種としている。これについて継続的な調査が行われているが、広い範囲の植物の遺伝子型が同じであり、全体が非常に古い一つの群体と考えられる。また、海の中に生えているが、いわゆる海藻ではなく、地上の草に似ていて、珍しいと思われる。しかし、年齢の根拠は明らかでない[40]。

また、上記の総説には、ハックルベリー（*Gaylusaccia brachycerium*）の1万3000年以上、ドロノキ（*Populus alba*）の1万2000年以上、ポプラ（*Populus tremuloides*）の1万2000年、トウヒの1万～1万2000年などがリストされているが、これらはいずれも群体植物であり、その突然変異頻度による桁違いに幅の広い推定値の上限の値らしく、確かではないと思われる。針葉樹に長寿の樹木が多い理由を含めた植物の長寿の要因や、群体植物については後述しよう。

2・2　草本・木本とその種類

表2-1にリストした植物の中で最長寿命がもっとも短いのは、遺伝学の研究材料として活躍するシロイヌナズナ（*Arabidopsis thaliana*、図2-1）の約3カ月である。シロイヌナズナはもっとも普通の植物である双子葉植物のフウチョウソウ目に属し、日本でも各地に自生する。これはいわゆる一年草であり、通常の条件では、冬には植物体がすべて枯れる。

植物は大きく草（草本）と木（木本）に分けられる。**草本**はさらに一年草、二年草、多年草に分けることができる。**一年草**は、種子が発芽して一年以内に生長・開花・結実し、種子を残して枯れる植物である。[57] 本来の性質により世界中どこでも一年生である植物としては、アサガオ、ヒマワリ、トウモロコシ、カボチャなどがある。また、熱帯などの温暖な環境では多年生であるが日本では越冬が困難なため一年生である**イネ**（**稲**）、トマト、日日草、唐辛子など、逆に日本で暑い夏を越すことが困難なため一年生であるヒナギク、パンジーなどもある。[57]

二年草は、一年目に茎・葉・根を形成してそのまま休眠・越冬し、翌年の春または夏に開花・結実し、種子を残して枯れる植物を指す。生活環が二つの年にまたがるが、二年以内に枯れる。二年草には、ムギ（**麦**）、パセリ、テンサイ、カスミソウ、月見草、葉牡丹、ルピナスなどの重要な穀物、野菜、園芸植物が含まれる。[58]

これらに対して、**多年草**は冬に地上の植物体が枯れるが、根、地下茎または球根が休眠状態で生き残り、翌年以降にまた地上に植物体をつくる植物、あるいは常緑の草本で、2年以上生きるものである。キク（菊）の多くは冬に地上部が枯れる代表的な多年草である。常緑の多年草にはミント、マツバギクが、球根植物にはユリ、チューリップ、スイセン、ダリアなどがある[33][59]。

一年草、二年草、多年草には環境条件によって互いに変化するものがある。本来多年生であったが、より厳しい環境ではそれに適応して一年草や二年草として生育する草本植物もあると考えられる[57]。先にも述べたが、日本人にとってもっとも重要な食糧植物である稲はこの例である。また、同じく重要な麦は、1年以内しか生きないが、冬の初めにたねを蒔くと、翌年に実って枯れるので二年草に分類されるのは面白い。

また、非常に長寿な草本の多年草もある。それは、最長寿命5000年、順位6位とした**カンスゲ**の1種（*Carex curvula*）である。カンスゲ類は稲や麦類を含むイネ科植物と同じく単子葉植物のカヤツリグサ目に属し、日本に自生するものもいくつかある。その写真や高さ50㎝以下という記載から草本であることは確かであり、また細長い葉をもつ[60]。このカンスゲが非常な長寿である要因は、最長寿のタスマニアロマティアと同じく群体を形成していることと考えられる。

図2-1　シロイヌナズナ。出典56の図6・3より転載。

他方、**木本**は、茎や根が肥大して多量の木部を形成し、細胞壁の多くが木化して強固になっている植物と定義されている[33]。木本と草本のこの違いの要因は、**形成層**という組織の有無である。一般的に、一年草・二年草は短命であり、木本（樹木）は当然より長寿である。表2‐1には、短命の草本はシロイヌナズナしか載せていないが、ほかにも多数ある。木本あるいは樹木もさらに**低木**あるいは**灌木**《かんぼく》と、背の高い高木に分けることができる。高木には寿命が長いものが多い。最長寿命25年のブルーベリーは、ツツジ科スノキ属の低木（灌木）なので、寿命は比較的短いが木本である。(59) また、**広葉樹**と**針葉樹**、**常緑樹**と**落葉樹**という性質の違いもある。前述のように、寒いところに多い針葉樹には長寿のものが多い。

草本と木本には本質的な区別はないとされている。また、たとえば竹には形成層がなく、多年生草本と言うべきであるが、例外的に木本（樹木）とされていて、なかなかややこしい。

2・3　長寿が多い群体植物とは？

群体植物の例

植物の最長寿命1〜4位のタスマニアロマティア、クレオソートブッシュ、パルメットヤシ、トウヒはどれも群体をつくっている植物である。群体（英語名clone、clonal colonyあるいはgenet）は、一つの親植物から無性的に増殖してつながった、遺伝的に均一な植物の集合体である。草本であっても群体を形成すると、カンスゲのように非常に長寿になり得るなど、寿命の点からも興味深い。この群体植物とはどのようなものか、ほかにどんな植物があるかを整理しておこう。

群体は、根、地下茎、地上の茎などでつながった、一見独立しているように見える、いくつかあ

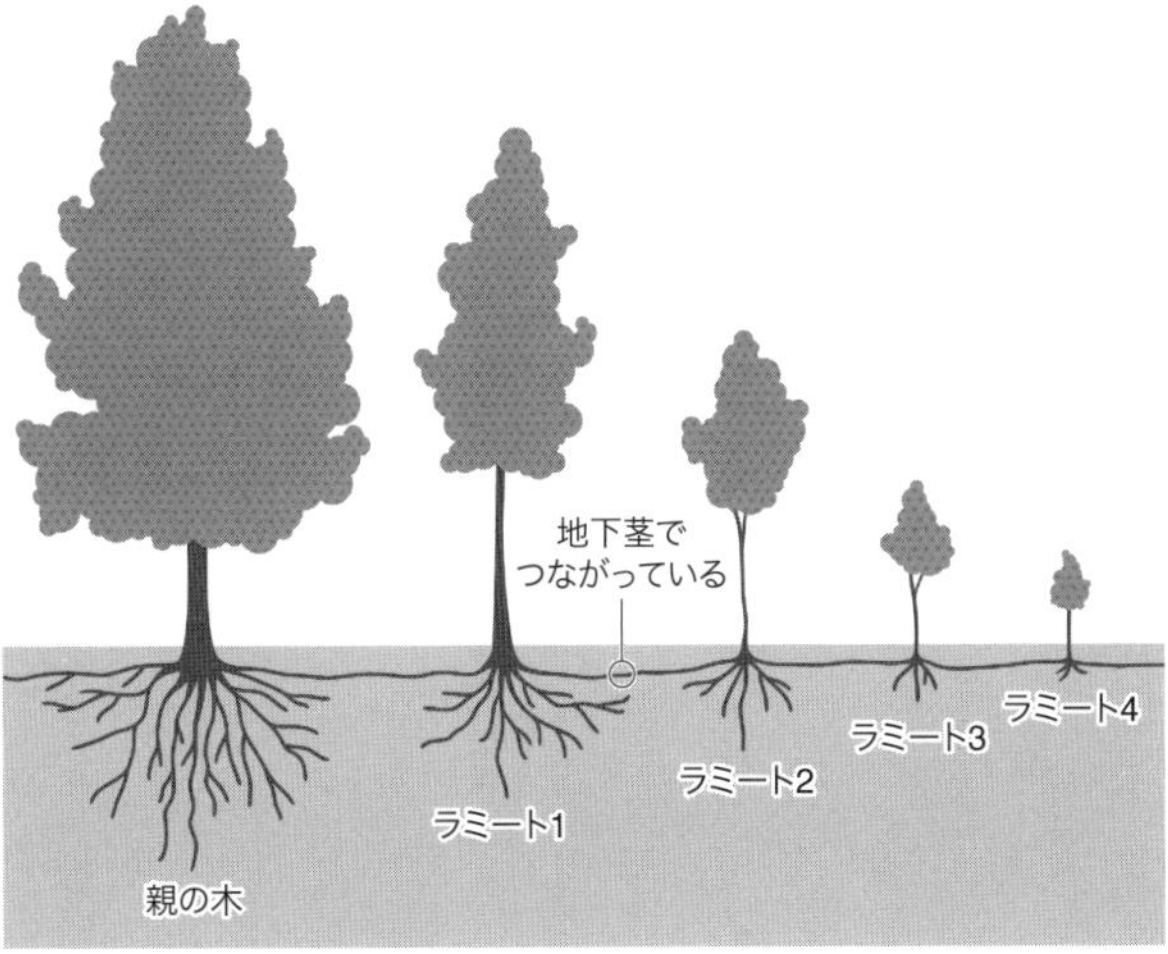

図2－2　ポプラ群体の模式図。 出典19、p73の図を基に作成。

るいは多数の植物体の集合ということもできる。このような集合の単位となる植物体はラミート（ramet）と呼ばれる。図2－2は根の広がりによってポプラ（*Populus tremuloides*）の群体ができることを模式的に示すものである。また、口絵⑮のポプラの林はPandoと呼ばれ、アメリカ・ユタ州にあるが、これらの木はすべて遺伝子型が同じなので、一つの群体としてつながっていると考えられる。これらのポプラの木の高さは最高約30m、広がる地域は43ヘクタール（43万㎡＝0・43㎢）に及び、本数は4万7000本、木の総重量は580万kgと見積もられている。個々の木（ラミート）は100～150年で枯れるが、群体全体の寿命は1万1000～8万年と推定されるという[19][40]。しかし、この群体の寿命の推定は根拠不明で信頼できないので、表2－1や2・1節では取り上げなかった。この群体は、知られている植物の中で、総重量が最大と思われる。また、高木の群体は比較的珍しい。
その他の群体をつくり得る植物の種類を挙げてみよう。樹木としてはトウヒ、アカマツ、ニレ、ニセアカシア、ウルシ、ヘーゼルナット、ヤナギ、イチジク、フジ、ヤマブキ、レンギョウ、ブルーベリーなどがある。草本ではセイタカアワダチソウ、サツマイモ、イチゴ、ジャーマンアイリス、クローバ、シオン、タンポポ、チシマザサ、ハネガヤ、ガマが、またシダ植物ではヒカゲノカズラ、ワラビ、アマモなどが挙げられる。[43,62,63] ここでは比較的なじみの深い種のみを挙げたが、ほかにも多くの群体植物が知られている。また、裸子植物、被子植物、双子葉、単子葉と、植物の大きな分類のどれにも群体植物がある。

ここに挙げたものの中で、イチジクは無花果とも書かれ、花が咲いて実もなるのに、受粉しないため、たねができないという変わった植物である。[51] たねができないため、群体として増える戦略を取ると思われる。また、フジはつる性の樹木という特徴がある。

われわれの周囲でもっとも目立つ群体は竹の林である。意外なことに、**タケ**（**竹**）は稲と同じ単子葉植物イネ科に属し、分類上はイネ科タケ亜科に属する植物を広い意味で竹という。また、**タケノコ**（**筍**）を包む皮が成長に伴い落ちる種を竹、落ちない種をササ（笹）として区別している。マダケ（真竹）、モウソウチク（孟宗竹）、ハチク（淡竹）、メダケ（女竹、ササ）、ホテイチク（布袋竹）、チシマザサなど日本だけで１５０種類以上があるとされる。われわれが食べる筍の多くはモウソウチクまたはハチクのものであり、**モウソウチク**が一番なじみが深いので口絵⑯に示す。このモウソウチクは日本にある竹の中でもっとも大きく、高さ約20m、直径18cmにもなるが、18世紀に初めて中国から輸入されたという[51][64]。したがって、日本のモウソウチクの竹やぶは古いものでも年齢300年未満のはずである。

竹は分類上は常緑の草本であるが、いろいろな意味でユニークな植物である。図２－３のように地下茎を広く伸ばし、そのところどころから筍ができ、地上に出て竹（竹稈《ちくかん》）になる。筍が竹林の中のいろいろなところに現れ、それが新しい竹になることが竹が群体をつくる証拠である。竹稈はふし（節）のある、普通の草本植物の茎と違うしっかりした構造であり、そのため高さ20ｍにも成長できる。しかし、樹木の幹とも構造が違う。

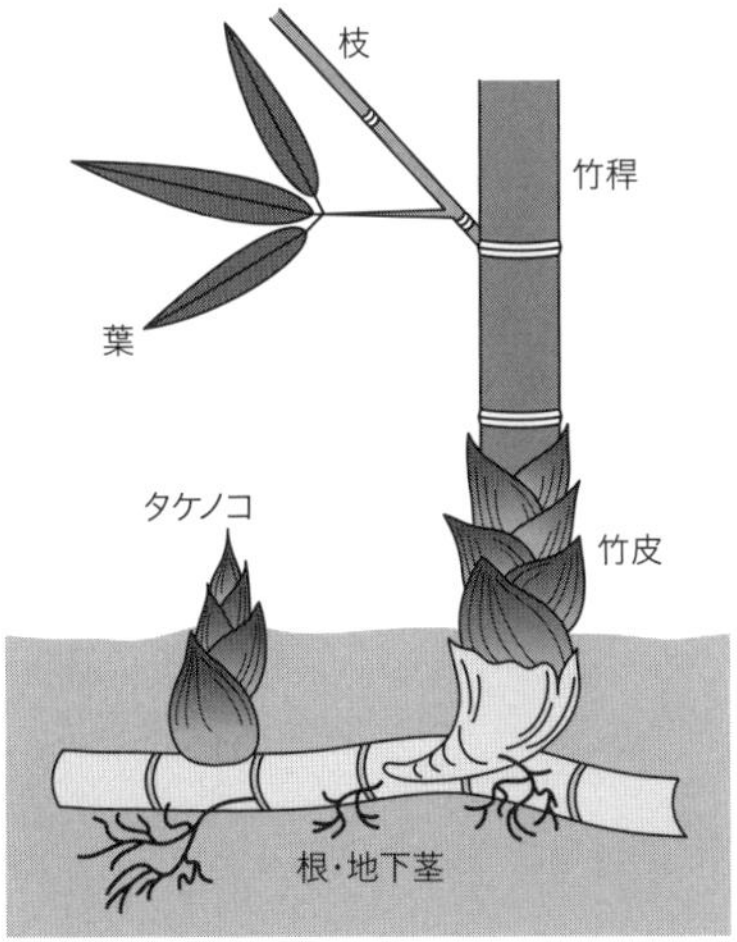

図２－３　竹の構造。出典65を基に作成。

竹に花が咲くのは滅多に見られないと言われる。開花は、竹やぶや笹原の一部に起こる場合と全部に起こる場合があり、全面開花すると数年続き、その後全部が枯れるという。この竹の開花には60年、120年などの**周期**があるという説もある。マダケでは開花は120年に1度と言われ、モウソウチクでは67年目に開花した例が二つ知られているだけで、開花してもたねができない場合もあるなど、竹の開花はまだよくわからないらしい[62][65]。このため、竹は根を広げ、大きな群体をつくると考えられる。私の家のそばにハチクらしい竹の林があり、数千本以上の竹が生えているが、これらは全部が一つの群体ではないかと想像している。林の中のいろいろな場所の竹20〜30本からDNAを取り、遺伝子型を分析すればそれが証明できるであろう。

群体の特徴と利点

群体をつくる植物が植物全体の中でどのくらいの割合を占めるかはよくわからない。植物全体の中ではおそらく比較的少数派であろう。では、群体には一般にどのような特徴や利点があるのだろうか？　群体植物についての総説[63]を参考に紹介しよう。

群体の特徴としては、根・茎・地下茎などにより、単位植物（ラミート）が物理的につながっていること、およびこれらの中の維管束系により各部分の間で栄養素や植物ホルモンなどの交換が行われていることが基本である。この後者については、放射性同位元素による標識や色素を用いる実験によって証明されている。そして、このような生理的つながりがあるため、各部分（ラミート）が自分に有利な条件を生かして栄養素の吸収、光合成、代謝産物の合成などを行い、群体全体の中である程度植物機能の**分業**を行うという特徴が生まれる。群体の末端に位置するラミートは、群体が新しい土地へ広がるという役目も果たす。

群体の利点として、次の4点が考えられる。

（1）竹、イチジク、タスマニアロマティアなどは、ほとんどあるいはまったくたねができないので、このような植物では、群体をつくることが生き延びるため、仲間を増やすために必須である。花が咲かない、たねができない原因は、進化の過程で起きた突然変異などの遺伝的な変化であり、それは一般的にある程度起こる可能性がある。

(2) 栄養分の少ない土地にあるラミートには、豊かな土地のラミートから栄養が供給され、全体としてより栄養豊かになる。これは、窒素源の乏しい土地のラミートが窒素源の供給が豊かなラミートと接続していると、そのラミートの重量、新しくつくられるラミートの数、できるたねの数がすべて増加することによって示された。栄養条件が異なるラミートの間で接続が切られるとラミートの重量が減るが、栄養条件が同じラミートの間ではこのようなことが起こらないという。

(3) 塩害、砂による埋没、強風、家畜などの動物の食害によるストレスに一部のラミートがさらされたとき、栄養条件の悪い場合と同様に、受けるストレスが弱いほかのラミートがストレスを和らげる役割を果たす。

(4) 種間競争、とくに群体をつくらないほかの植物との競争に、群体であることが有利である例がいくつか知られている。しかし、これは一般的ではなく、種や条件によるらしい。種間競争において群体が有利であるとすると、直接的に競争に勝つことによるのではなく、新しい土地への侵入が早いことがより一般的な理由であろう。

＊＊＊

この章では、群体植物では動物よりも桁違いに長い寿命のものがあることを述べたが、大変興味深い。また、植物も動物と同じように非常に多様であることがわかる。

第3章　マウスなど哺乳動物の寿命の研究

単に動物の寿命を調べるだけではない、動物の寿命の実験的な研究は、1935年に報告されたネズミ（ラット）を用いたものが最初だったようである[66]。その後ショウジョウバエを用いた研究が1960年頃に始まり、現在までその研究が多数行われてきた。また、線虫の寿命の研究が1980年頃から行われるようになり、寿命の研究材料としての有利さにより、1990年頃から多数の先端的な研究が発表されている。最近では、哺乳動物であるマウスやヒトの寿命の研究が非常に盛んである。

動物の寿命についての研究論文（寿命という言葉が表題に含まれるもの）を検索してみると、その数は私の予想をはるかに超え、膨大であることがわかった。ヒトに関するもの約900、マウスなどの哺乳動物に関するもの1000あまり、ショウジョウバエに関するもの800あまり、線虫に関するもの約300がヒットし、これらだけでも3000篇を超える。

本章では、とくにわれわれに関係が深いマウスを中心とする哺乳動物の寿命の代表的な研究のいくつかを解説しよう。次章ではヒトの寿命の研究を紹介する。

3・1　マウスの寿命研究の特徴

マウスは成体の体重が20g前後で、哺乳類の中ではもっとも小さいものの一つであるが、小さいために飼育や実験がしやすく、哺乳類のモデル動物として圧倒的によく使われている。哺乳動物としてはほかに、体重が1桁ほど大きいラット、人間に近いサル（霊長類）も利用される。通常のマウスの、飼育条件下での平均寿命は2年前後で、哺乳動物の中ではかなり短いほうである。しかし、線虫の2週間、キイロショウジョウバエの30〜40日の20〜50倍であり、寿命の研究には最低4年かかるとされ、それだけでも大変である。

マウスではしばらく前から、特定の遺伝子の機能が欠損した**ノックアウトマウス**がつくられていて、遺伝子の寿命調節の機能を調べるための重要な研究手段となっている。また、マウスが本来もつ遺伝子とは別にある遺伝子をマウスに導入して過剰発現させること、特定の器官や組織でのみ発現させることも行われる。

このような遺伝子操作の結果、寿命が延長したとする20例ほどのマウスの研究について、さまざまな面からその評価を行った2009年の総説[67]では、マウスの寿命の研究について注意すべきことが6項目示されている。これはマウスの寿命研究の特徴でもあるので、以下に記しておこう。①実験に使われるマウスには、さまざまな遺伝的背景（遺伝子型）があるものが存在するため、遺伝的背景が均一の集団を使用する。②十分な数の個体を使用する。一般的には、統計的にしっかりした結果を得るために一つのグループに20個体以上が必要である。③病原体の感染を防ぐため適切に管理する。④寿命は雌雄で異なるので、雌雄を別のグループとして調べる。⑤毎日観察し、日単位で正確な寿命を調べる。⑥マウスの健康状態の観察を絶えず行い、把握する。とくに、死んだときにその原因が特定の病気によるか否かを判定する。

この総説に取り上げられている20例ほどの研究については、これらの基準のすべてに合格するものはほとんどなく、マウスの寿命研究の難しさがわかる。

マウスの寿命についての多くの研究の中で、無脊椎動物とは異なる特色があるのは、脳下垂体やがん遺伝子ＭＹＣと寿命の関連であろう。線虫やショウジョウバエと共通の、カロリー制限による寿命への影響の研究も多数行われている。餌に特定の物質を加えて寿命を延長することもある程度可能であり、人間への応用との関連で注目される。これらの中の代表的な研究をいくつか、以下の節で紹介しよう。

3・2 ノックアウトマウスの寿命の延長

遺伝子操作によるマウスの寿命延長の例の中でもっとも延長の割合が高かったのは、Ames Dwarf と呼ばれるマウスの場合である(68)。その結果を示した図３－１を見てみよう。Ames Dwarf マウスと野生型マウスそれぞれの雄、雌について生存曲線が示されている（使用した個体数は Ames Dwarf が雄、雌各34匹、野生型が各28匹）。平均寿命は野生型の雄で７２３日、雌で７１８日である

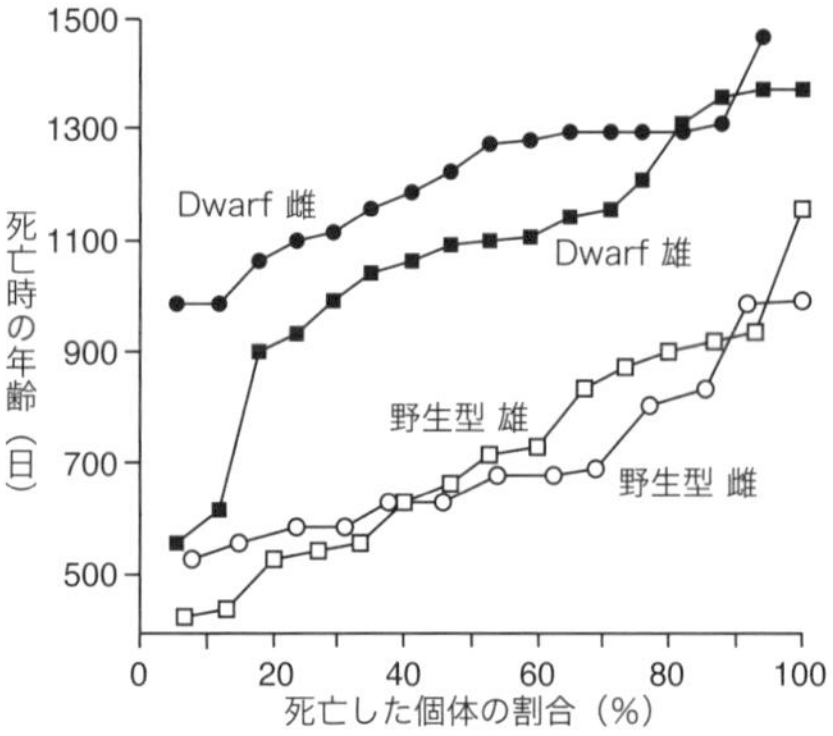

図3－1　野生型マウスとAmes Dwarfマウスの生存曲線。出典68の図を基に作成。

のに対して、Ames Dwarfマウスでは雄で1076日、雌で1206日であり、雄で49%、雌で68%、平均約6割の延長であった。Ames Dwarf雌の2匹は4年以上生存した。

　Ames Dwarfマウスは、成長ホルモン、プロラクチンおよび甲状腺刺激ホルモンを分泌する脳下垂体前葉が、生まれつき完全にまたは大部分欠損している。その結果、生まれたときの体の大きさは正常であるが、その後の成長が著しく妨げられ、最終的な体の大きさが正常な個体の約3分の1という小人（dwarf）のマウスである。この論文では、成長ホルモンによる成長促進作用を仲介するインスリン様成長因子IGF－1のレベルが著しく低く、これがAmes Dwarfマウスの成長の遅延と寿命の延長のおもな要因であり、甲状腺刺激ホルモンの欠損による代謝速度の低下もその要因であろうと推測している。なお、Ames Dwarfとは異なる染色体上の変異により、同じ三つのホルモンに欠損のあるSnell Dwarfという小人マウスもあり、やはり寿命が延長することが報告されている（総説[67]の例の一つ）。寿命が延長すると言っても、体が著しく小さいなどの大きな異常を伴うので、理想的な長寿には程遠い。

　同じAmes Dwarfマウスについて、カロリー制限をすると、さらに寿命が延びることを示す結果も報告されている[69]。図３－２がその結果（生存曲線の比較）である。70%へのカロリー制限により、野生型マウスでも、Ames Dwarfマウスでも寿命が有意に延びている。この結果は雌雄マウス全体のものである。また、先の論文とはおそらく飼育条件が異なり、カロリー制限なしのAmes Dwarfの平均寿命は先の論文では雌雄全体で１１００日あまりなのに対して、この論文では約１０００日である。しかし、遺伝的に長寿の変異体にカロリー制限を行うとさらに寿命が伸びるという結果は、線虫でもショウジョウバエでも見られていないので、貴重な結果と思われる。

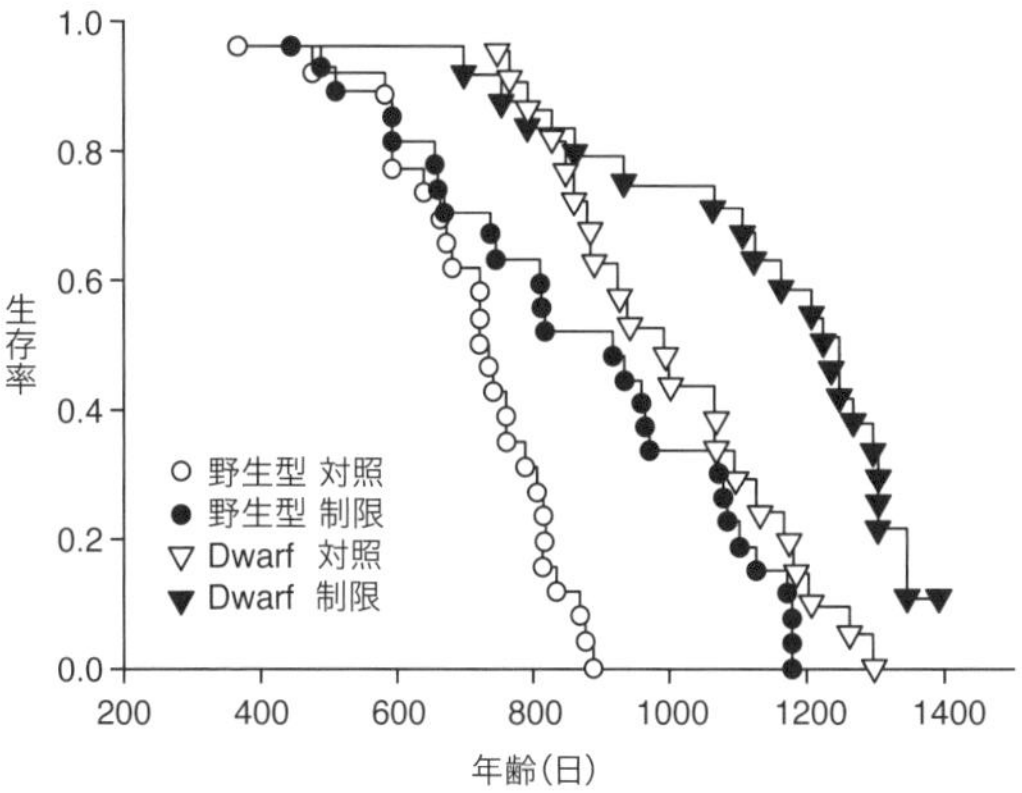

図３－２　野生型マウスとAmes Dwarfマウスのそれぞれについて、70%カロリー制限による寿命の延長効果を示す。出典69のFigure 1を基に作成。

２００９年の総説に取り上げられた、遺伝子操作による寿命延長のほかの例としては、**成長ホルモン受容体遺伝子**のノックアウト、過酸化水素を分解する酵素カタラーゼのミトコンドリアでの過剰発現[70]、抗老化ホルモンKlothoの遺伝子の過剰発現、ミトコンドリア膜上にある酸化的リン酸化と呼吸を切り離すアンカップリングタンパク質（ＵＣＰ２）の脳視床下部オレキシン発現ニューロンでの過剰発現などがある。この最後の例[71]は、恒温動物であるマウスの体温を０・３～０・５℃下げるもので、その体温のわずかな違いが寿命を延ばす原因であると結論しており、哺乳動物での寿命の研究として、非常にユニークである。

また、2009年以降の同様な研究として、血圧調節などの重要な働きをもつアンジオテンシンII受容体遺伝子のノックアウト[72]、および痛覚受容体TRPV1のノックアウト[73]による寿命の延長などが報告されている。

3・3　がん遺伝子MYCと寿命

MYCは、後生動物（動物・植物を意味し、原生動物と対比される）の間で高度に保存されている転写を調節する因子である。MYCの遺伝子はMC29鳥骨髄球芽細胞がんウィルスで最初に発見され、その後バーキットリンパ腫において活性化される**細胞性原がん遺伝子**（突然変異を起こすと細胞をがん化させる）として見出された。MYCタンパク質の過剰発現は細胞増殖を強く促進し、多様なヒトのがんにおいて頻繁に起こることが報告されている。それだけでなく、MYCは全遺伝子の15～20%を占める遺伝子の発現を直接的に調節しており、その中にはリボソーム形成、細胞周期、細胞分化、代謝などの生命活動に関与する重要な遺伝子が含まれる。そのため、MYCのノックアウトマウスは発生初期に死ぬ（**胚性致死**）。

また、MYCの過剰発現は、いろいろな生体分子を酸化する反応性酸素分子種やDNA損傷を引き起こすことにより、老化を促進する。そこで、MYCの発現を減らせば、老化を抑え、長寿になる可能性が考えられる。実際、片方の染色体上のMYC遺伝子だけをノックアウトしたヘテロ体を

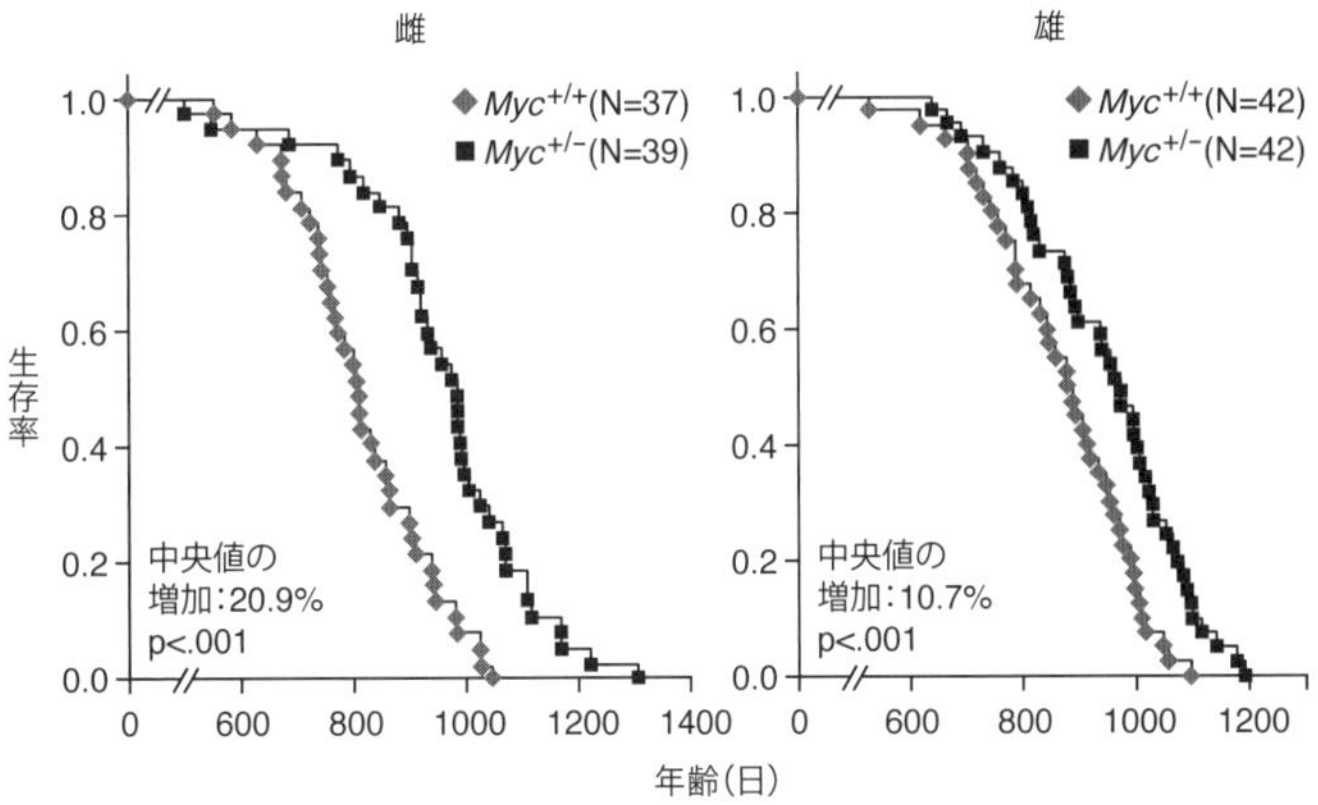

図3－3　野生型マウス（*Myc*$^{+/+}$）と片方の染色体上の*Myc*遺伝子を不活化したマウス（*Myc*$^{+/-}$）の生存曲線。出典74のFigure 1Bを基に作成。

作成したところ、体が小型化したが、健康で、寿命の中央値が雄で20・9％、雌で10・7％増加した(74)（図3－3）。いろいろな指標についてこのヘテロ体と正常なマウスを比較した結果、ヘテロ体では代謝活性が全体としてより高く、脂肪の代謝の若返りが見出され、健康寿命も増進していた。また、リボソーム形成の減少の結果、タンパク質の合成も減少するが、**タンパク質合成の減少**は寿命と逆相関することが知られており、それが寿命延長のおもな原因と考えられる。これら、MYCの発現の減少の全体的効果が図3－4のようになる。

　MYCは線虫にもショウジョウバエにもあるはずで、MYCの発現減少によって同様に寿命が延びることが予想される。しかし、どちらも寿命が短いためか多分がんは生じない。これに対して哺乳動物ではがんは大問題であり、それがこの研究につながったのであろう。

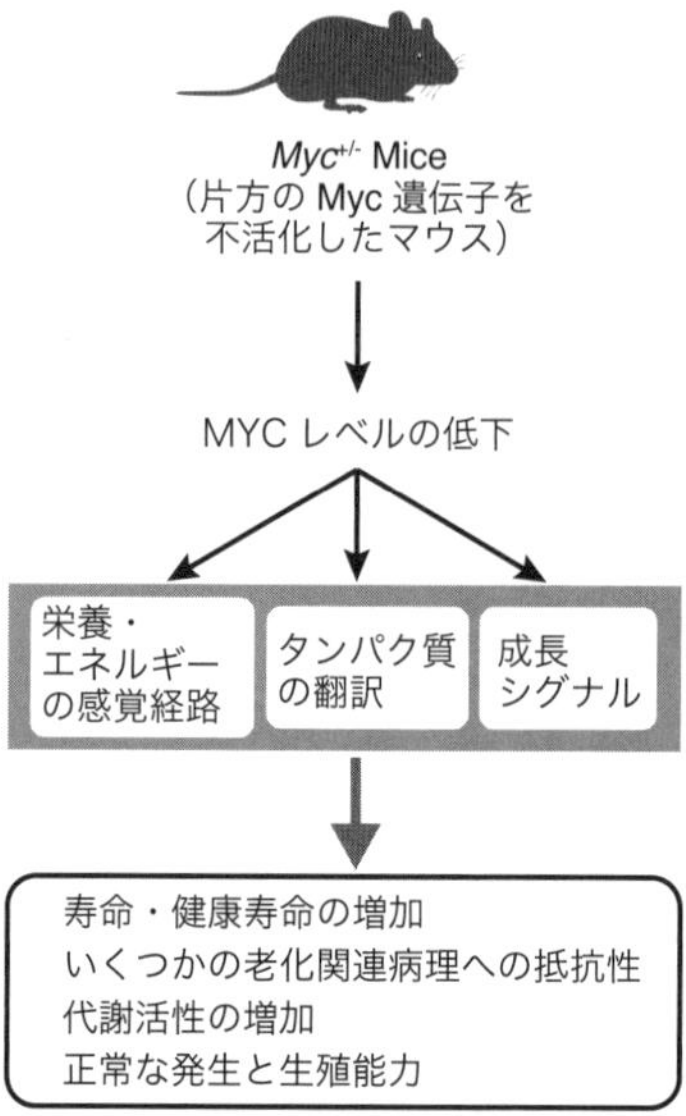

図 3－4　MYC（Myc タンパク質）の発現減少による寿命延長などのさまざまな効果。出典 74 の論文要旨を表す図を基に作成。

3・4　カロリー制限による寿命の延長

食事あるいは餌の制限は、酵母、線虫、ショウジョウバエから霊長類まで、調べられたいろいろな生物で寿命を延ばす唯一の共通的要因であると言われる。マウスなどの哺乳動物でも多くの研究が行われてきた。この食事制限のやり方はさまざまであるが、もっとも単純なのは、一定の質の餌の量を毎日、適当な期間に渡って減らすことである。このような食事制限は**カロリー制限**とも呼ばれる。

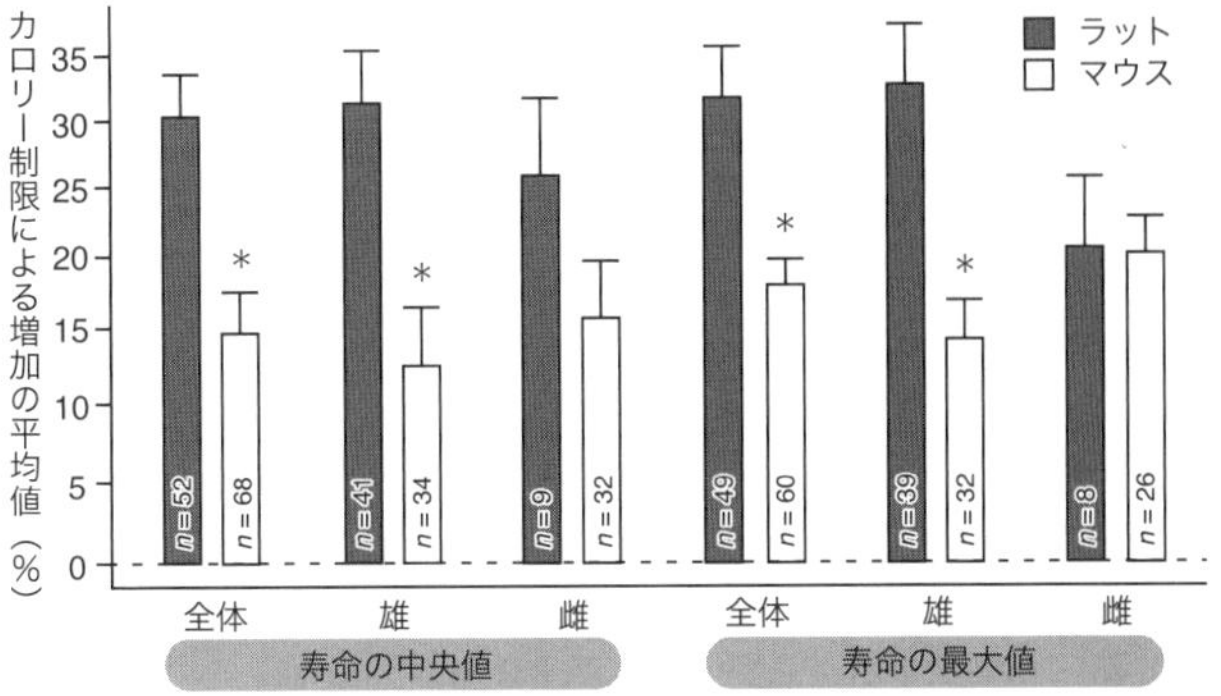

図3－5　ラットとマウスの寿命の中央値（左側）と最大値（右側）のカロリー制限による増加。1934年以来の、ラットの53の実験、マウスの72の実験の結果をまとめたもの。棒の中の数字は基になる実験の数を示す。出典75のFugure 1を基に作成。

マウスでの効果

1934年以来のそのようなマウスとラットの研究をまとめ、比較検討した2012年の総説[75]をまず紹介しよう。図3－5が寿命の中央値と最大値をマウスとラットで雄雌を分けて比較したものである。これによると、最大（最長）寿命の雌以外の結果では、すべてラットのほうがカロリー制限による寿命の延長がずっと大きい。寿命の中央値の延長については、図では雌雄合わせてラットが約30％、マウスが約15％であるが、文章ではラットでの実験の半数で14～45％延長したのに対してマウスでは4～27％であったと記されている。そして、マウスについては、近交系の系統のほうが雑種よりも効果が少なく、ある種の近交系マウスではカロリー制限による寿命の延長が見られないか、逆に寿命が縮まるという。このように、マウスの遺伝的な背景（ゲノム）の違いにより結果が異なるのは、哺乳類はゲノムが大きくて複雑な高等動物であることがその理由であると考えられる。また、捕らえた野生のマウスについての研究が一つだけ紹介されているが、寿命の中央値はカロリー制限によって改善されないという。ほかのすべての研究では、長年飼育されてきた系統を使っており、やむを得ないことではあるが、結果がその影響を受けているだろうと述べられている。

サルでの効果

霊長類（サル）の寿命や老化に対するカロリー制限の効果の研究も数例報告されている。マウスやラットでの結果も基本的にはヒトに当てはまる可能性が高いが、これら齧歯《げっし》類とヒトは分類上かなり離れている。たとえばヒトの体重はマウスの約３０００倍であり、平均寿命も30倍くらい違う（約2年と70年）。そのため、ヒトに非常に近いサルでの研究が求められる。ここで、そのもっとも重要と思われる研究[76]を紹介しよう。これは、アメリカのウィスコンシン国立霊長類研究センター（ＷＮＰＲＣ）において、20年をかけて行われたものであり、サルでの本格的な研究がいかに大変であるかがよくわかる。この研究は、東南アジア原産のアカゲザル（*Macaca mulatta*）を用いている。アカゲザルは、生物学・医学の研究によく用いられるサルの一つであり、飼育下での平均寿命約27年、最長寿命約40年、おとなの体重10kg前後であり、齧歯類よりもはるかにヒトに近い。このサルでの研究が長い期間を必要とする理由はその寿命の長さである。

図３-６の左側（ＡとＢ）は、カロリー制限をしていない、平均寿命に近い27歳の老齢アカゲザルの写真で、かなり毛が抜け落ちている。これに対して、右側（ＣとＤ）は長年カロリー制限をし

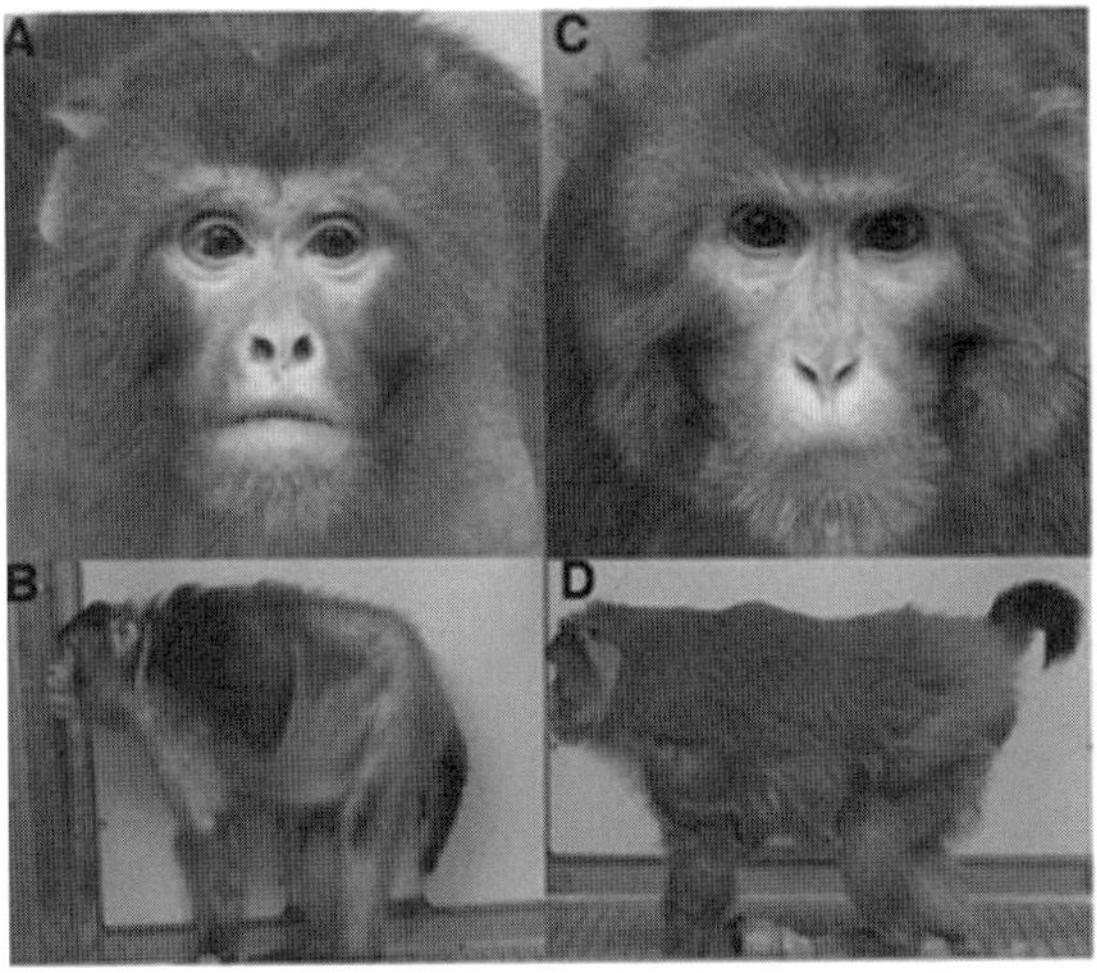

図 3－6　典型的な対照のアカゲザル（27.6 歳）（A、B）とカロリー制限をしたほぼ同年齢のサル（C、D）の写真。出典 76 の Fig. 1 より転載。

た同じ年齢の別の個体の写真で、ずっと若々しい。具体的にどのような実験をしたかというと、7歳から14歳の30頭の雄を用いて1989年に実験を始め、5年後に30頭の雌と16頭の雄を加え、2009年まで、20年または15年間に渡りカロリー制限をしたグループとしないグループ（各38頭）を観察し、比較した。グループ分けは、各個体についての年齢、体重、毎日の平均食事量についての実験開始前のデータに基づき、偏らないように行った。カロリー制限を行うグループについては、各個体の出発時の餌の量をひと月につき10％の割合で減らし、3カ月後に30％減らして以後これを続けた。

図3－7（A）が実験の全体像であり、これに途中で死んだ各個体の死んだ時期が縦線で記入されている。死んだサルの合計は対照グループで21頭、カロリー制限グル

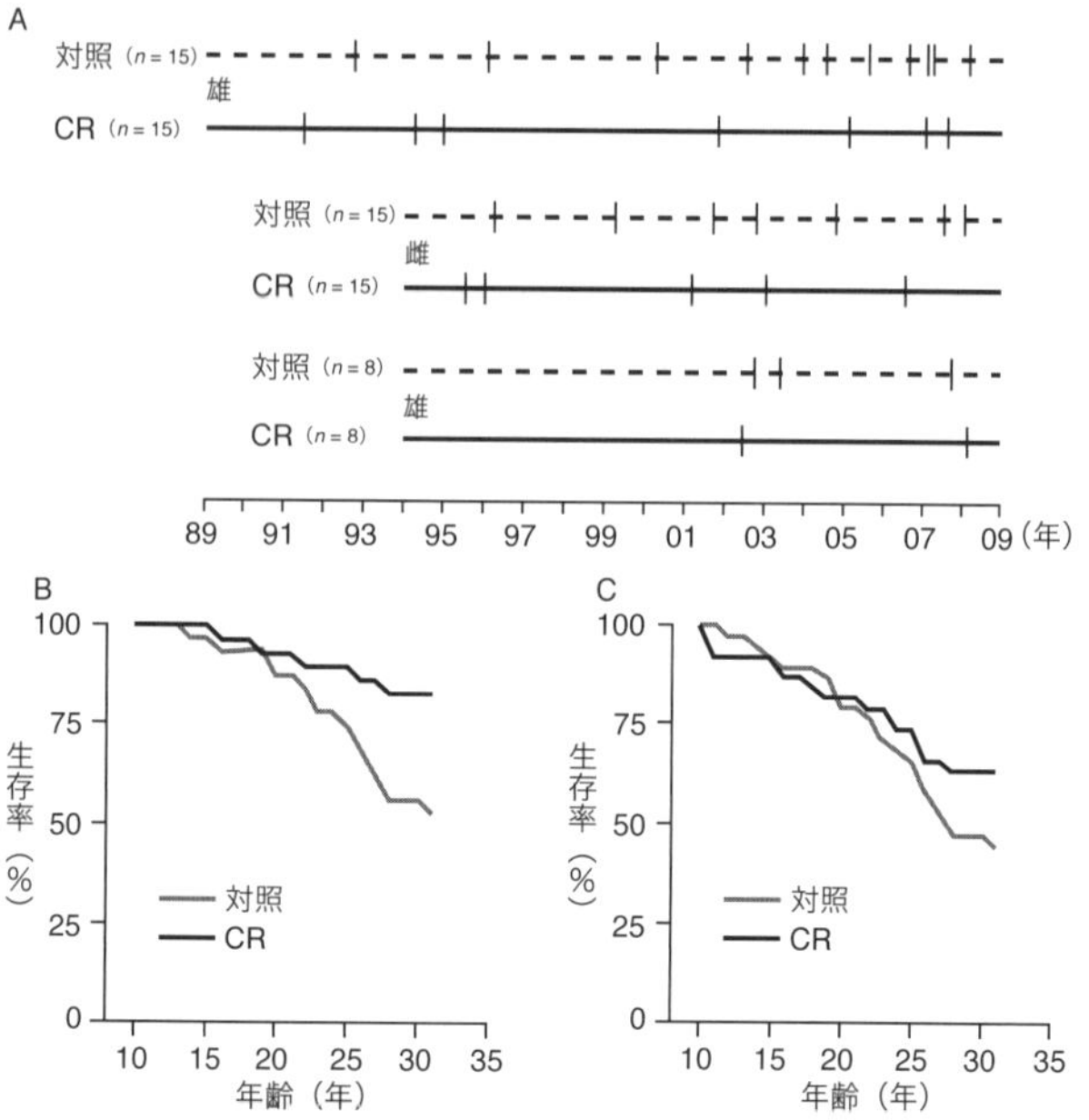

図 3－7　アカゲザルの寿命の研究。（A）研究の全体計画。対照のサルのグループを点線、カロリー制限（CR）したサルのグループを実線、サルの個体の死亡を縦線で示す。（B）事故死などを除いた、老化に伴うと考えられる死亡を示す生存曲線。（C）すべての死亡を示す生存曲線。 出典 76 の Fig. 2 を基に作成。

ープで14頭であり、実験終了時点での生存率はそれぞれ45％、63％と明らかな差がある。死んだサルについてはくわしい死体解剖を行って死因を特定し、老化に伴う病気などによるものとそうでないものを区別した。その結果、20年間または15年間で、老化に関連して死んだのは対照グループでは38頭中14頭（37％）であったのに対して、カロリー制限をしたグループでは38頭中5頭（13％）とずっと少なかった。図3－7（B）が老化に関連して死亡した年齢と死亡率の関連を示す

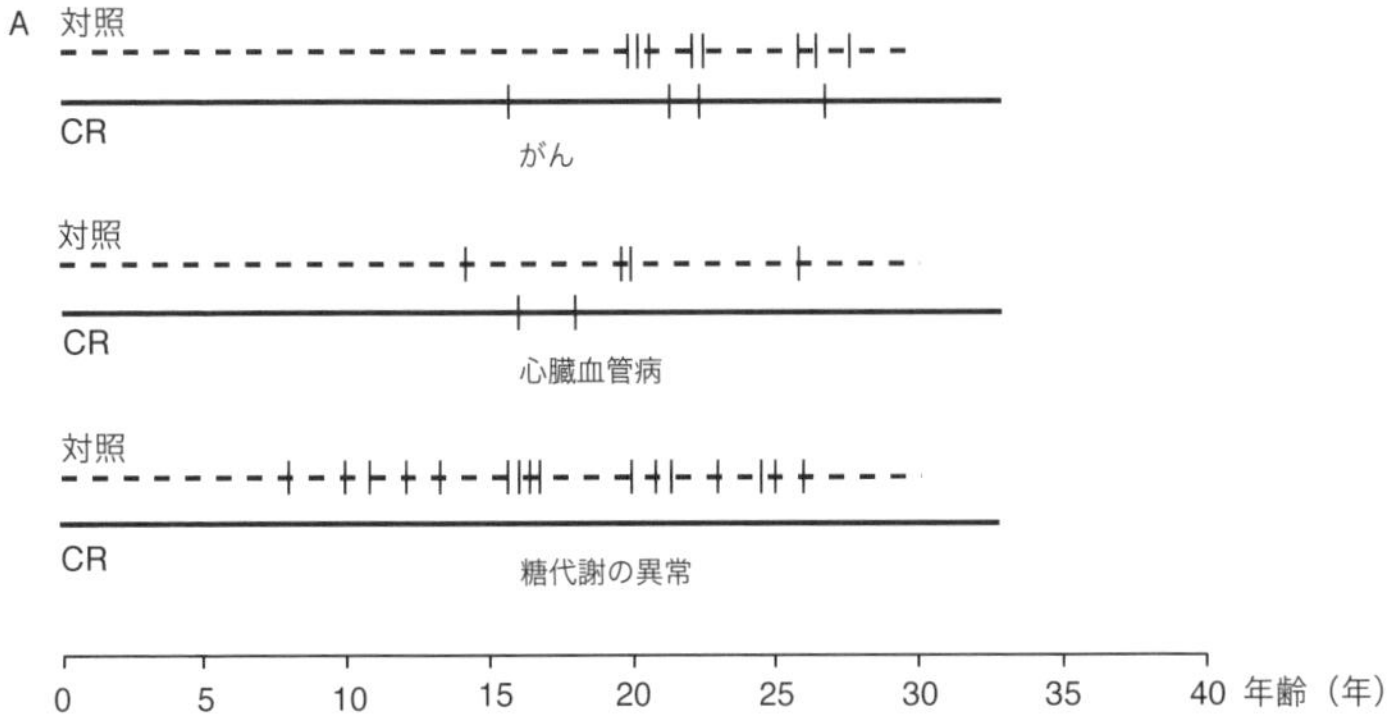

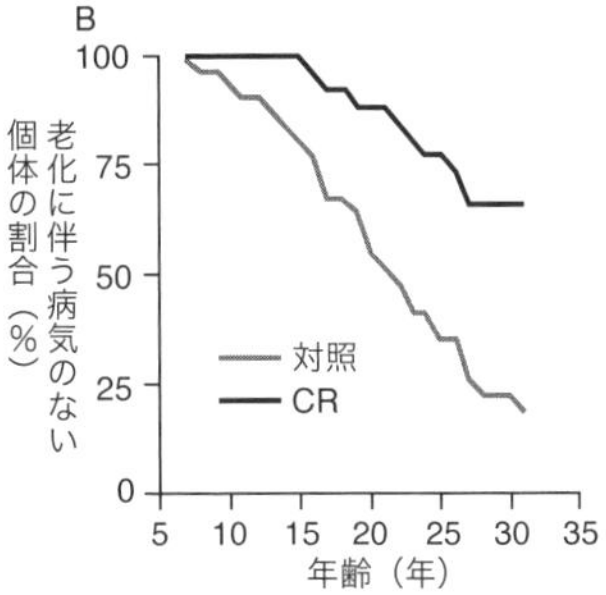

図3－8　アカゲザルの寿命の研究の続き。（A）カロリー制限（CR）による、がん、心臓血管病、糖代謝の異常に対する効果。対照グループ（点線）とCRグループ（実線）の個体の、それぞれの病気の発症を縦線で示す。（B）老化に関連した病気のない個体の割合を示す曲線。 出典76のFig. 3を基に作成。

グラフである。老化に関連しない死（対照グループで7例、カロリー制限グループで9例）の死因は、麻酔、胃の膨張、子宮内膜症、および外傷（けが）であった。これらを含めたすべての死についての死亡年齢と死亡率の関係は図3－7（C）であるが、両グループで有意な差がないという。

アカゲザルの老化に関連する病気は、この研究が行われたWNPRCでよく調べられていて、もっとも多いのが**糖尿病、がん、心臓・血管の病気**であるという。これらはいずれもヒトに多い、いわゆる成人病、生活習慣病であり、その点でもこのサルはヒトのよいモデルである。そこで、カロリー制限によるこれらの病気の発症への影響も調べられた。その結果は図3-8（A）であるが、どれについてもカロリー制限グループの発症のほうが少ない。がんの発症は2分の1、対照グループでは16頭が糖尿病またはその前段階になったが、糖尿病に関連の深い血糖などの異常はカロリー制限グループではまったく見られなかった。図3-8（B）はこれら全体の発症率と年齢の関係を示すが、カロリー制限の効果は明らかである。

カロリー制限によるその他の効果としては、おもに脂肪の減少による体重の減少、筋肉の減少の緩和、インスリン感受性などの代謝の改善が見られた。この研究全体として、**大人になってからの30%という適度のカロリー制限により、霊長類において老化に伴う病気が減り、寿命が延びた**と結論されている。われわれ人間にとっても大いに参考になると思われる。

3・5　栄養素と食事の回数などの影響

食事の量を減らすことはカロリー制限とも呼ばれるため、摂取する熱量（カロリー）の減少そのものが寿命に影響するかのように誤解されやすいが、必ずしもそうではない。当然のことながら、食事の内容、あるいは含まれる栄養素の種類や割合の寿命に対する効果を調べる必要があり、その結果から、むしろ食事の内容が重要とされるようになってきた。

炭水化物とタンパク質の比率

食事や栄養素の寿命への効果に関する研究の最初と思われるものは、ハエの1種について発表されている。[77] それによると、カロリーを一定にして、炭水化物：タンパク質の比率を変えた28種類の餌で調べると、この量比が高いほど寿命が延び、21：1の比で最長となった。すなわち、炭水化物の割合が高いほうが寿命が延びる。また全体的には、カロリーが低いほうが寿命が短くなった。

次に、より進んだマウスについての研究をくわしく紹介しよう。[78] この研究は、タンパク質（5〜60％）、脂肪（16〜75％）、炭水化物（16〜75％）、およびカロリー（8、13、17 kJ／g餌）のいろいろな組み合わせ、計25種類のどれかでマウスを終生飼育し、摂食量、寿命、病気などとの関係を調べた大規模なもので、18人連名の論文として発表されている。この研究は、複数の栄養素の量比などの効果を調べるため、Geometric Framework と呼ぶ多変数解析の方法を用いている。

その結果の一つが口絵⑰Aで、マウスの寿命の中央値（週単位）をグラフの中の数字と線で示している。左側のグラフは、横軸がタンパク質の摂取量、縦軸が炭水化物の摂取量であり、グラフの中の寿命を示す線がほぼ水平であることは、寿命を決めるのはほぼ炭水化物／タンパク質の比率またはは炭水化物の量であって、タンパク質の量ではないことを示す。そして、調べた範囲では、炭水化物／タンパク質の比率が高い（タンパク質の比率が少ない）餌ほど寿命が長いことを示すと考えられる。右側の、炭水化物の摂取量、脂肪の摂取量と寿命の関係を示すグラフでは、寿命を示す線はほぼ垂直であって、炭水化物の量が重要であり、調べた範囲で炭水化物が多いほど寿命が長いことを示す。中央の、タンパク質の摂取量、脂肪の摂取量と寿命の関係を示すグラフでは、どの組み合わせの餌でも寿命がほぼ一定である。

口絵⑰Bは、9段階のタンパク質／炭水化物の比の値（0・07〜3・01）の餌での生存曲線を比較したものである。もっとも寿命が短いのはタンパク質／炭水化物の比が高い3・01、1・65の場合で寿命の中央値は約95週（665日）であるのに対して、この比がもっとも低い0・07および0・1の場合は約125週（875日）で、30％あまり寿命が長い。

口絵⑰Cのグラフは、与える餌のエネルギー密度の3段階（低＝8、中＝13、高＝17kJ／g）についての生存曲線を比較している。これはすなわち摂取する総カロリーの効果を示すもので、カロリーとしては中間のときに寿命が一番長く、低い（中間の値の61・5％）と寿命がもっとも短いという結果である。これらの結果から、マウスの長寿の要因として、カロリー制限よりも、タンパク質／炭水化物の比が低い食事が重要であると結論している。

この研究では、寿命だけでなく、マウスの体重・血圧などの体の状態や体内成分に対する餌の栄養素の影響を年齢15カ月（約60週）の個体について調べている。その結果、タンパク質摂取の少ない個体は体重が少なめであり（口絵⑱）、炭水化物／タンパク質の比が高い餌で飼育したマウスほど血圧が低かった（口絵⑲）。また、炭水化物／タンパク質の比が高い餌では、高密度リポタンパク質（HDLc）が増加し、低密度リポタンパク質（LDLc）が減少した。これらの結果は、タンパク質の比が低めの食事が単に寿命を伸ばすだけでなく、いろいろな指標について健康状態を改善することを示している。

次に問題になるのは、このような効果が生じる理由あるいは機構である。それについて、この論文では、アミノ酸によって活性化されるｍＴＯＲ（哺乳類〔mammalian〕での薬剤ラパマイシンの標的〔Target of Rapamycin〕）が、タンパク質の摂取により肝臓でいくらか活性化（リン酸化）されること、血中のアミノ酸の中で**分岐鎖アミノ酸**（バリン、ロイシン、イソロイシン）だけが対応して濃度が上昇することを示している。ｍＴＯＲの活性化は老化の前段階を示すことが知られている。タンパク質が少なめであると、ｍＴＯＲの活性化が抑えられ、それを通じて**老化**が抑えられると考えられる。

このようにタンパク質が少なめの食事が寿命を延ばすとすると、タンパク質から生じるアミノ酸のどれかが寿命を短くしているという可能性がある。これについては、アミノ酸の一つ**メチオニン**を少なくすると、寿命が延びることを示す論文がラットについて初めて発表された。その一つ[79]では、生涯に渡って餌のメチオニン量を制限したラットの平均寿命が42％、最大寿命が44％、対照のラットより長くなった。マウスについても、メチオニンの制限により、最大寿命がいくらか延びたことが報告されている[80]。メチオニンの効果の機構については、いくつかの可能性とその根拠が示されている[81]。

また、このような考えとは反対であるが、分岐鎖アミノ酸と呼ばれる三つのアミノ酸（バリン、ロイシン、イソロイシン）を餌に加えると、雄マウスの寿命の中央値が12％延びたという報告がある[82]。この分岐鎖アミノ酸の添加によって、特定の細胞や組織でのミトコンドリアの生成と寿命調節因子**サーチュイン１**（sirtuin 1）の発現が促進されており、それが寿命が延びる原因だと推定している。分岐鎖アミノ酸については、マウス、ヒトの健康や寿命に良いという結果と悪いという結果

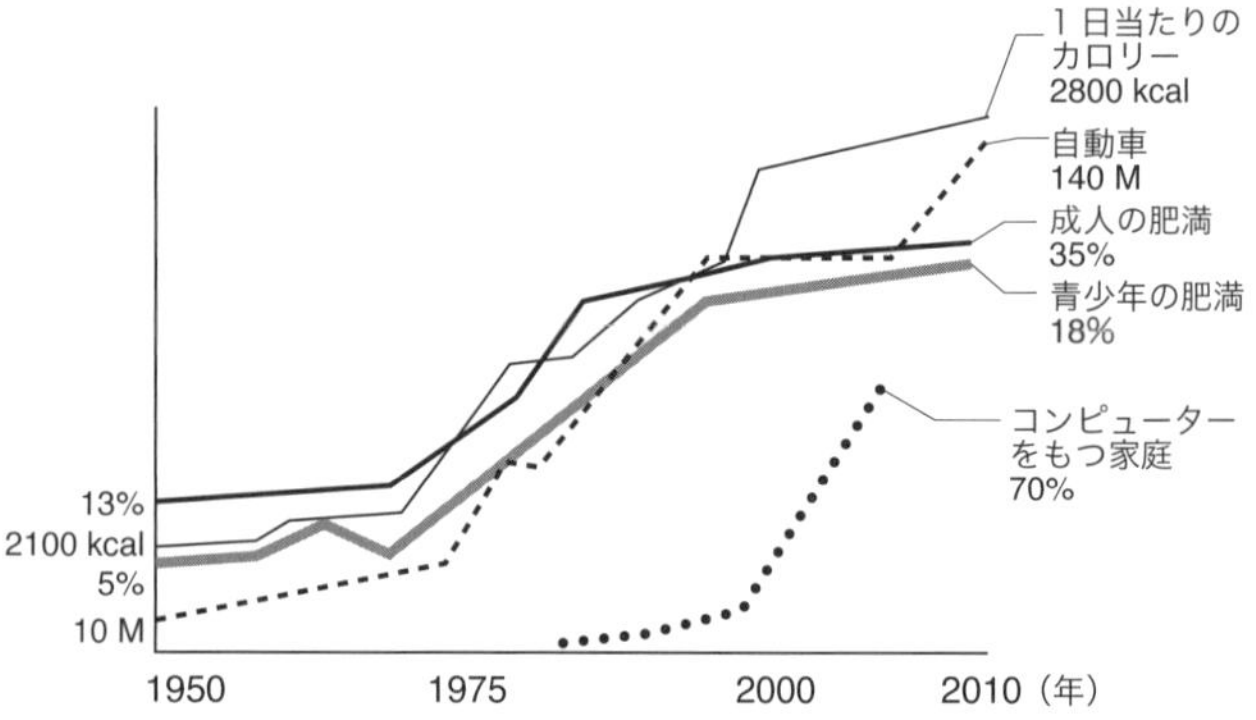

図3－9　アメリカにおける1日平均のカロリー摂取量、肥満の人の割合、コンピューターを保有する家庭の割合、および世界の年間自動車生産台数（M＝100万）の経年変化。 出典83のFig. 1を基に作成。

がともにあり、ヒトには適当な量の摂取が必要であろうと書かれている[82]。

食事の回数、飢餓などの影響

人類の食事についての歴史を振り返ると、農業の開始以後、その収穫に基づいて毎日ある程度決まった食事を摂るようになり、近年では1日3食の食事が一般的となった。最近50年間では、砂糖・油脂などのカロリーの高い食品が加わるとともに、1日の大半を座っている生活スタイルの人が多くなった。最近、病気や死亡のおもな原因の一つとされる**肥満**とこれに関連する病気が増加していることは、このような食事や**生活スタイル**が原因と考えられる[83]。図3－9は、これらの関連を示すグラフである。これによると、1950年から2010年までの60年間で、アメリカでの平均のカロリー摂取が2100kcalから2800kcalに、成人の肥満が13%から35%に増加した。自動車、コンピューターをもつ家庭の数の増加も示されている。

このような状況は、カロリーなどの制限による寿命への効果の研究一般の基礎であるが、図3－9が掲載された総説のテーマは、食事の回数や飢餓などの健康への影響である。これに関連して、線虫で2日おきに餌を与えない間欠的な飢餓にすると平均寿命が延びることが示され、ショウジョウバエでも同様な研究がある。しかし、食事の回数や飢餓についての別の総説[84]によると、齧歯類では結果がいろいろで、ラットでは1日おきの飢餓が寿命の延長に有効であるが、マウスでは効果がないか、逆に寿命を短くする場合もあるという。マウスを飢餓状態に置くと、すぐ体重が減ることが飢餓のマイナス要因かもしれない。

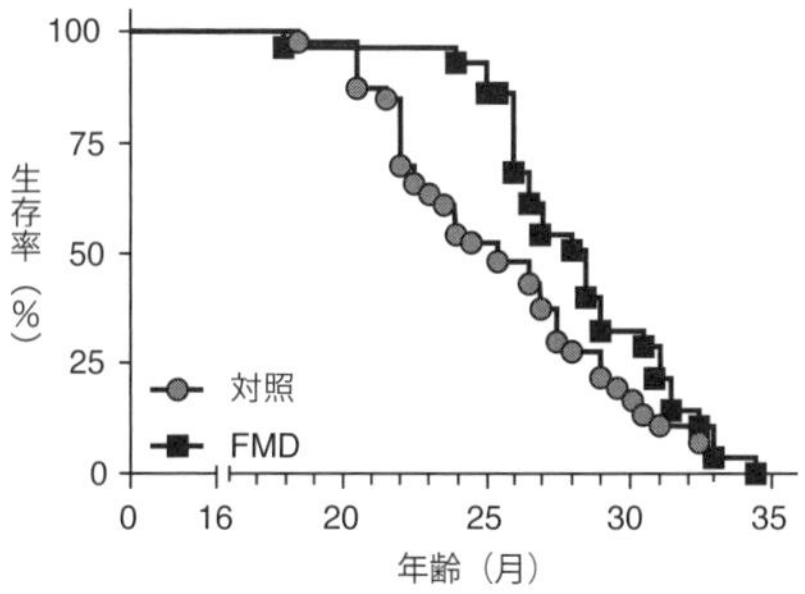

図3－10　飢餓に近い食事（FMD）を与えたマウスの平均寿命の延長。出典85のFigure 5Aを基に作成。

そこで、飢餓に近い食事（FMD）が開発された。これは、タンパク質・糖が少なく、脂肪がこれらより多く、通常の餌の10～50%のカロリーを含むもので、1サイクル中4日間続けて与える。FMDを与えると、老化や病気の指標が水だけを2～3日与えるのと同じになるという。

このFMDを用いた具体的な研究の一つ[85]を紹介しよう。生後16カ月から、2週間に1回、4日間だけFMDを与えたマウスのグループでは、対照のマウスのグループに比べて平均寿命が11・3%長くなり、最長寿命は変わらなかった（図3－10）。また、内臓脂肪、がんの発生、皮膚の傷が対照より減り、免疫系が若返った。老齢のマウスについては、ＩＧＦ－１（インスリン様成長因子）のレベルとタンパク質リン酸化酵素Ａ（ＰＫＡ）の活性が下がり、認知機能が改善された。この研究では、ヒトについてＦＭＤの効果を調べる臨床試験も行い、良い結果が報告されている。

３・６　薬剤などによる寿命の延長

レスベラトロール（resveratrol、3,5,4'-trihydroxystilbene）という薬剤が、酵母、線虫、ショウジョウバエの寿命を延長することが知られていた。雄のマウスでも、高カロリーの餌でマウスを飼育するときには、この薬剤を添加することにより寿命が延長する（寿命の減少を抑える）ことが示された[86]。図３－11にその結果（生後1年の雄マウスに、その後3種類の餌のどれかを与えた）を示す。高カロリーの餌はカロリーの60％を脂肪から摂るものであり、標準の餌での飼育より寿命が短いが、レスベラトロールを加えると標準の餌の場合とほぼ同じに戻っているのがわかる。実験終了時の生後114週（約2年2カ月）で、高カロリーグループは58％が死んでいるが、これにレスベラトロールを添加したグループと低カロリーのグループではともに死亡率は42％であった。統計的解析により、レスベラトロールは高カロリー飼育のマウスの死亡率を31％減らしたことになる。線虫などでのレスベラトロールによる寿命の延長は、カロリー制限による寿命の延長の場合と同様に、脱アセチル化酵素（タンパク質などの修飾に使われているアセチル基を除く酵素）であるSir 2の作用によることが知られており、マウスの場合もそう推定される。また、マウスの実験では、レスベラトロールはインスリン感受性を高め、ＩＧＦ－１のレベルを下げる、ミトコンドリアを増加させる、運動機能を改善するなどの効果があり、寿命の延長と関連すると考えられる。なお、雌のマウスの結果は書かれていないので、寿命に対するはっきりした効果がなかったものと思われる。

寿命を延ばす薬剤としてもう一つ、**ラパマイシン**（rapamycin）が知られている。これは、図３－12のような複雑な環構造をもつ化合物（分子量９１４）であり、放線菌由来のいわゆる抗生物質として開発された。その後、ラパマイシンは前述したＴＯＲの発見のきっかけとなった。現在、哺乳

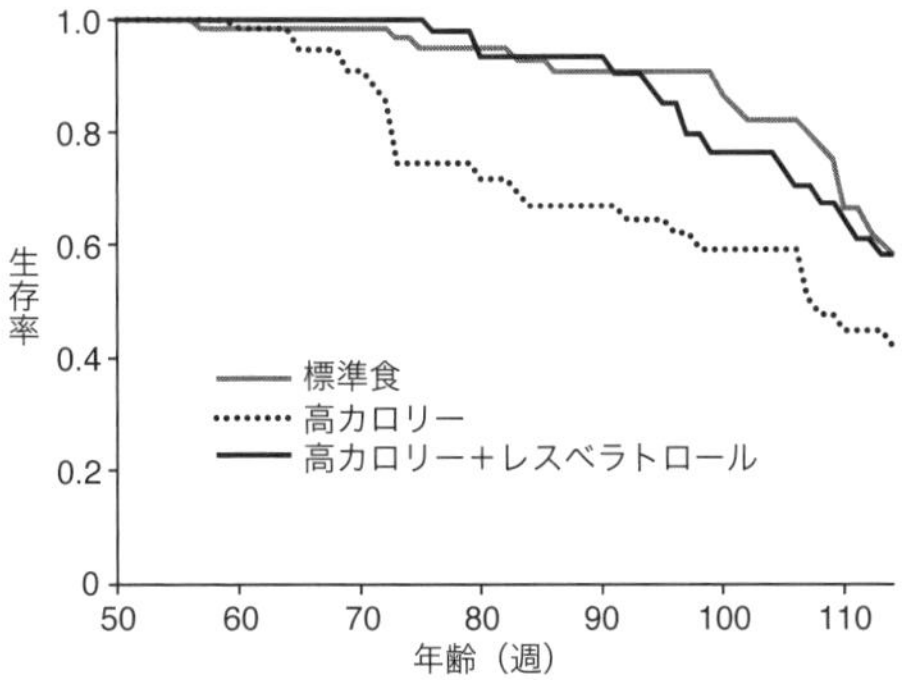

図３－11　標準の餌、高カロリーの餌、高カロリー＋レスベラトロールの餌で飼育したマウスの生存曲線の比較。 出典86のFigure 1bを基に作成。

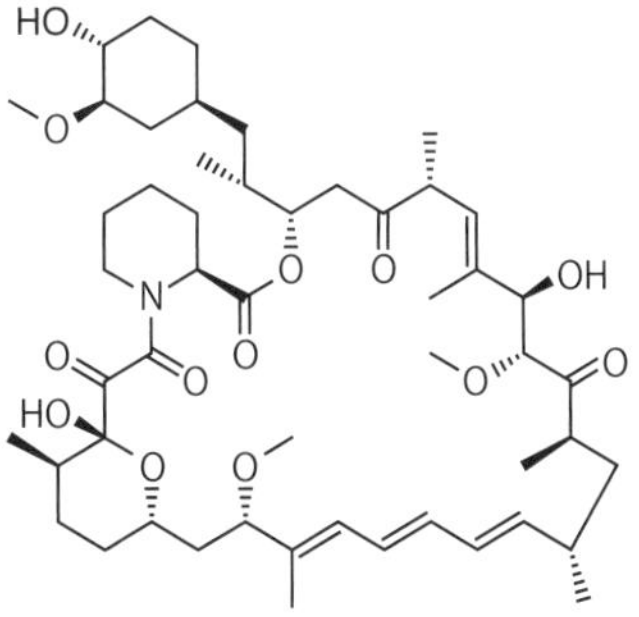

図３－12　ラパマイシンの化学構造。
出典87を元に作成。

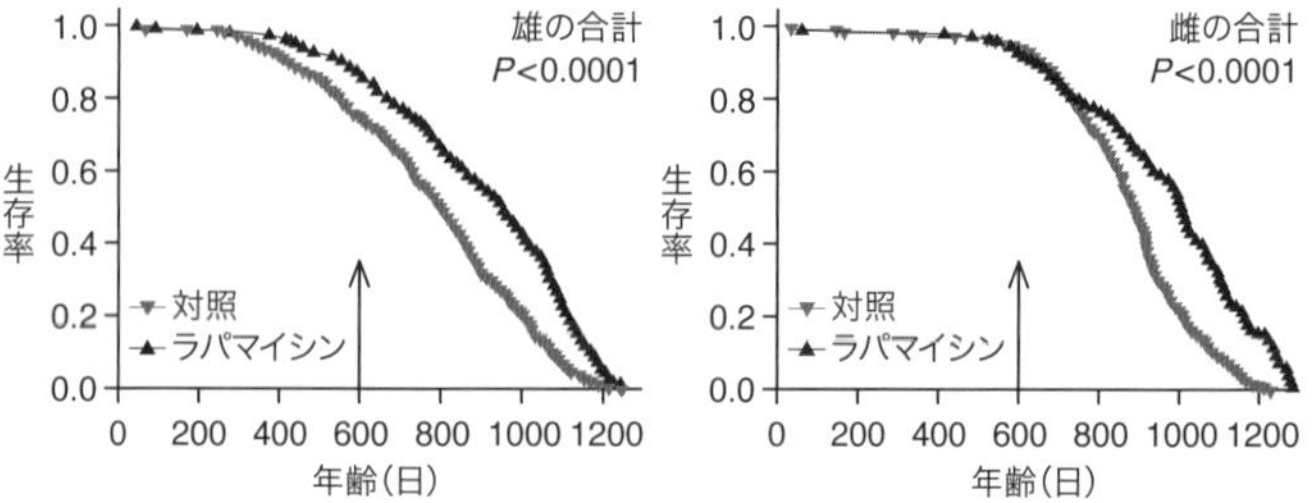

図 3－13　ラパマイシンの餌への添加による雑種マウスの寿命の延長を示す生存曲線。 出典 88 の Figure 1 を基に作成。

類ではこのＴＯＲはｍＴＯＲと呼ばれ、病気や寿命に関連する重要な因子であるが、ラパマイシンはこのｍＴＯＲに結合してその活性を阻害することによって作用する。

　このラパマイシンがマウスの寿命を延長することを最初に示した論文(88)を紹介しよう。図３－13がその結果を示すグラフである。これは、非常に大規模でよく計画された研究によるものである。具体的には、雄雌ともに二つの系統を掛け合わせた子ども（第一世代）である雑種のマウス（両親は計4種類の遺伝系統）をさらに掛け合わせて得られた、非常に遺伝的に多様なマウスの集団を生後６００日から用い、三つの別々の研究機関で得られた結果を総合したものである。遺伝的に非常に多様なマウスを用いたのは、遺伝系統の違いにより結果が異なる可能性が高いためである。この結果では、90％の個体が死んだ時点でのマウスの年齢を基にして計算すると、ラパマイシンが雄で９％、雌で14％寿命を延長したことになる。生後２７０日から開始した実験でも、ラパマイシンは雌雄とも生存を増加させた。

　分岐鎖アミノ酸は薬剤ではなく栄養素であるが、前述したようにその添加も寿命を延長する可能性がある。**レスベラトロール、**

ラパマイシン、分岐鎖アミノ酸の三つが、食事に加えることにより人の寿命も延長する可能性があると現在思われている物質である。

第4章　データで探るヒトの寿命の研究

人間は寿命が長いので、それを決める要因と寿命の関係を実験的に調べるような研究は困難である。そのため、寿命や老化の指標と可能性のあるその要因との間の統計的な調査がなされる。その中で、100歳以上の人（百寿者）などの超高齢者を対象とする研究もある。このような調査は、世界各地域のいろいろな人々について数多く行われているが、それらを総合した非常に大規模な統計調査（メタ解析）も行われている。これらが人の寿命の研究の一つの特徴である。肥満、カロリー制限や摂取するタンパク質量、睡眠時間、運動量、喫煙、糖尿病、高血圧などの死亡率に与える影響を調べた、かなり長期間の調査もなされている。これらヒトの寿命に関連する代表的な研究を紹介しよう。なお百寿者の研究については第5章に記す。

4・1　肥満の影響

肥満による死亡危険度の増加

太っている人は寿命が短いとよく言われるが、実際はどうであろうか。これについての新しく、またもっとも包括的な論文を紹介しよう[89]。世界保健機関（WHO）によると、世界中でBMI25～30（過体重）の人が13億人以上、BMI30以上（肥満）の人が6億人おり、どちらも増加していることがこの論文の前書きに述べられている。**BMI**（Body Mass Index）は体重（kg）を身長（m）の2乗で割った数値であり、肥満の指標として一般的に用いられる。たとえば、体重60kg、身長170cmの人のBMIは20・8であり、BMIがこのくらいの人は太ってもやせてもいない、肥満度について標準的な人になる。

この論文は、アジア、オーストラリアとニュージーランド、ヨーロッパ、北アメリカの人々について行われた239の個別の調査結果を、イギリスのケンブリッジ大学においてまとめて統計的に解析（**メタ解析**）したものである（死亡の調査期間は5～18年）。調査の対象となった人たちの総計は1062万人あまりである。表4－1に、このすべての人たちをWHOが基準とする**肥満度**によって6グループに分類し、各グループの人数とその全体に対する割合、死亡者、**死亡の危険度**（HR）を示す。正常体重（BMI18・5～25・0）のグループの人たちが52・5%ともっとも多く、この人たちの死亡率の平均を標準（危険度1・00）としている。2番目に多いのは過体重（BMI

表 4-1　調査対象者全員の肥満度別死亡危険度

肥満度	BMI (kg/cm^2)	人数	割合 (%)	死者	危険度平均値 (95%CI)
やせ型	15.0〜18.5	292,003	2.7	68,455	1.82(1.74〜1.91)
標準	18.5〜25.0	5,586,892	52.5	810,838	1.00(0.98〜1.02)
過体重	25.0〜30.0	3,467,671	32.6	526,098	0.95(0.94〜0.97)
肥満 1 度	30.0〜35.0	946,257	8.9	144,871	1.17(1.16〜1.18)
肥満 2 度	35.0〜40.0	237,223	2.2	36,113	1.49(1.47〜1.51)
肥満 3 度	40.0〜60.0	92,458	0.87	15,399	1.95(1.90〜2.01)

CI: Confidence Interval（信頼限界、ここでは 95%）。
出典 89 の Table 1 から抜粋して作成。

25・0〜30・0）のグループの32・6%、3番目は肥満1度（BMI30・0〜35・0）のグループの8・9%である。肥満1度〜3度の人たちは合計約12%存在する。肥満2度と3度の境界のBMI40の人は、身長が170cmとすると、体重は約116kgの超肥満であるが、これより太っている人が全体の1%近くいることになる。

死亡危険度の平均値を見ると、肥満1度の人たちは1・17で、死亡率が標準の人たちより17%増加することを意味する。肥満3度の人たちの危険度が最高で1・95、死亡率が約2倍高い。興味深いのは、やせ型（重量不足、BMI15・0〜18・5）の人たちの死亡危険度が1・82と非常に高く、多くの肥満の人たちよりも高いこと、過体重（BMI25・0〜30・0）の人たちの危険度が0・95と1より低いことである。

この論文の重要な点は、**喫煙と慢性病が体重減少の要因**であって、これらの人たちを統計に含めた結果は寿命について有効な示唆を与えないこと、肥満の程度の分類がWHO基準の6段階では粗すぎると考えていることである。この考えに従い、対象者を喫煙せず、慢性疾患もない人に限り、肥満度

表 4-2　非喫煙かつ慢性疾患の無い人達の 9 段階肥満度別死亡危険度

肥満度	BMI (kg/cm^2)	人数	割合 (%)	死者	死亡率 (%)	危険度平均値 (95%CI)
やせ型	15.0〜18.5	114,091	2.9	12,726	11.1	1.51(1.43〜1.59)
標準	18.5〜20.0	230,749	5.8	20,989	9.1	1.13(1.09〜1.17)
	20.0〜22.5	838,907	21.2	72,701	8.7	1.00(0.98〜1.01)
	22.5〜25.0	1,075,894	27.2	98,833	9.2	1.00(0.99〜1.01)
過体重	25.0〜27.5	821,303	20.8	84,952	10.3	1.07(1.07〜1.08)
	27.5〜30.0	428,800	10.9	45,341	10.6	1.20(1.18〜1.22)
肥満 1 度	30.0〜35.0	330,840	8.4	37,318	11.3	1.45(1.41〜1.47)
肥満 2 度	35.0〜40.0	80,827	2.0	9,179	11.4	1.94(1.87〜2.01)
肥満 3 度	40.0〜60.0	30,044	0.76	3,840	12.8	2.76(2.60〜2.92)

CI: Confidence Interval（信頼限界、ここでは 95%）。
出典 89 の Table 2 を基に作成。

を9段階に分けた結果を重視している。この論文の基となったすべての調査の中で、189の調査では約395万人がタバコをまったく吸わず、慢性疾患がなく、また少なくとも5年間生存した人たちであり、この人々についての最低5年間の調査をまとめた結果が示されている（表4－2）。

この表では、肥満度は標準が3段階に、過体重が2段階に細分されている。調査の全期間についての単純な死亡率は、最低がBMI20・0〜22・5の8・7%、最高が肥満3度の12・8%であって、あまり違わない。しかし、生存期間あるいは死亡時の年齢（寿命）の平均が各グループで異なり、それを含めて死亡危険度を調べると、表のように標準の二つのグループの1・00に対して肥満1度で1・45、肥満2度で1・94、肥満3度で2・76となり、表4－1と比べてずっと死亡危険度が高い。過体重のBMI27・5〜30・0のクラスでも危険度1・20であり、表4－1の粗い分類では隠れていた危険性が示される。逆にやせ型の危険度は表4-1の場合よりも下がっている（1・82↓1・51）。この結果を簡単にまとめると、**喫煙せず、慢性疾患がない人については、BMIが18・5〜27・5の人は死亡危険度は高くないが、それより太っている人、やせている人は危険度が20%〜3倍近く高い**ことになる。

表4-2の結果を調査対象者の地域別に分けると、肥満度の高い人たちの死亡危険度の平均値がヨーロッパで一番高く、オーストラリア・ニュージーランド、東アジア、南アジアで低かった。また、表4-2の結果を、出発時の年齢により3グループに分けると、年齢が若いほうが肥満による死亡危険度の上昇が大きい。男女別の結果では、男性のほうが女性よりも高度の肥満による危険度がより高くなる。これらの結果は、われわれにとって非常に重要であろう。

肥満の体に対する悪影響

では**なぜ、肥満は寿命を縮めるのだろうか？** 第一に肥満の直接的影響として、体重が大きいと血液を全身に送るために血圧を上げる必要があり、**高血圧**が**動脈硬化**を起こして心臓血管系の不調による死が起こりやすくなる。血圧が高いと交感神経が興奮し、ストレスにもなる。また、過体重は膝の関節への負担となり、変形性膝関節症を起こして歩行を困難にし、骨折も起こしやすい。

第二に、肥満に伴って体脂肪が増加して、間接的に体にいろいろな悪影響が及ぶが、これはより重大とされる。多くの肥満の人では脂肪細胞の数の増加や、細胞当たりの脂肪の蓄積量の増加が起こる。これが全身で起こる場合と、おもに内臓に起こる場合があり、内臓脂肪型がより病気との関係が深い。なぜなら、内臓の脂肪細胞で脂肪の蓄積が増えるとインスリンの作用を阻止する物質が多くつくられる。体はこれに対抗してインスリンの生産を増加させ、その結果インスリンの生産が早く枯渇し、高血糖や糖尿病が起こりやすくなる。糖尿病は多くの病気の素であり、寿命を縮める。また、脂肪の蓄積が増すと、食欲抑制ホルモンであるレプチンや動脈硬化抑制因子であるアディポネクチンの脂肪細胞からの分泌が減少し、これがさらに肥満や動脈硬化を起こす。このように、肥満は複合的に健康に悪影響を及ぼし、それによって寿命を縮める。[3] 肥満の人は、食事のカロリーを減らし、適度の運動をすることにより肥満を解消することが望ましい。

なお、肥満の影響の解析に、ＢＭＩだけが肥満の指標として用いられることに問題があるのではないかと私は感じている。たとえば同じＢＭＩ25（表４－２の標準クラス３と過体重クラス１の境界）であっても、身長が１６０㎝と１８０㎝の人では体重が64㎏と81㎏と26％も違う。心臓の負担も骨の負担も、ＢＭＩではなく体重そのものに対応して増加すると考えられるので、体重そのものを指標とする研究も必要かもしれない。

４・２　ヒトの寿命と関連する要因

遺伝子の影響についての全世界的研究

遺伝子の影響を調べた大規模な研究について、ジョシら約１００人連名の論文が２０１７年に発表された。[90] この研究は、40歳以上の人たち約30万人の遺伝子と本人の状態、およびその両親60万人あまり（生きている人約27万人、亡くなっている人約33万人）の寿命（調査時あるいは死亡時の年齢）の関連を調べたもので、対象とした人たちの出身地は主としてヨーロッパ、オーストラリア、北アメリカである。また、この研究はUK Biobank（イギリス）およびほかの24の調査の結果を総合した、統合的な研究結果（メタ解析）である。この研究のもう一つの特徴は、**遺伝子型**を調べた人たち自身ではなく、その**両親の寿命**について調べたことであり、両者の関連はより間接的ではあるが、短期間の調査により、ある程度遺伝子型と寿命との関連を推定している点である。両親については、すでに亡くなっている人の平均寿命は男性71歳、女性75歳、生きている人の平均年齢は男性63歳、女性66歳であった。

この研究の結果では、四つの遺伝子について、その特定の変異（遺伝子型）と両親の寿命との関連が強いことが見出された。その四つの遺伝子とは、①**ヒト主要組織適合性抗原系**の遺伝子（HLA-DQA1/DRB1）、②**リポタンパク質**の遺伝子（a）（LPA）、③ニコチン性神経**アセチルコリン受容体**αの遺伝子（CHRNA3/5）、④**アポリポタンパク質E**の遺伝子（APOE）である。

①ヒト主要組織適合性抗原系は、臓器・組織・細胞の同種移植の際に強い拒絶反応を起こす抗原の分子群から構成され、その分子として**クラスI抗原**（A、B、C）、**クラスII抗原**（DPα、DPβ、DQα、DQβ、DRα、DRβ）、クラスIII抗原（TNF、C2、C4）がある。クラスI抗原はほとんどの体細胞上に発現されているが、ここで寿命との関連が見出されたDQA、DRB遺伝子産物（DQα、DRβ）を含むクラスII抗原は、免疫系のB細胞・マクロファージ、精子など一部の細胞でだけ発現される。これらの遺伝子はいわばヒトの個性を表す重要なものであり、それぞれ

の遺伝子にいろいろな遺伝子型が存在し、A1、B1はそれらの一つである。また、これらの遺伝子は、ヒト第6染色体上の1カ所にかたまって存在する。(33)

②リポタンパク質(a)は、アポリポタンパク質Bと脂質が結合した低密度リポタンパク質(LDL)とアポリポタンパク質(a)が結合した分子で、血液中などに存在する。動脈硬化の危険因子とされ、また糖尿病や腎臓病などでは濃度が高くなる。(91)

③アセチルコリン受容体は、一般に神経伝達物質の一つであるアセチルコリンと特異的に結合するタンパク質を指すが、ニコチン性アセチルコリン受容体はアセチルコリンの有無によって開閉する陽イオンチャネルであり、タバコの主成分であるニコチンがその機能を促進する。α、β、γ、δ、εの五つのタンパク質(サブユニット)から構成され、寿命との関連が見出されたのはαである。αには10種類、βには4種類がある。また、ニコチン性アセチルコリン受容体は、骨格筋型、神経型、感覚上皮型の三つに分類され、それぞれ構成するサブユニットが異なるという複雑な分子群である。(92)

④アポリポタンパク質Eは、脂質代謝に重要な機能をもつタンパク質である。低密度リポタンパク質(LDL)受容体と結合して血漿リポタンパク質上に広く存在し、脂質の移動を促進し、代謝を調節している。(91)

見出されたこれら4種類の遺伝子変異の中で、①の変異(rs34831921)は調べた人たちの9%で見つかり、この変異1コピー当たり約0・6年親の寿命を延長していると結論された。反対に、②の変異(rs55730499)、③の変異(rs8042849)、④の変異(rs429358)は、8・3%、35・6%、14・

2%の割合で見つかるが、どれも親の寿命を短くする作用があり、②の変異については変異1コピー当たり0・7年の短縮であるという。見出された四つの因子の二つが脂質に関連することは、脂質が寿命に重要であることを示している。このように、見出された**寿命の遺伝要因**のヒトの寿命に対する効果は小さく、この論文の前書きには、遺伝要因全体でもせいぜい25%と推定されていると記されている。なお、百寿者の研究では、遺伝要因の長寿への寄与率は双子の研究から15〜25%と推計されている[93]。

ジョシらの論文には、遺伝子を調べた人たちの**生活習慣**や**健康指標**と両親の寿命との関連という、もう一つの重要な結果が報告されている。それによると、**教育を受けた期間**、**禁煙**、新しい経験への**積極性**、**高密度リポタンパク質(HDL)**のレベルが長寿と高い相関を示した。また、冠状動脈疾患にかかりやすいこと、1日に吸うタバコの本数、**インスリン抵抗性**、および**肥満**(BMI)または**体脂肪の量**が、死亡率あるいは寿命の短縮と高い相関を示した。**BMIが1高くなると両親の寿命が7カ月短くなり**、**教育期間が1年長くなると11カ月延びる**という。なお、教育期間の長期化による長寿命の促進は、主としてタバコを吸わない傾向を強めることによる。全体として非常に興味深く、重要な結果である。肥満については、BMIが10増えると、遺伝的には親の寿命が6年短いという相関があり、前節と同様な結果である。これが本人の寿命にどの程度反映されるかはこの論文には述べられていないが、一般的には本人の寿命に対する効果は約2分の1であろうか。

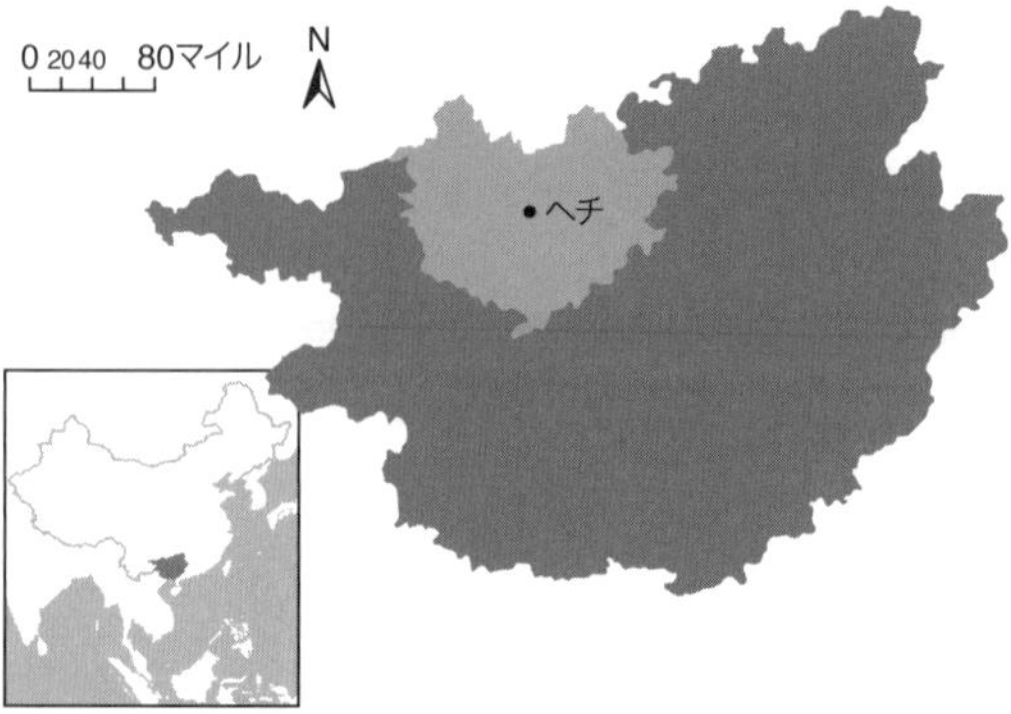

図4－1　広西壮族自治区。出典94のFigure 1より転載。

中国の一地域についての研究

ここでもう一つ、中国のある地域についてのユニークな研究[94]を紹介しよう。この研究の対象となったのは、**広西壮《こうせいチワン》族自治区**という、中国のもっとも南部、北緯22～26度に位置する広い地域で（図4－1）、面積24万km²（日本全体の面積の約3分の2）、人口約5100万人である。ここは亜熱帯の、気候が温和な地域であり、南部・中央部にある平地・盆地と北西部の山岳地帯から構成される。ここが寿命の研究の対象に選ばれた理由の第一は、寿命についての国の調査により長寿者の割合が比較的高く、また国際的な機関（International Expert Committee on Population Aging and Longevity）により、地図の北方に位置するヘチ（河内）市が2016年において中国で百寿者の割合がもっとも高い（人口10万人当たり17・9人）と認められたことである。次章で見るように、中国全体での百寿者の割合は10万人当たり約2人なので、その約10倍である。調査対象として選ばれたそのほかの理由として、経済や教育レベルについて地域間に大きな違いがあること、高齢者の人口統計

表 4-3　中国広西壮族自治区の調査に用いられた、寿命に関連し得る指標

指標の分類	指標
自然環境	気圧、温度差、湿度、雨量、radiation（熱放射？）、気温、水蒸気、標高
経済	一次・二次・三次産業、自治体収入、GDP、穀物生産、都市部の登録雇用者の割合
教育レベル	小学校教育を受けた人の数、中学校教育を受けた人の数、小学校の数、中学校の数
地域のインフラ	居住者用ビルの数、携帯電話登録者の数、年間電力使用料
医療施設	病院の数、病院のベッド数

出典 94 の Table 2 を翻訳して作成。

がしっかりしていることが挙げられる。

このような事情を背景とし、この自治区内から選ばれた計109の郡や町について、その地域の寿命とさまざまな指標との相関が調べられた。寿命の指標としては**百寿者の割合**、90歳以上の人の割合、80歳以上の人の割合、60歳以上の人の割合、90歳以上の人口／65歳以上の人口の比などを用いた。また、寿命と関連し得る指標としては、**自然環境**、**経済的指標**、**受けた教育のレベル**、**地域のインフラストラクチャ**、医療施設のそれぞれについて、表4-3に示すような項目が調べられた。これら地域の年間平均気温は18・7～22・7℃、標高15～1118m、年間雨量1084～2677mmである。

人口10万人当たりの百寿者の割合については、109の地域の中の最低が0・6人、最高が36人と60倍もの違いがあり、興味深い。百寿者の割合が1～3位などの非常に高い地域は、へチ市（平均で17・9人）に集中していた。60歳以上の人の割合は8・4～17・7%であって、違いは2倍程度であった。平均寿命のデータが示されていないのが残念であるが、大きな地域差がないのであろうか。いろいろな指標と寿命との関連についてもっとも重要と思われる結論は、自然環境の中の地域の年間の温度差と標高、地域の総生産高などの社会経済的指標が60～90歳の人々の寿命と高い関連があることであった。温度差と標高については、それらが低めの気候温和な地域で寿命が長いことを意味する。

この研究の結果の詳細は省略するが、この研究の特色として、次の3点が挙げられよう。①調査地域を細かく分割することにより、地域に特徴的なやや特殊な寿命の要因がわかること、②自然環境、いろいろな経済的指標、教育レベルなどと寿命の関連が調べられたこと、③中国のやや経済的に遅れた、あるいは発展中の、またかなり広く、多様性に富む地域を対象としたこと。

前項で紹介した世界全体に共通な要因の調査とは異なる価値があると思われる。

4・3 食事の影響

カロリー制限の効果

ここではまず、前章のマウスで行われたようなカロリー制限をヒトにも行い、寿命に関連する健康指標にどのような影響を与えるかを調べた研究を紹介しよう。[95] この論文には、CALERIE (Comprehensive Assessment of Long Term Effects of Reducing Intake of Energy) という国際的な研究チームにより、2年間に渡って行われたカロリー制限の効果についての結果が示されている。

調査対象者は、肥満でない21～51歳の男女で、この人たちをランダムに二つのグループに分け、**カロリー制限**（CR）ありとなしで比較した。調査対象者はすべてアメリカ人か、アメリカ人とイタリア人である。対象者のBMIは21・9〜28・0kg／m²、平均25・1であった。このBMIの範囲は、表4-2の3〜6番目のグループ（標準第2グループ〜過体重第2グループ）であって、肥満ややせ型の人は含まれておらず、平均的なアメリカの住民と思われる。

CRありのグループは143人、なしのグループは75人、計218人の対象者で調査がスタートした。その69・7%が女性、77・1%がコーカサス系（いわゆる白色人種）で、スタート時点で血圧・空腹時の血糖値・インスリン・脂質は正常であり、また両グループでこれらの指標に有意な差はなかった。このように、調査を意味あるものにするのは大変であることがわかる。2年間の調査を完了した人は、CRありのグループ117人、なしのグループ71人、計188人であった。対象者の毎日のカロリー摂取量は、二重標識した水を用いて合計エネルギー消費日量（TDEE、Total Daily Energy Expenditure）という方法で、厳密に測定された。スタート時点では、CRグループで2390±45kcal／日、対照グループで2467±34kcal／日であり、有意な差はなかった。CRグループでは、最初の半年間について平均19・5%（480kcal）、その後の期間について平均9・1%（234kcal）、全期間を通じて平均11・7%のカロリー減少を行った。図4-2がおもな結果の一つで、両グループの**体重の変化**を比較している。対照グループではほとんど体重の変化がないのに対して、CRグループでは調査開始から半年以降、8%前後（7・1〜8・3kg）体重が減少している。この結果により、CRによって人でも体重が減ることが初めて厳密に示されたと思われる。図4-3は、もう一つのおもな結果であり、血中の**総コレステロール**と**トリグリセリドの濃度**、**平均血圧**の変化（A、B、D）を示す。またCに示す**インスリン抵抗性**の指標（HOMA-IR、空腹時のインスリン濃度（μg／mL）×空腹時血糖値／405」であり、これらはCRにより1年後、2年後にどれも低下している。図4－3が示す結果は、人の寿命に重要な関連があると考えられている心臓血管系の危険因子がCRにより減少すること意味しており、重要と思われる。

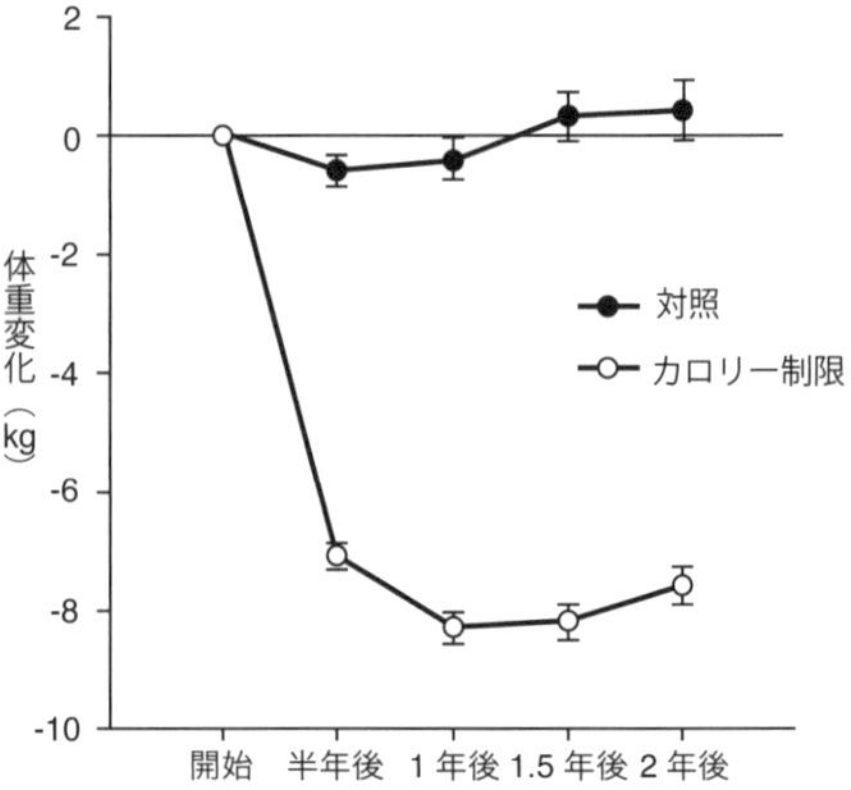

図4－2　カロリー制限をしたグループと対照グループの2年間の体重変化。出典95のFigure 2Bを基に作成。

タンパク質量の影響

一般的なカロリー制限のヒトの寿命に対する影響を直接調べた研究は見当たらないが、食事中のタンパク質の量の影響を調べた論文がいくつか発表されている。重要と思われるものを三つ紹介しよう。

（1）レビンらの研究[96]は、アメリカを代表してマウスにおいて同様な研究を行ったNHANESⅢという研究の一環として行われた。この研究の対象となったのは、開始時の年齢が50歳以上、平均65歳で総数6381人の人々であり、民族性・教育レベル・健康について代表的あるいは平均的なアメリカ住民である。対象者は調査期間中、1日当たり平均1823kcalの食事を摂取したが、そのエネルギーは炭水化物由来が51％、脂質由来が33％、タンパク質由来が16％（平均）であり、

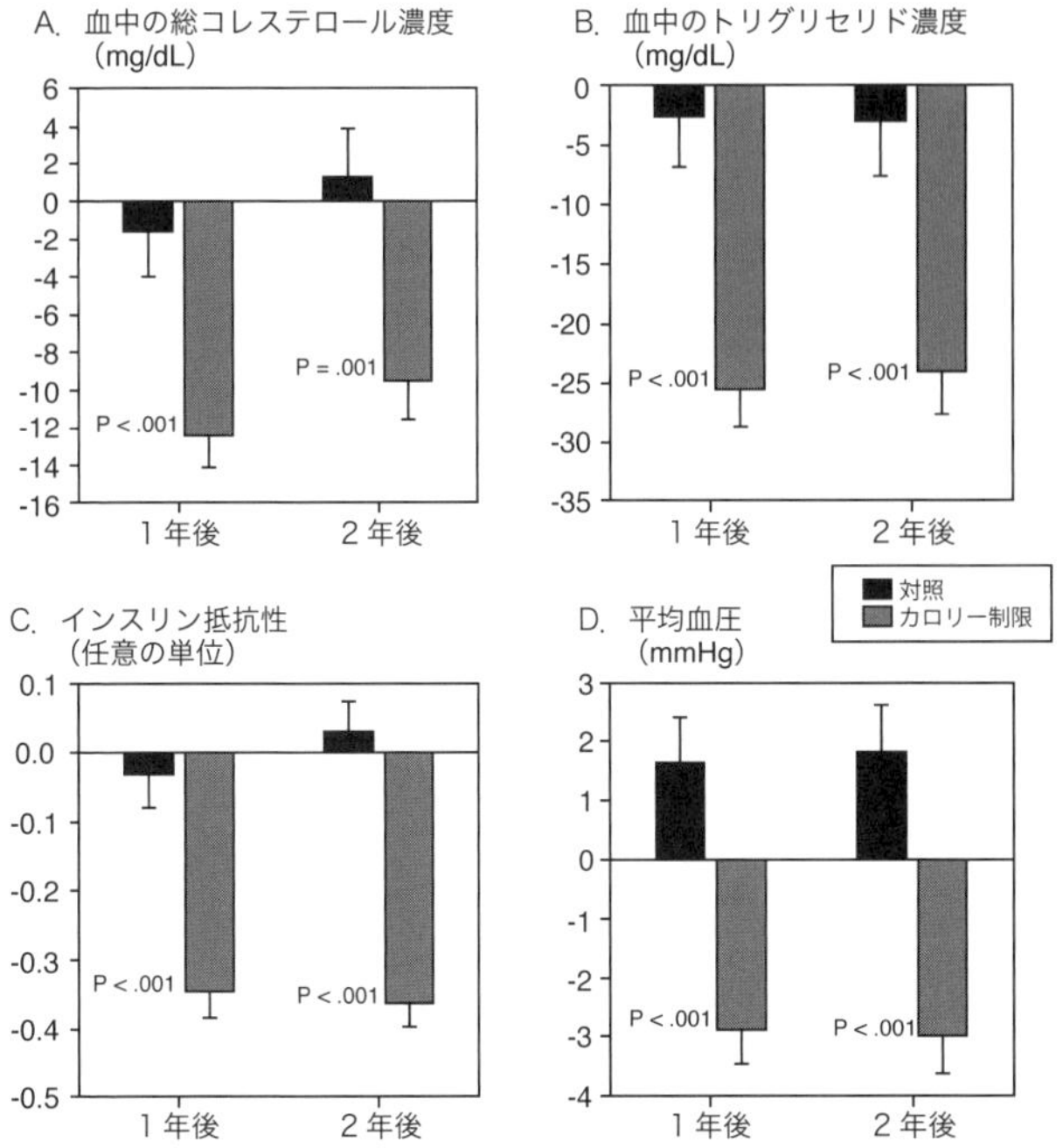

図 4－3　カロリー制限による健康指標の変化。黒の棒グラフが対照グループ、灰色の棒グラフがカロリー制限グループを示す。出典 95 の Figure 4 を基に作成。

タンパク質の大半（全カロリーの11％、タンパク質の約3分の2）は動物性であった。対象者は高タンパク質グループ（タンパク質からのエネルギー摂取20％以上）、中タンパク質グループ（10〜19％）、低タンパク質グループ（10％未満）の三つに分けられ、それらの死亡率と死因を比較することにより、タンパク質摂取量の影響が18年間に渡って調べられた。調査の途中で亡くなる人たちがいて、調査開始後の生存期間の平均は13・1年

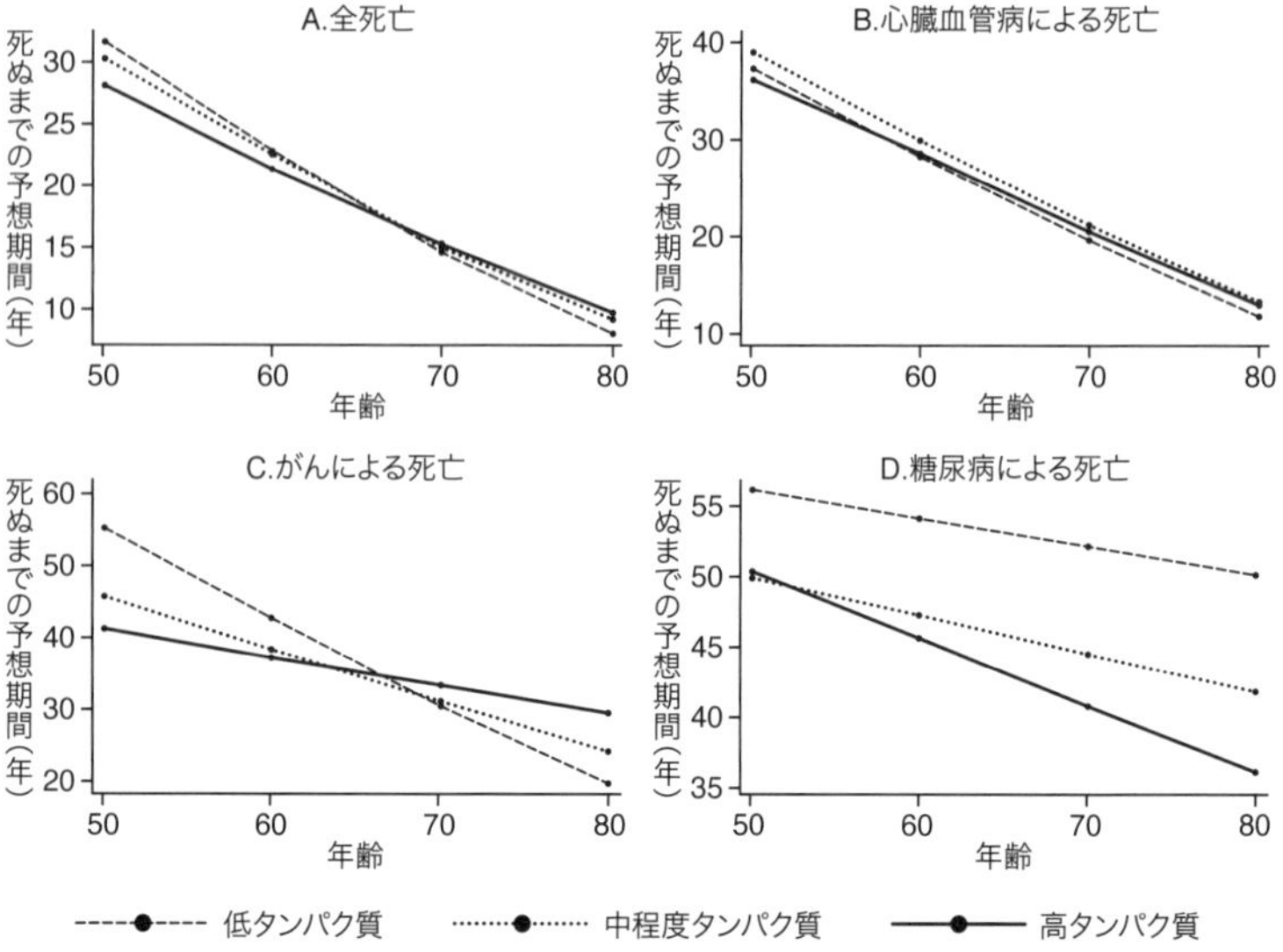

図 4－4　摂取したタンパク質量による生存曲線の変化。出典 96 の Figure 1 を基に作成。

であった。

この研究のおもな結果が図4－4である。この図は、**全死因**による死亡、**心臓血管系**、**がん**または**糖尿病**を死因とする死亡のそれぞれが、平均何年後に起こるかの予想（**平均余命**）を縦軸に示すものである。ややわかりにくいが、生存曲線の一種であり、直線の傾きによって**死亡率**が表される。80歳における死因別の平均余命は20～50年と読み取れるが、現在80歳の人が実際に100～130歳まで生きることを示しているわけではなく、特定の死因による死亡率が低いことを一因とする統計的な結果（仮想）である。タンパク質摂取量の影響は三つの線の比較により行うが、対象者の年齢によって逆転する場合もあり、結果は複雑である。これらから得られるおもな結論は次の5点である。①年齢50～65歳の人については、高タンパク質グループは低タンパク質グループに比較して、その後18年間の総死亡率が75％、がんによる死亡率が4倍高い。②この効果は、タンパク質が植物由来であると、なくなるか弱まる。③年齢が65歳より上の人については、逆に高タンパク質摂取によりがんによる死亡率、全死亡率がともに低下する。④高タンパク質グループは低タンパク質グループに比較して、糖尿病による死亡率が全年齢を通じて5倍高い。⑤これらの結果を総合すると、65歳頃まではタンパク質摂取は少なめ（全カロリーの10％程度）が、それ以後は多め（20％以上）が健康と長寿に最適と考えられる。また、タンパク質としては、とくに高タンパク質摂取において、植物由来が推奨される。

（2）もう一つ重要な研究が2016年に発表されている。[97] これは、開始時の1976年に30～55歳であった女性（看護婦）12万人あまり、1986年に40～75歳であった男性（医療・看護従事者）5万人あまりを対象とし、32年間または26年間行われた、大規模かつ長期に渡る調査結果である。この調査では、食事中に含まれていたタンパク質は、動物性が9～22％（中央値14％）、植物性が2～6％（中央値4％）であり、それぞれについて5段階に対象者を分け、死亡率を比較した。その結果は以下のようであった。

①動物性タンパク質の摂取量は総死亡率と関係がないが、心臓血管病による死亡率と正の相関がある。②植物性タンパク質の摂取量は、総死亡率、心臓血管病による死亡率のどちらとも負の相関がある（多いほうが死亡率が低い）。①②は、喫煙・多量の飲酒・肥満・運動不足などの何

か一つ以上の不健康要因のある人について見られるが、健康な人については明らかではない。③いろいろな動物性タンパク質を植物性タンパク質に変えると死亡率が減る。

タンパク質の平均摂取量はカロリーの18％、ベストである植物性が最大（6％）のとき、動物性が最低でも9％なので、合計15％以上（全体が2000kcalのとき、300kcal＝75g）と10％よりかなり高い。この結果は、少なくともアメリカ人については、タンパク質量は高め（15〜18％？）が良いということになる。

（3）日本では、植物性タンパク質摂取と心臓血管病による死亡との関係を調べた研究が、2019年に発表されている。[98] これは、開始時において心臓血管病がなかった30歳以上の人77444人を、15年間に渡って調査した結果である。そのおもな結論は、植物性タンパク質の摂取量が心臓血管病および脳出血による死亡率と逆相関する（摂取が多いと死亡率が減る）、この関係は高血圧がない人ではより強いというものである。

以上、三つの研究の結果をまとめてみよう。

（1）の研究では、65歳頃までの結果がより重要で、全体としてタンパク質が少なめ（10％以下）が良いことを示すと考えられるが、（2）の結果との違いの理由はよくわからない。（2）の研究のほうが対象者が30倍近く多く、より長期であり、タンパク質を動物性と植物性に区別していること、タンパク質量を3段階でなく5段階に分けているという五つの点で（1）の研究より優れているが、10％程度の低めのタンパク質摂取が調べられていないという問題がある。私は、65歳くらいまでは

10%以下の低めが良いという結果がもっとも重要と考えている。しかし、タンパク質の量については、まだ一般的な結論が出ていないというのが正しいであろう。また、日本人はアメリカ人と食事の内容も人種（遺伝子）も違うので、客観的にはこれらの結果が日本人に当てはまるかはわからない。日本での総死亡率についての本格的な研究が必要であろう。植物性のタンパク質が多めが良いという結果はほぼ確定的と思われる。

4・4　睡眠時間と死亡率の関係

多くの人が、睡眠も健康の維持に重要であると感じていると思われるが、**睡眠時間と死亡率の関係**を調べた研究が2000年頃からいくつも発表されている。[99] これらは対象となった人たちの住む国や集団の内容がさまざまであり、その結論も一致していない。ここではまず、2016年12月1日以前に発表され、アメリカのPubMedまたはヨーロッパのEmBaseというデータベースに登録されている多くの研究を統合して調べた解析（メタ解析）の結果を紹介しよう。この解析は、一般的な意味で健康な人たちを対象とし、著者たちが設定した一定の基準を満たした合計141の報告を選んで統合したものである。そのおもな結果が図4－5である。この図は四つに分かれているが、どれも横軸は対象者の1日当たりの平均睡眠時間である。縦軸は死亡率の相対値（相対的死亡危険度）を、すべての死亡（A）、**心臓血管系**が原因のすべての死亡（B）、**心冠状動脈**が原因の死亡（C）、**脳卒中**による死亡（D）について示す。グラフの曲線は、実線が結果の平均値を表す三次関

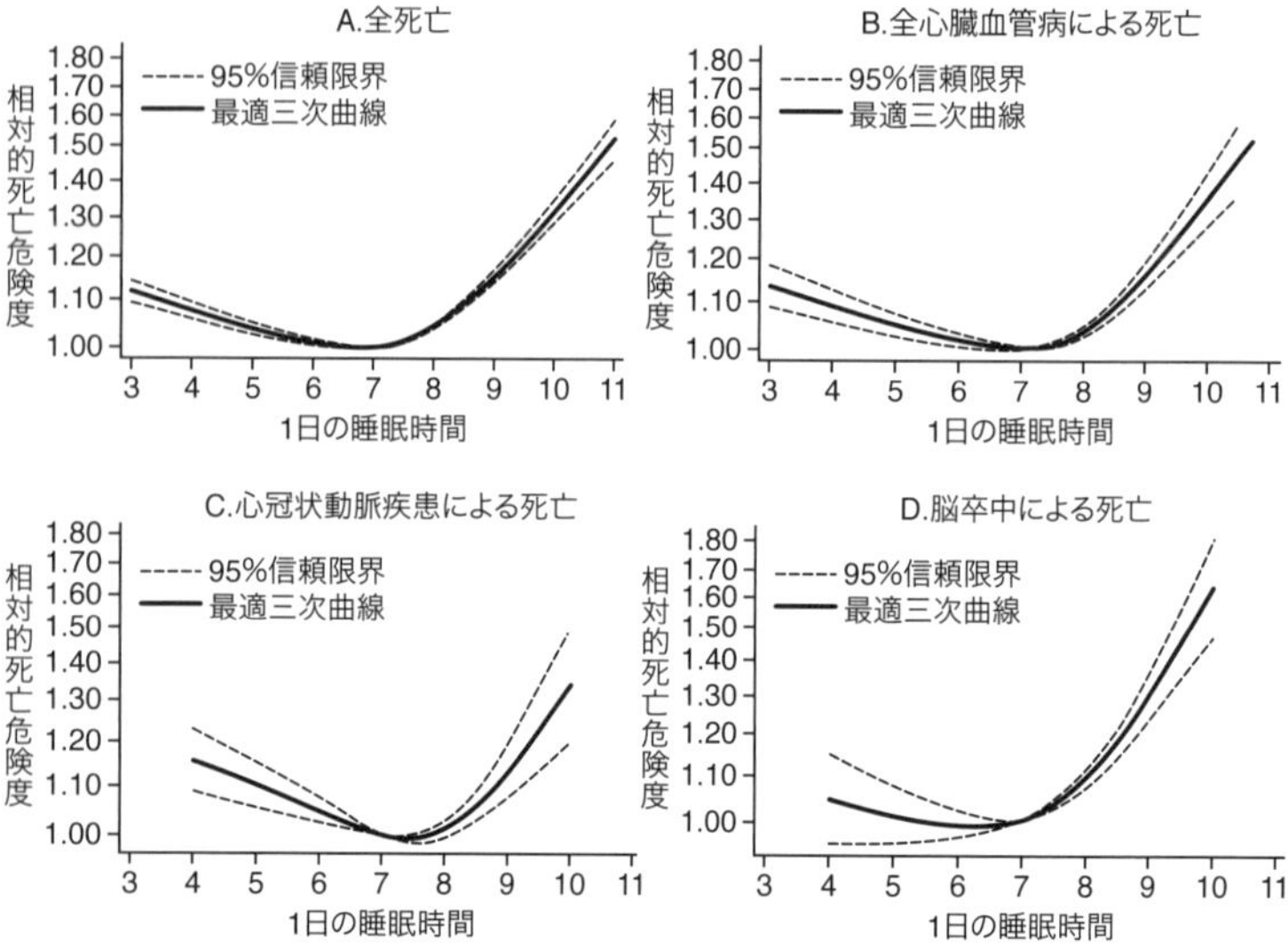

図 4－5　睡眠時間と相対的死亡危険度の関係。 出典 99 の Figure 2 を基に作成。

数で、点線は平均値の95%信頼限界を示す。これらの結果により、いずれの死因でも、**睡眠時間が約7時間の人たちの死亡率がもっとも低く、睡眠時間がこれより短くても長くても死亡率が高くなる**ことがわかる。全死亡率について見ると、7時間より睡眠時間が短い場合、1時間短くなるごとに死亡率あるいは危険度が平均1・06倍高まり、7時間より睡眠時間が長い場合には、1時間長くなるごとに死亡率が1・13倍高くなるという。睡眠時間が長すぎるほうが短すぎる場合より危険という結果は意外である。この結果がどのようなメカニズムによるかは不明で、今後の研究が必要と記されているが、研究は難しいであろう。睡眠不足が死亡率を高め、寿命を短くすることは直感的に納得できるが、睡眠が長すぎてなぜ悪いかは想像し難い。
　次に紹介する研究[100]は、対象者の年齢別の分析も行っている。この研究は、1997年にあったスウェーデン国内のある行事の参加者中、18歳以上の3万9191人（おそらくほとんどすべてスウェーデン国籍の人たち、女性が64%）を対象とし、その後13年間に渡って参加者の自己申告に基づいて行われた。まず、年齢別、平日の睡眠時間の調査結果を図4-6に示す。15歳から20歳までなど、5歳間隔の参加者の年齢別睡眠時間の平均には大きな変化がなく、最高が20〜25歳の7・1時間、最低が80〜85歳の6・6時間である。各年齢層ともに標準偏差（標準誤差、σ）は1時間前後であり、±2σの睡眠時間の大体の幅は3・6〜5・6時間とかなり大きい。この結果は、日本で調査してもあまり変わらないように思われ、参考になる。

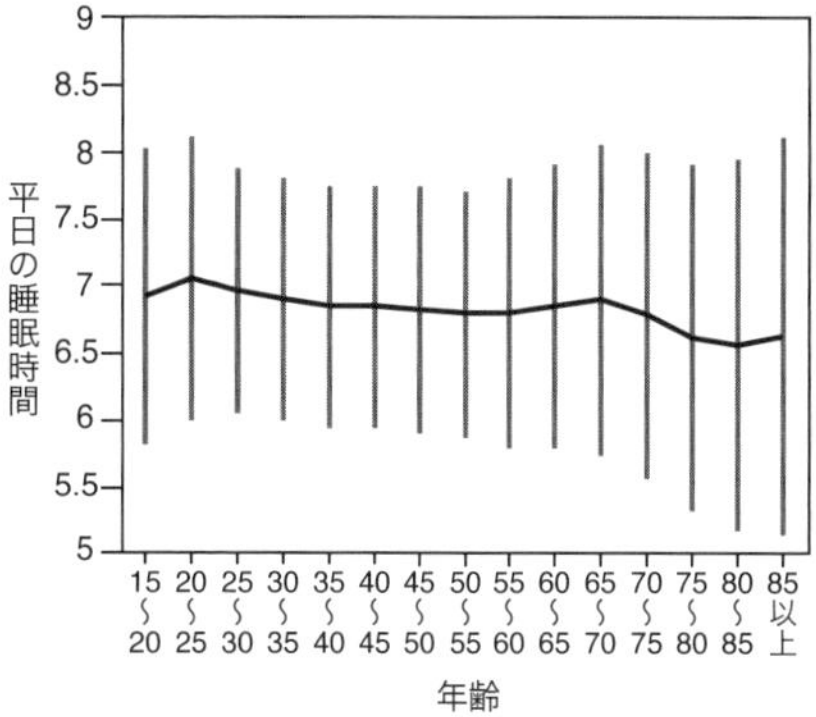

図4-6　スウェーデンでの平日の睡眠時間の年齢による変化。出典100のFig. 1を基に作成。

　この研究では、睡眠時間により対象者を四つのグループ（5時間以下、6時間、7時間＝標準、8時間以上）に分けてその死亡率を比較した。図4-7はこの研究のおもな結果で、睡眠時間の短い（5時間以下）グループ（A）、または長い（8時間以上）グループ（B）について、標準（7時間）グループを1とする死亡危険度（相対死亡率）の年齢別プロットを示す。実線は死亡危険度の平均値、点線はその95%信頼限界を

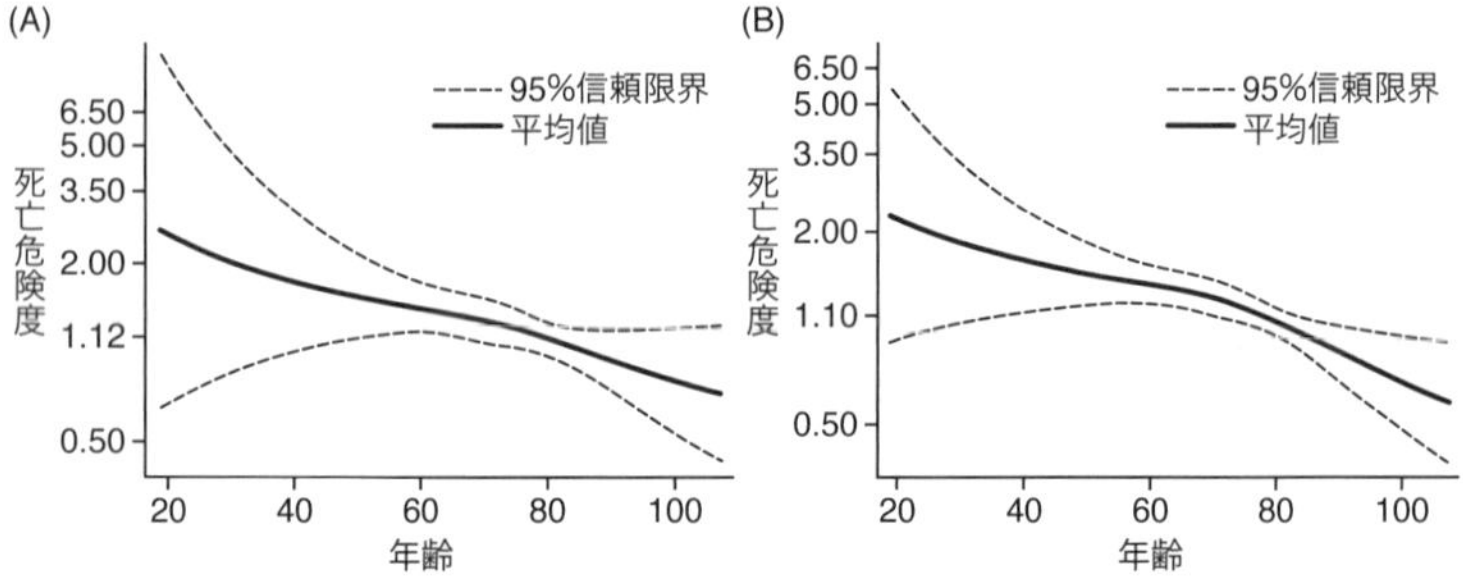

図4－7　睡眠時間が7時間のグループを基準とする、5時間のグループ（A）と8時間以上のグループ（B）の年齢別の死亡危険度。 出典100のFig. 2を基に作成。

示すが、これらの分布は両グループの間でよく似ており、若い年齢層ほど危険度が高く、高齢者ほど低い傾向を示し、80歳以上の人たちについては危険度は1以下である。この論文では、65歳未満の比較的若い人たちについては睡眠時間が短いグループも長いグループも死亡危険度が有意に高い（相対危険度の平均は1・37、1・27）が、65歳以上の高齢者については睡眠時間と死亡危険度の間には統計的に有意な関連はないと結論している。少なくとも5時間以下の短い睡眠時間によって高齢者の死亡率が有意に高くならないことは、前述した研究を含め多くの研究結果と異なり、また意外である。この理由について論文には、はっきりした説明ができないと書かれている。スウェーデンという国の特殊性（極地に近く寒い、白夜が多いなど）と関連するのであろうか。また、年齢によりヒトの睡眠時間と死亡率の関連は変化すると述べられているが、それはある程度あり得るであろう。

次に、日本の一つの地域で行われた九州大学の研究を紹介しよう[101]。対象とした地域は福岡市に隣接した久山町で、私の住所のすぐそばでもありよく知っている。この**久山町**は、九州大学医学部・同大学院の一つの研究室が長年に渡り、さまざまな医学的研究を行ってきた町であり、この論文もそのような研究の成果である。この町の面積は約37km²、現在の人口は約9000人（男性4270人、女性4715人）で、低い山地が半分あまりを占め、平地には田畑と住宅などが入り混じっている。この町が長年医学的研究の対象になってきたおもな理由は、住民の出入りが比較的少ないこと、住民の示すさまざまな健康指標が日本全体の平均に近いことである。そして、この町についての地域医学的な研究は、Hisayama Studyとしてその分野で世界的に有名と言われている。この論文の抄録に書かれた結論によると、この調査は、60歳以上の高齢者を対象とし、対象者を睡眠時間によって五つのグループ（5時間未満、5・0〜6・9時間、7・0〜7・9時間、8・0〜9・9時間、10時間以上）に分けて行われた。そして、睡眠時間5時間未満と10時間以上の人たちは、5・0〜6・9時間の人たちに比較して、すべての原因の死亡および**認知症になる危険度**が有意に高い（死亡に関して相対危険度2・64、2・23）という結果であった。この結果は、欧米人についての大規模な解析と同じ傾向であり、スウェーデンの結果と異なる。久山町は日本全体を代表するとされているし、最初の研究のような多数派の結果とも一致するので、日本人にとってはこの久山町の結果（60歳以上の高齢者は睡眠が短すぎても長すぎても死亡率が高くなる）が当てはまると思われる。認知症になる割合についても同様な結果であることはこの研究の新しい点であり、また興味深い。

4・5　運動は寿命を延ばすのに効果的

食事、運動、ストレスが寿命に関連する三大要素と言われる。運動は英語ではphysical activityまたはexerciseと呼ばれ、とくにphysical activityと死亡率（mortality）をキーワードに検索すると、非常に多くの研究がなされていることがわかる。ここでは最近の代表的な研究や日本の研究を紹介しよう。

運動量と死亡率の関係

運動の効果について、われわれにもっとも参考になると思われる論文(102)を最初に紹介する。この研究は、アメリカのがん研究所が１９９２～２００３年に開始し、２０１４年に分析したものである。対象としたのはアメリカまたはヨーロッパ在住の男女計66万１０００人あまり、年齢は21～98歳、その中央値は62歳であり、調査の全期間中に約11万７０００人が死亡し、調査期間の平均は14・２年であった。調査結果からコックス比例危険モデル（コラム参照）により、対象者の運動量別に死亡危険度（相対的死亡率）とその95％信頼限界を求めた。その結果が図４－８である。このグラフの横軸は対象者の運動量を７段階に分けたものであり、その単位は行った運動の代謝当量と運動を行った時間の積の１週間当たりの値である。**代謝当量**は、安静座位時の体の代謝量（単位kcal）を１とし、運動を行うときの代謝量を示す相対値で、単位をメッツ（ＭＥＴあるいはＭＥＴｓ）で表す。

たとえば、時速4㎞くらいでゆっくり歩くときの代謝当量は3メッツであり、これを1時間続けるとその運動量は3メッツ・時となる。これを毎日続けると、1週間では21メッツ・時となり、グラフでは左から4番目（相対危険度0・63）となる。このグラフでは運動量が22・5〜40メッツ・時の人たちの危険度がもっとも低く、0・61であるが、比較的軽い運動でも1週間当たり7・5〜22・5メッツ・時であれば、運動しない場合と比較して平均で69％に死亡率を減らせることを示している。

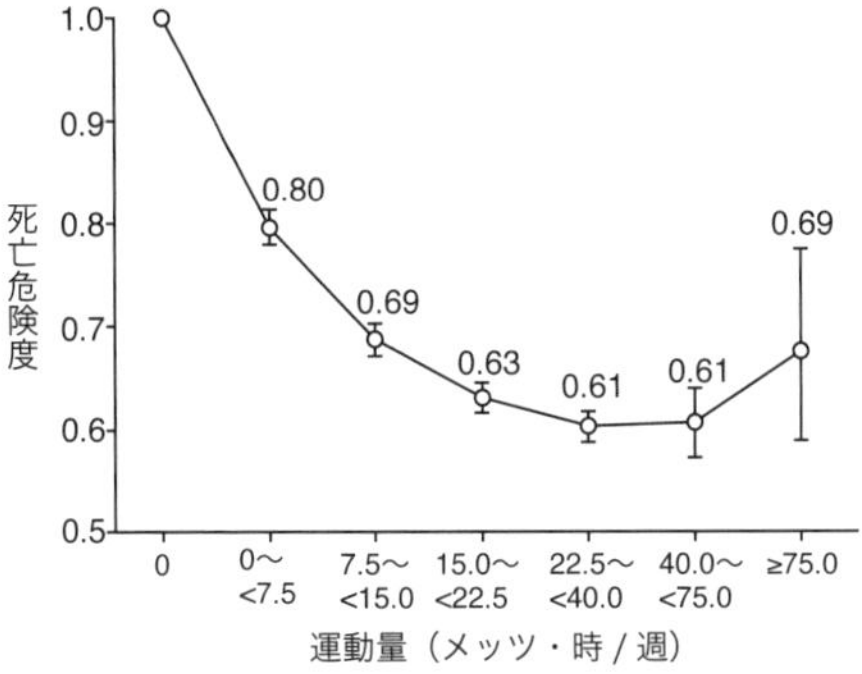

図4－8　運動量と死亡危険度との関係。死亡危険度の基準（1.00）は、運動量ゼロの場合としている。出典102のFigureを基に作成。

ここで、いろいろな運動あるいは身体活動がどのような代謝当量に相当するかが重要であり、そのくわしい表が2011年にアメリカで発表され[103]、それを日本語に訳したものが国立健康・栄養研究所からネット上に公表されている[104]。これは50ページに渡る膨大な表であるが、読者に関係が深そうな20種類ほどの活動を抜粋して作成したものを表4－4に示そう。これを見ると、普通は運動と考えない食事・入浴など（約1・5メッツ）、いろいろな家事（約2・5メッツ）などもいくらか運動になることがわかる。通勤などのために乗る自転車や運動目的でするやや速めの歩行は4メッツ前後であり、ランニングや速い自転車乗りなどは8

表 4-4　いろいろな身体活動の代謝当量

身体活動	代謝当量（メッツ・時）	身体活動	代謝当量（メッツ・時）
座ってテレビを見る	1.3	腹筋運動	2.8
座って会話や打ち合わせをする	1.5	歩行（時速 4 km）	3.0
座って食事をする	1.5	掃除	3.5
入浴	1.5	釣り	3.5
トイレ（座位、立位）	1.8	自転車（時速 16.1 km 未満）	4.0
着替え、整髪（立位）	1.5	大工仕事	4.3
軽い体操（ストレッチ、ヨガ、バランス）	2.3	歩行（運動目的、時速 5.6 km）	4.3
		単純肉体労働	4.5〜6.5
食料品などの買い物	2.3	エアロビクスダンス	5.0〜7.5
洗濯、衣類の片付け、食後の皿洗いなどの家事	2.3〜2.5	ジョギング	7.0
		自転車（時速 19.3〜22.4 km）	8.0
食事の準備	2.5	ランニング（時速 8.0 km）	8.3
自動車の運転	2.5	ランニング（時速 16.1 km）	14.5

出典 104 から抜粋。

メッツ以上となる。この論文では全死亡率だけでなく、重要な死因であるがんおよび心臓血管病による死亡者数、死亡危険度と運動量との関係も報告されている（表4－5）。これによると、がんによる死亡危険度は運動量が第3ランク（7・5〜15メッツ・時／週）以上ではすべて0・8未満であり、運動量が増すほど低く、最低0・69である。心臓血管病による死亡では、第5ランク（22・5〜40メッツ・時／週）が最低で0・58であり、第3ランク以上ではすべて0・7程度以下となっている。なお、調査期間中の全死者11万6686人の中でがん、心臓血管病による死者は表のように2万9294人、2万5369人であり、それぞれ死因の25・1％、21・7％、計約50％を占めて非常に多いことがわかる。

とくに運動をしていない専業主婦でも、その多くは家事などにより活動量が1日当たり2メッツ・時、週当たり15メッツ・時程度以上となり、図4－8で

表 4-5　身体活動と死亡率の関係（調査対象者：661,137 人）

		対象者数（%）	がんによる死者（%）	同死亡危険度（95% 信頼限界）	心血管病による死者（%）	同死亡危険度（95% 信頼限界）
身体活動量（単位：メッツ・時／週）	0	52,848（8.0%）	3143（10.7%）	1.00	3238（12.8%）	1.00
	0.1～<7.5	172,203（26.1%）	8584（29.3%）	0.87（0.83～0.90）	7592（31.4%）	0.80（0.77～0.84）
	7.5～<15.0	170,563（25.8%）	7375（25.2%）	0.79（0.75～0.82）	6316（24.9%）	0.67（0.65～0.70）
	15.0～<22.5	118,169（17.9%）	4373（14.9%）	0.75（0.72～0.79）	3293（13.0%）	0.59（0.57～0.63）
	22.5～<40.0	124,446（18.8%）	5187（17.7%）	0.74（0.71～0.77）	4044（15.9%）	0.58（0.56～0.61）
	40.0～<75.0	18,831（2.9%）	557（1.9%）	0.72（0.66～0.79）	457（1.8%）	0.61（0.55～0.67）
	≧ 75.0	4077（0.6%）	75（0.3%）	0.69（0.55～0.87）	69（0.3%）	0.71（0.56～0.91）
人数合計		661,137	29,294（100%）		25,369（100%）	

出典 102 の Table 3 を日本語に訳し、人数合計欄を加えた。

死亡危険度が0・6に近い良い状態にあると推測される。私は、毎日ゆっくりした散歩（3メッツ）を約30分、朝夕の自己流ラジオ体操、足の筋肉を鍛えるための昼夜の足上げ運動など計約50分をしており、週当たり22・5メッツ・時を超える運動を実践している。運動不足の人は、通勤をできるだけ徒歩や自転車でする、休日に散歩や軽い運動をするなどを心がけて運動不足を解消することが望ましい。この研究は、運動あるいは身体活動の運動量を数値化して客観的に評価する手法を取り入れた点、および比較的軽い運動でも多くの場合十分に死亡率低下の効果があることを明らかにした点で重要と思われる。なお、身体活動の代謝当量から、実際に消費するエネルギー（kcal単位）を算出するには、その人の体重も必要で、メッツ単位の運動強度×時間×体重（kg）×1・05の式が用いられる[105]（『医学大辞典[91]』では比例定数は1・2と書かれている)。たとえば、体重60kgの人が3メッツの散歩を1時間するときの消費エネルギーは3×1×60×1・05＝189kcalとなる。

座っている時間の影響

次に紹介する研究[106]は、全死亡率に対する**運動量**の影響だけでなく、**座っている時間**の影響も調べている。この研究は、オーストラリアのニューサウスウェールズ州の住民約26万7000人の45歳以上の人々を対象とし、2006〜09年の期間に開始された。その後、14万9000人について、平均8・9年間の追跡調査が行われた。この間に8689人(5・8%)が死亡したという。図4−9がそのおもな結果である。このグラフは、すぐ前の論文[102]と同じく、危険度と呼ばれる相対死亡率の平均値と95%信頼限界を示す。それが運動量(中程度または強度)により四つのグループに分けられ、さらにそれぞれが1日平均の座っている時間により4段階に分けて示されている。一番左側の、1週間当たり420分以上(1日1時間以上)の運動量のある人たちについては、座っている時間によらず危険度はほぼ変化せず約1・0であるが、運動量が減るに従い座っている時間の長い人の危険度が上がり、1・4〜1・8になっている。危険度を1・2以下にするためには、1日8時間座っている人は週300分以上、4〜8時間座っている人は週150分以上の中程度以上の運動が必要ということを示している。

運動強度の基準はオーストラリアの基準に基づいており、詳細は把握していないが、中程度の運動は3または4メッツ程度以上であろうか。散歩あるいは歩行は中程度の運動に含まれているらし

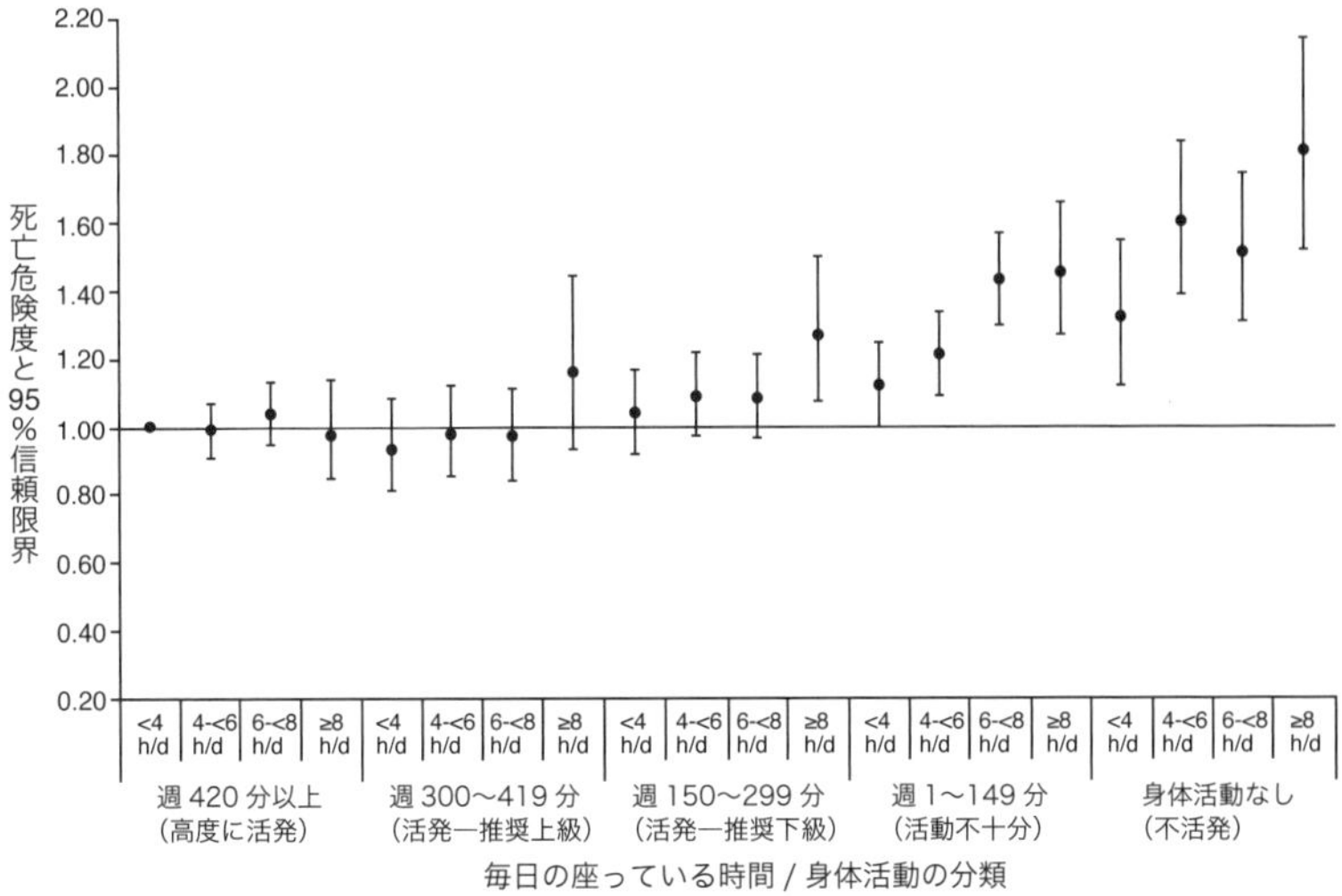

図4－9　1日の座っている時間と週当たりの運動量の両方の死亡危険度に対する影響。 h/dは時間/日を示す。出典106のGeneral Illustrationを基に作成。

い。なお、図4－9で危険度の基準（1・00）としているのはもっとも運動量が多く、しかも座っている時間が1日4時間未満の人たちであり、前の論文で危険度がもっとも低い（0・61）人たちに相当するはずである。したがってこの図の危険度1・4、1・8は、前の論文の危険度が1・4×0・61＝0・85、1・8×0・61＝1・10であり、1・4ならOKと考えられる。この研究は、現代の多くの人たちが勤務先で長い時間座って仕事をすることを考慮し、座っている時間の長短によって必要な運動量がかなり変化することを示したのがユニークであり、多くの人の参考になるであろう。

日本でも確かめられた運動の効果

日本で行われた日本人についての研究[107]を

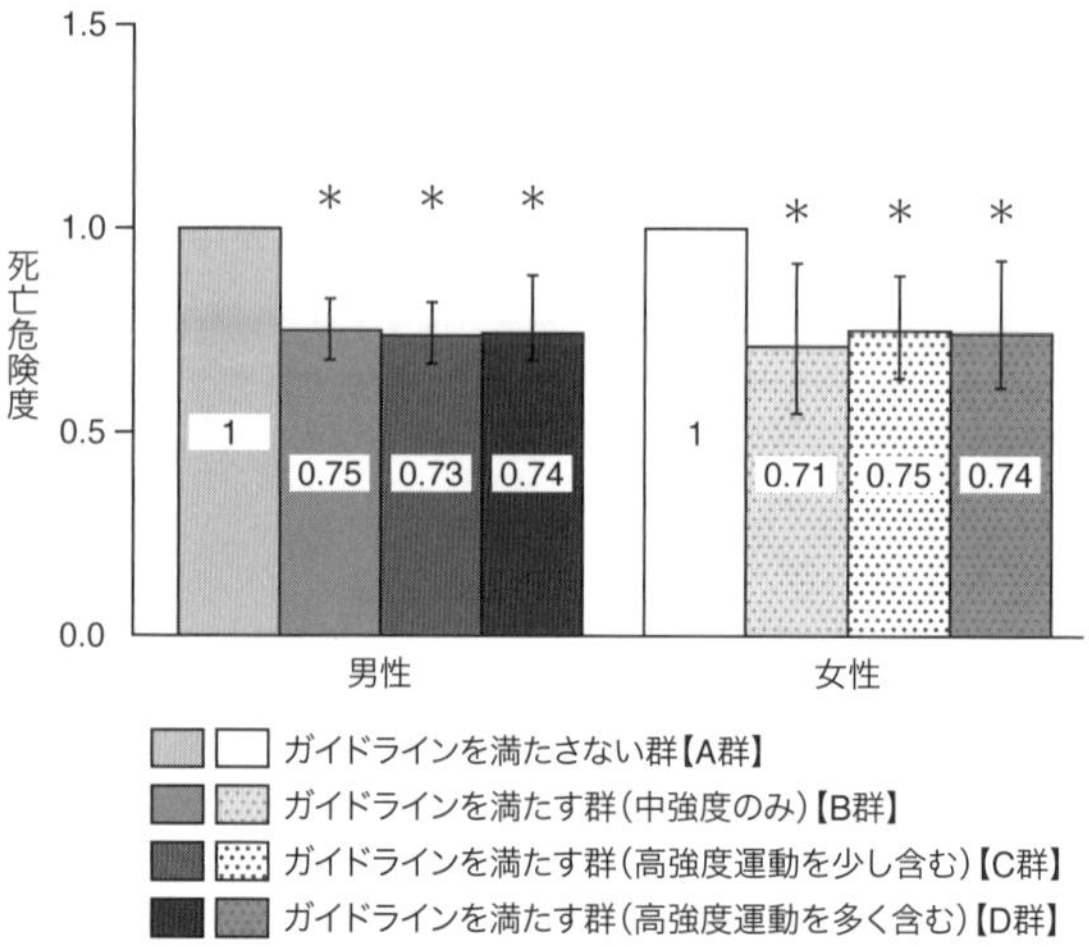

図4－10　運動量と総死亡の危険度の関係。調整変数：年齢、地域、喫煙、飲酒、BMI、糖尿病歴、高血圧歴、中高強度の身体活動量。出典108を基に作成。

紹介しよう（要旨はネット[108]で読める）。この研究は、1990年または1993年に日本各地の10カ所の保健所管内のいずれかに住んでいた人たちで、10年後（2000年または2003年）の調査に協力した50〜79歳の男女約8万3000人について、2012年まで追跡した調査結果を内容とする。そのおもな結果が図4－10である。

この結果は、行っている運動の量の三つのグループについて、運動量がガイドラインの基準に達しないグループ（A群）に対して男女とも死亡危険度が0・7あまりに減少するというものである。各グループの運動量の基準は、B群が中強度の身体活動（ウォーキングやゴルフなど、軽く息が弾む程度のもの、3〜4メッツ）を週150分以上、C群が高強度の身体活動（ジョギング、サイクリング、サッカーなど呼吸が乱れる程度もの、7メッツ以上）を週75分以上、D群が同程度の総身体活動量（活動強度×活動時間）になれば、パターンBとパターンCを組み合わせて、実施してもよい、というものである。この結果はわかりやすく、アメリカ、オーストラリアの研究とほぼ同じ結果が当てはまることを示していて、とくに参考になる。

なお、韓国での調査結果[109]では、健常人だけでなく糖尿病の人についても運動量（ここでは週当たりの運動の回数、運動強度不明）と死亡率の関係が報告されている。健常人については、ほかの報告と大まかには同様な結果（運動により死亡危険度が0・7〜0・85となる）であるが、糖尿病患者については死亡危険度が運動量ゼロで1・35、週5〜6回の運動で0・9であった。糖尿病の人の危険度が健常人よりかなり高く、多めに運動しないと1未満にならないことを示している。厚生労働省の「平成28年国民健康・栄養調査[110]」によると、日本全国の糖尿病患者、その予備群とも約1000万人と推定されている。このように糖尿病は日本でも大問題であり、この人たちにとっても運動が死亡率を減らすために重要と思われる。

＊＊＊

運動は、なぜ長寿に有効なのだろうか？　最初に紹介した論文は、適度な運動が全死亡率だけでなく、がんおよび心臓血管病による死亡率も低くすることを示していて、これが答えの一つである。ではそれがなぜかを含めて、運動によるいろいろな健康指標への影響について、多くの研究を統合的に解析した重要な論文が2019年に発表されている[111]。これによると、1日を通してときどき軽い運動をすることにより、座り続けた場合に比較して食後の血糖とインスリンのレベルが大きく減少した。また、別の軽い運動プログラムにより、脂肪の蓄積が減り、血圧と高脂血症が改善された。これらは心臓血管病の予防に重要である。運動は肥満の予防や改善に明らかに有効で、これらが二番目の答えである。がんによる死亡率が運動で低下する理由はよくわからないが、一般的な健康状態の向上により、がんに対する自己免疫などの抑制作用が増す可能性も考えられる。

4・6　喫煙は寿命を大幅に縮める

4・2節に、禁煙が長寿の要因の一つであるという統計結果があったように、喫煙は寿命の危険要因として知られている。喫煙と死亡率あるいは寿命との関係についての論文は1000以上見つかるが、ここでは重要なものを2、3紹介しておこう。

喫煙により高まる死亡危険度

第一は、2013年に発表されたアメリカでの調査結果で、喫煙により何年寿命が縮まるかを推定した[112]。この研究は、1997～2004年に25歳以上の女性11万3752人、男性8万8496人にインタビューを行った結果と、これらの人たちの2006年12月31日までの死亡の原因に基づく。この間の死者は女性8236人、男性7479人であった。25～79歳の対象者については、**まったく喫煙の経験のない人（非喫煙者）を基準とする現喫煙者の全死因による死亡の危険度は約3**

倍（女性3・0、男性2・8）であった。

喫煙者と非喫煙者の生存曲線を比較したグラフを図4-11に示そう。25歳から79歳まで生き残る確率は、図のように女性で非喫煙者が70％、喫煙者が38％、男性でそれぞれ61％・26％と非喫煙者が2倍前後高い。この図は、女性についてはその70％が生存する平均年齢が喫煙により11年短くなり、男性については60％が生存する平均年齢が12年短くなることも示している。また、この図から50％生存年齢が、女性では約86歳から76歳に、男性では83歳から72歳にと、10年前後短くなることが推定される。すなわち、**25歳からの平均余命が10年あまり短縮する**。途中で喫煙をやめた人については、やめた年齢に応じて死亡危険度が低くなることが示されている（図4-12）。55～64歳で喫煙をやめた人では、30年以上喫煙しているが、危険度が2・9から1・7へと大きく下がっている。喫煙している人はなるべく早くやめるのが長生きに良いことがわかる。なお、この論文の研究が行われた背景として、1980年代に行われた研究に基づき、アメリカの35～69歳の男女の**死因の約25％が喫煙による**という推定が抄録の中に記されている。

喫煙者の死亡率が高い原因は、がん、虚血性心疾患（狭心症、心筋梗塞）、呼吸器疾患など喫煙によって起こると考えられる病気である。これらは喫煙に関連する三大疾患と呼ばれる。喫煙が原因で起こる**がん**は、肺、食道、膵臓、口腔、咽頭などに発生する。発がんの理由は、タバコの煙に含まれるベンゾ［a］ピレンなどの発がん物質が、体内で細胞内の遺伝子DNAに作用していろいろな**突然変異**を起こすことによる。がんは一般に3～4種類のがん関連遺伝子に変異が起こることによって生じることが知られている。**虚血性心疾患**は、タバコの煙に含まれるニコチンや一酸化炭素

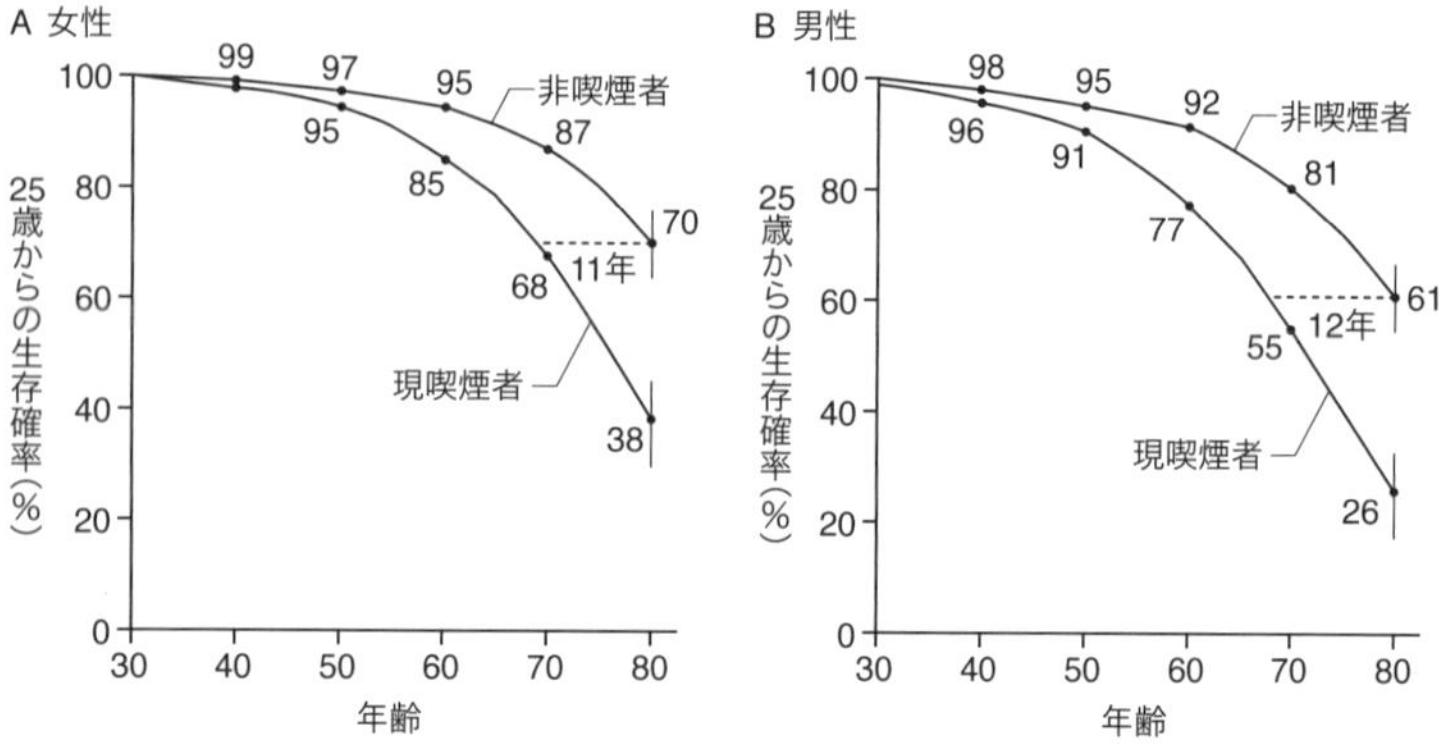

図 4－11　現喫煙者とまったく喫煙したことのない人の 25 歳以降の生存曲線の比較。 出典 112 の Figure 2 を基に作成。

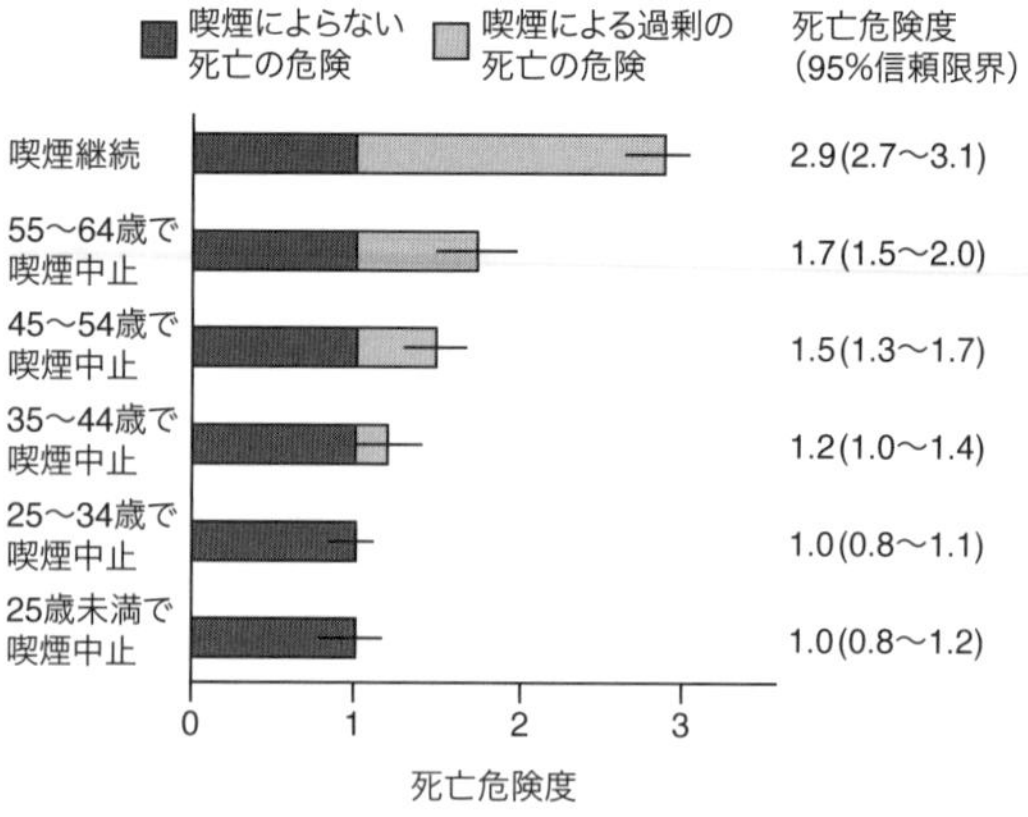

図 4－12　喫煙を途中でやめた人の死亡危険度の減少。
出典 112 の Figure 4 を基に作成。

が心臓の冠状動脈の動脈硬化を起こすためとされる。**呼吸器疾患**は、タバコの煙の刺激による慢性気管支炎、肺でのタンパク質分解酵素の分泌が促進されることによる肺気腫などがある。[113]

日本でも寿命が10年短くなる

次に、2012年に発表された日本の研究を紹介しよう。[114] この研究は、広島の放射線影響研究所を中心として行われた。この研究の対象者は、本来被曝の影響を調べるための対象者である広島・長崎での原爆被爆者と、1945年8月より前に生まれて1950年に広島市または長崎市に住んでいたが、原爆投下時にはどちらにも住んでいなかった12万人の中から選ばれている。それが特徴的と思われるが、喫煙の有無による比較研究なので、被曝放射線による結果への影響はないと考えられる。対象者の男性2万7311人、女性4万6662人の喫煙状況を1963年から92年の間に調べ、最初の調査の1年後から2008年1月1日までの期間について死亡状況を調べた。

1920年から45年の間に生まれた非喫煙者および20歳より前からの喫煙者の生存曲線を図4－13に示す。このような結果から、平均余命は喫煙により男性で8年、女性で10年減少すると結論している。これらの喫煙者の1日平均の喫煙本数は、男性23本、女性17本であり、男性の多くは20歳前後で喫煙を始めていた。また、喫煙を続けた人たちの死亡危険度は、非喫煙者を1・0として、男性が2・21、女性が2・61であった。

なお、この論文の前書きに、以前の日本での同様な調査についての二つの論文[115][116]が引用され、喫煙による余命短縮が4年または2年と報告されていたという。ここで紹介した結果との違いは、以前の論文がより古い時代のデータに基づくものであり、最近になるに従って喫煙による寿命の短縮が進んでいるためであること、イギリスの論文[117]および先に紹介したアメリカの論文の結果とこの論文の結果がほぼ同様なので、この論文のほうが正しいと主張している。私もこれに賛成であり、日本でも喫煙により約10年寿命が短くなると思われる。それにしても、寿命の調査・研究はいろいろな条件に左右される難しいものだと感じた。

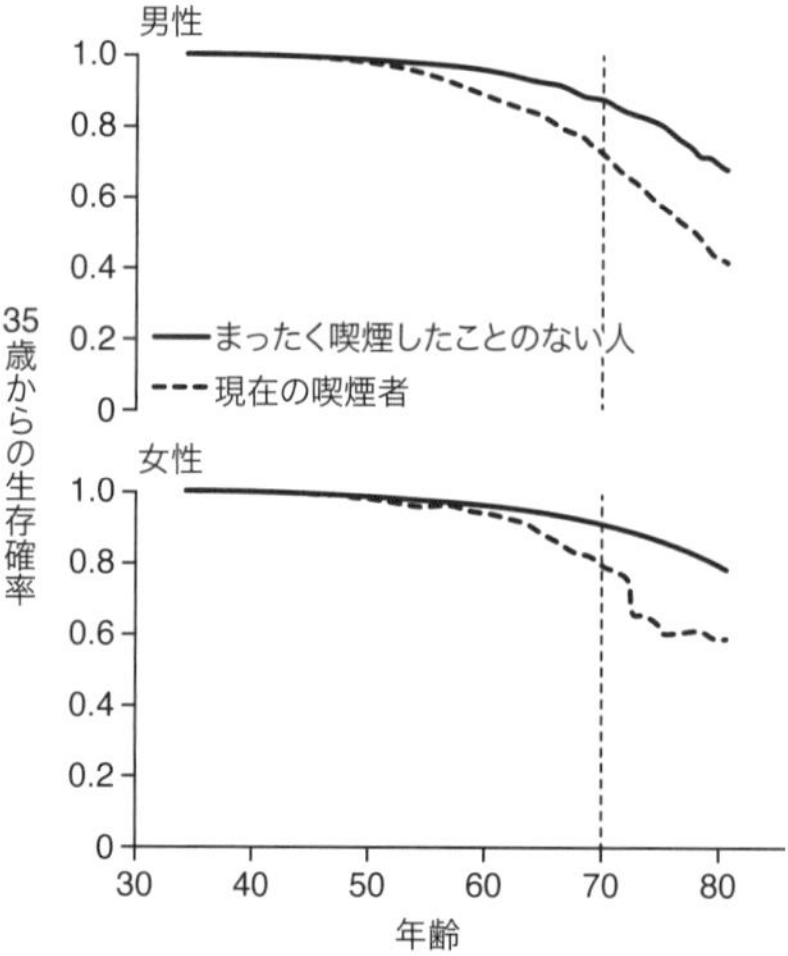

図4－13　1920〜45年の間に生まれた日本の非喫煙者および20歳より前からの喫煙者の生存曲線。 出典114のFig 2を基に作成。

最新の知見

三つ目に、日本での最新の研究[118]の要点を紹介する。これは前項の論文[114]の対象者とほぼ同時代の人たち約9万8000人について、大阪大学と国立がんセンターの研究者が協同し、1990〜93年に開始し、その後5年ごとに15年間調査した結果である。そのおもな結果を図4－14に示す。これは死亡危険度を現喫煙者だけでなく、喫煙経験者についても示し、また喫煙によるもっとも重要な死因である肺がんによる死亡危険度も示されている点で、ここに取り上げる価値がある。現喫煙者の全死因についての死亡危険度は、非喫煙者を基準（1・00）として、男性1・74、女性1・91となっていて、前項の論文[114]の結果（2・21、2・61）よりも低い。この違いは、この論文では複数回の調査を行い、その結果、より新しいデータに基づくためであると考えられる。おそらく危険度は最近になるに従って減少していると考えられる。その原因は医療の進歩や人々がより健康に注意するようになってきているためであろう。喫煙本数の減少などにより、喫煙による寿命の短縮の程度も最近ではいくらか減少しているかもしれない。

ここで、昭和40（1965）年から平成30（2018）年までの、日本での男女別の喫煙者の割合の経年変化のグラフを示そう（図4－15[119]）。これにより、平均80％を超えていた男性の喫煙者の割合が最近は約28％にまで大きく減少したことがわかる。女性の喫煙者の割合も15％あまりから8・7％にまで減っている。大変良いことである。

喫煙の影響について最後に少しだけ紹介する論文は、日本だけでなく中国、インドなどアジア6カ国での同

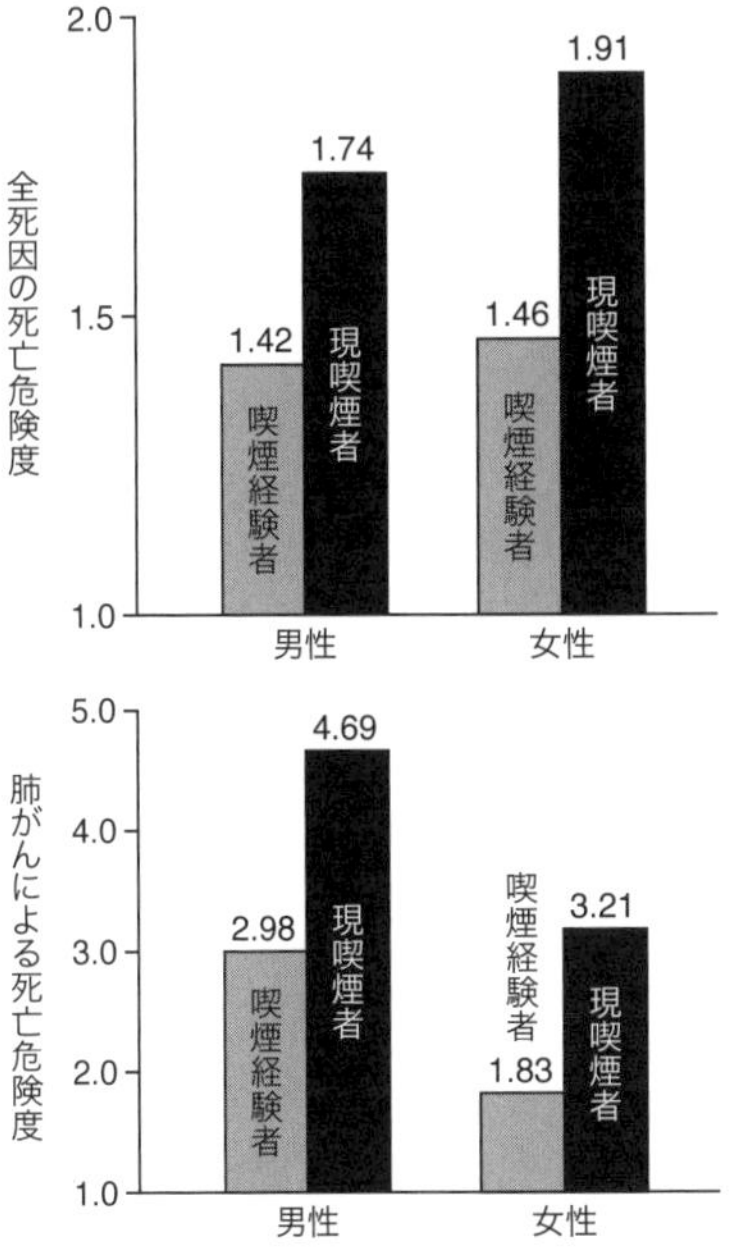

図4－14　日本における喫煙経験者と現喫煙者の全死亡危険度および肺がんによる死亡危険度。 出典118のTable 3のデータの一部に基づいて作成。

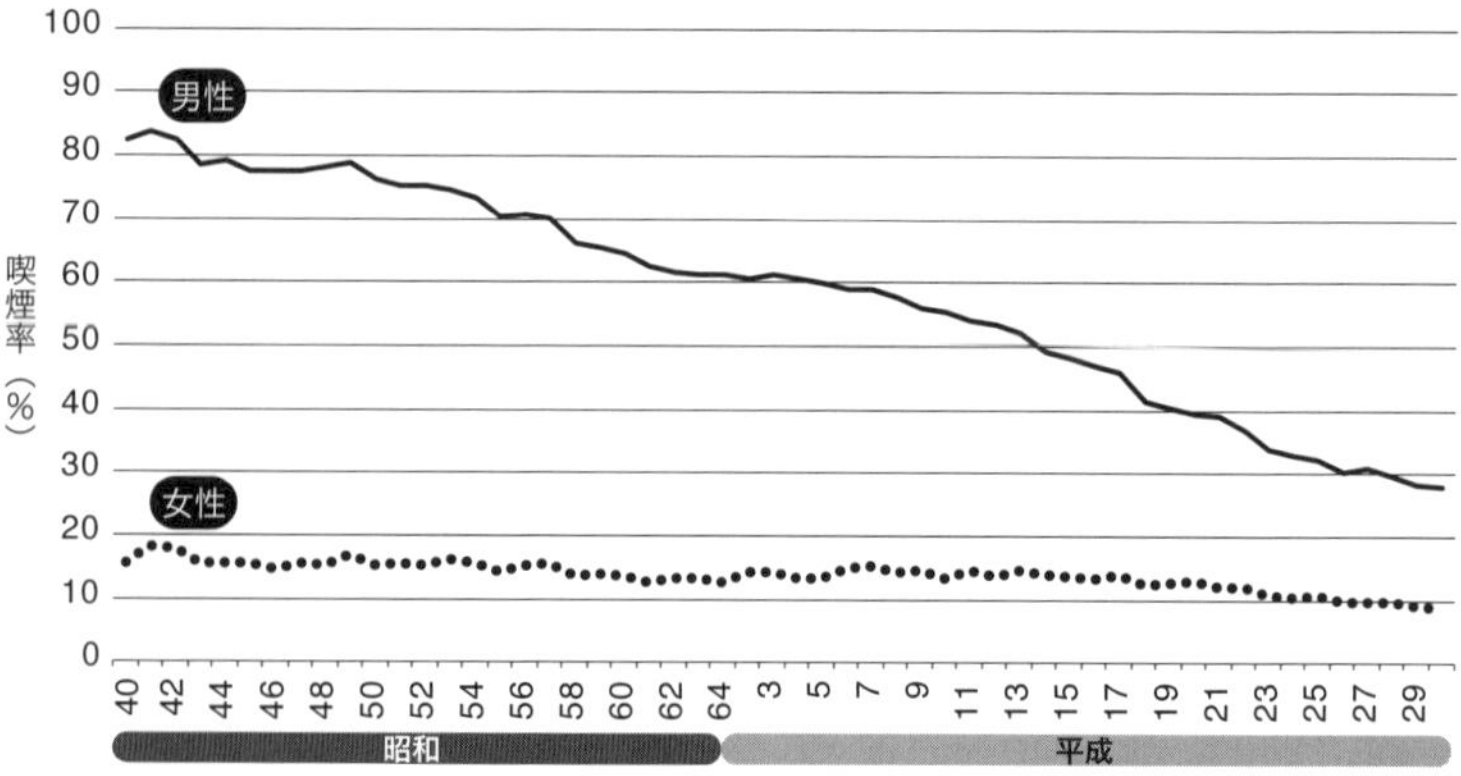

図4－15　日本における性別の喫煙率の推移。出典115を基に作成。

様な調査の膨大な結果をまとめている。[120] 残念ながら具体的結果がやや古い年代のものであり、それは省略する。紹介することの一つは、WHO（世界保健機関）の2017年の報告[121]として、**世界中で約700万人の人々が喫煙が原因で死んでいる**こと、この数が2030年までに830万人に増加すると予想されることである。もう一つは2017年の『ランセット』誌の論文[122]に現在の世界の喫煙者の約半分が中国、インド、インドネシアの3国の人々であること、日本とバングラデシュも喫煙人口トップ10に入ることである。日本でももっと喫煙者を減らしたいと感じる。

4・7　糖尿病とその影響

糖尿病とは何か

糖尿病の人は日本でも世界でも非常に多く、またその死亡危険度も喫煙と同じ程度に高いので、大きな問題である。まず糖尿病はどのような病気かについて、『医学大辞典』[91]の記述を引用しよう。

糖尿病は、インスリンの不足によって引き起こされる、持続的な高血糖状態である。原因は遺伝的因子と環境因子の両方があるとされ、遺伝因子の候補は多数報告されている。環境因子には、肥満、過食、ストレス、薬剤などがある。自己免疫により発症する1型糖尿病と、それ以外の原因による2型糖尿病があり、有病者の大部分は2型である。

日本糖尿病学会が示している糖尿病の診断基準では、

- 空腹時の血糖値：126mg／dL以上
- 任意の時間の血糖値：200mg／dL以上
- 75g経口ブドウ糖負荷試験2時間の血糖値：200mg／dL以上

のいずれかであれば「糖尿病型」と判定する。糖尿病の合併症として、糖尿病性網膜症、糖尿病性腎症、糖尿病性神経障害などがある。また、糖尿病は動脈硬化の危険因子であり、心筋梗塞や脳梗塞の原因となる。診断の基準がややこしいが、有病者、患者数の理解に関係がある。

日本での糖尿病の人の数などについては、糖尿病ネットワーク「糖尿病の調査・統計・数字」[123]にくわしい。厚生労働省の「平成28年国民健康・栄養調査」[110]によると、糖尿病が強く疑われる者（有病者）は約1000万人、成人の12・1%と推計され、平成9年以降増加している。このうち、治療を受けている人の割合は76・6%（約770万人）であるという。また、糖尿病の可能性を否定できない者（予備軍）も約１０００万人と推計されている。他方、同じ厚生労働省の「患者調査」によると、平成26（２０１４）年の糖尿病の患者数は３１６万人あまりであるという。二つの調査は、調査時点が２年違うが、患者数が２倍あまり違う。前者は推計であるので、後者の患者調査のほうが信頼できそうに思われる。なお、「患者調査」によると、高血圧性疾患１１１１万人、高脂血症２０６万人、心疾患１７３万人、がん１６３万人の患者がおり、糖尿病患者は高血圧患者についで２番目に多い。また、糖尿病による死者は平成26（２０１４）年に１万３６６９人（男性７２６５人、女性６４０４人）であった（厚生労働省「人口動態統計確定数」）。

世界全体については、２０１５年現在で糖尿病有病者数は４億１５００万人で前年より２８３０万人増え、２０４０年までに６億４２００万人に増加すると予測されている（国際糖尿病連合２０１５年11月発表）。**70～79歳の有病率は８・８％、11人に１人**という。国別では、有病者１位は中国（１億９６０万人）、２位インド（６９２０万人）、３位アメリカ（２９３０万人）、日本（この推計では７２０万人）は世界９位であった。

糖尿病と寿命の関係

このような糖尿病と死亡率や寿命の関係についての論文を検索すると、３０００件近くがヒットし、非常に多い。ここでは、最近の研究を２、３簡単に紹介しよう。最初は、２０１９年に発表された、日本を含むアジア７カ国の死亡危険度についての重要な論文である。[124] この論文は、Asia Cohort Consortium という組織により、１９６３年から２００６年までの期間に行われた22の集団

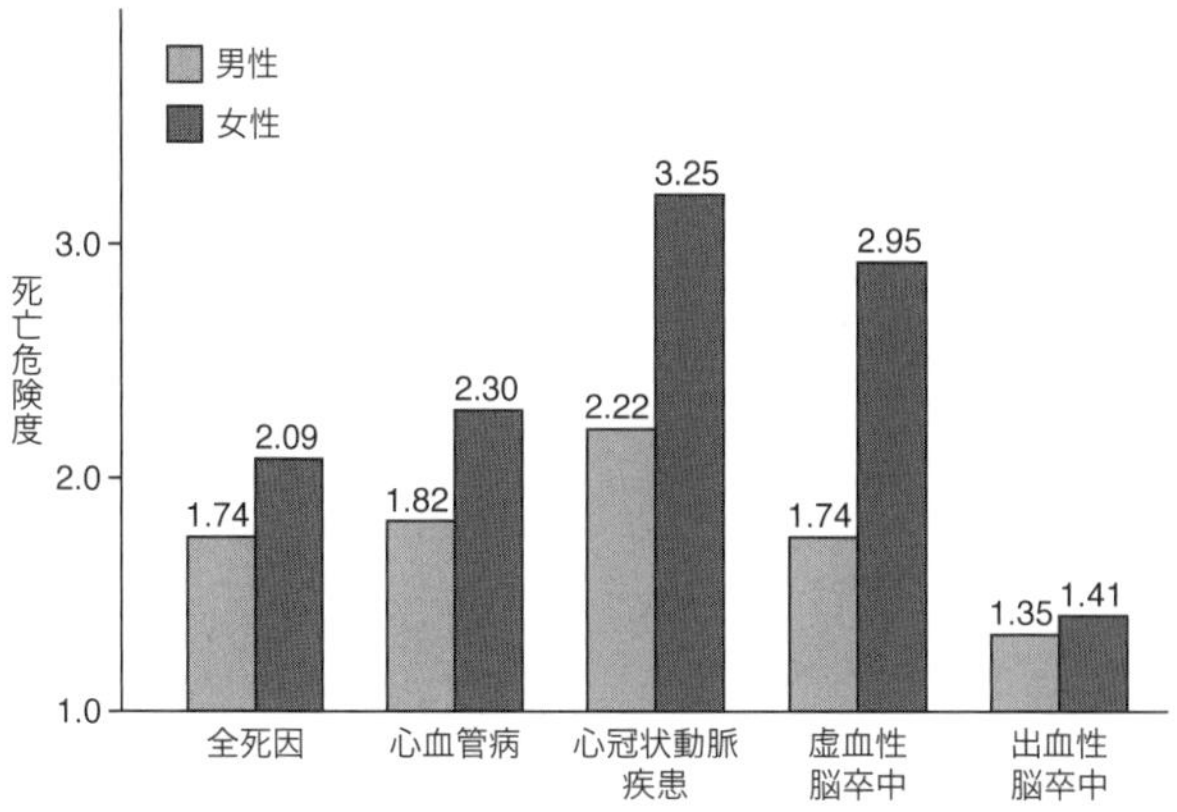

図4－16　アジア7カ国における糖尿病に関連する全死亡および疾患別死亡危険度。出典124のTable 4のデータの一部に基づいて作成。

調査の結果を、2018年の1月から8月の期間にまとめた結果の報告である。対象者は中国、日本、韓国、シンガポール、台湾、インド、バングラデシュのいずれかの住民で、総数100万2551人であり、追跡調査が行われた期間の中央値は12・6年である。また、対象者の性別では女性が51・7%、年齢30〜98歳でその中央値は54歳、調査期間中の死者は14万8868人であった。この論文のもっとも重要な結果は糖尿病による全死亡危険度と、糖尿病が原因で起こったと考えられる病気による死亡危険度の数値であり、これを図4－16に示す。全死亡危険度は男性1・74、女性2・09であり、図4－14に示した喫煙による死亡危険度（1・74、1・91）に近い。

二つ目はアメリカの研究[125]である。この論文の調査では、対象者が1997〜2009年に行われたNational Health Interview Surveyの対象者から選ばれ、2011年12月31日までの死亡記録に基づく。糖尿病と診断された30歳の人（患者）の平均余命が、正常人と比較して男性で0・83年、女性で0・89年短縮するというのがおもな結論である。

三つ目は、2019年に発表された日本のものである。[126] この論文の調査は、日本のある糖尿病専門の医院での死亡記録に基づくもので、対象者はこの医院にきた糖尿病患者6140人、平均年齢は58・1歳（77％が男性）、調査期間は1980～99年で、この間の死亡者は261人であった。おもな結論は、40歳の糖尿病患者の平均余命が男性39・2年、女性43・6年（79・2歳または83・6歳まで生きる）というものである。1990年頃の日本人の一般的な平均寿命はそれぞれ80～81歳、84～85歳であったと思われるので、糖尿病による短縮は1～2年であろうか。二番目のアメリカの論文の結論に近い。前述したように、少なくとも最近の喫煙による死亡危険度と糖尿病による死亡危険度がほぼ同じなのに、糖尿病による平均余命の短縮が喫煙による短縮よりずっと少ない（1～2年対約10年）という理由はよくわからない。

なお、日本糖尿病学会の「糖尿病の死因に関する調査委員会」による調査の報告（2017年）によると、2001～10年の10年間の日本人の**糖尿病患者の平均年齢**は男性71・4歳、女性75・1歳で、その前の10年間に比べ、男性で3・4歳、女性で3・5歳延びたという。[123] これは、糖尿病患者が圧倒的に老人に多いこと、糖尿病患者が以前より長生きするようになったこと、日本人全体の平均寿命が延びたことを反映していると考えられる。

4・8　高血圧も問題

高血圧は病気というより症状であろうが、その症状のある日本人は4・7節に引用したデータでは1111万人であり、糖尿病の推定有病者約1000万人より多い。

高血圧は、死因として重要な**心臓血管疾患**を引き起こし、寿命に悪影響があると思われるが、どの程度であろうか？　まず、どの程度の血圧を高血圧とするかについては、図4-17の下に記した。この図の出典となる論文は、2019年に発表された日本における調査結果の報告で、われわれにとって重要と思われる。[127]この論文では血圧レベルが全体で6段階に分けられ、収縮期（最大）血圧が140mmHg以上を高血圧とし、それが3段階に分けられている（図4-17では高血圧の段階2と3を一緒に表示）。最近、130mmHg以上を高血圧としようという提案が関連学会からなされたという報道があったが、ここではこの論文の分類に従う。

この論文の調査は、1988～90年に始められた、日本での国家的ながんの疫学研究（JACC Study）のデータを基礎にして行われた。このデータの対象は、調査開始時において40～79歳の男女11万585人であったが、この中で自治体から健康情報が得られ、また開始時点において脳卒中・心冠状動脈疾患・がん・腎臓病のない人の計2万7728人（男性1万91人、女性1万7637人）を選んでこの調査を行った。死亡の追跡は2009年まで、最大21・6年間（中央値18・5年間）行われ、この間に5239人が死亡した死因は、心臓血管疾患（1477人）、脳卒中（68

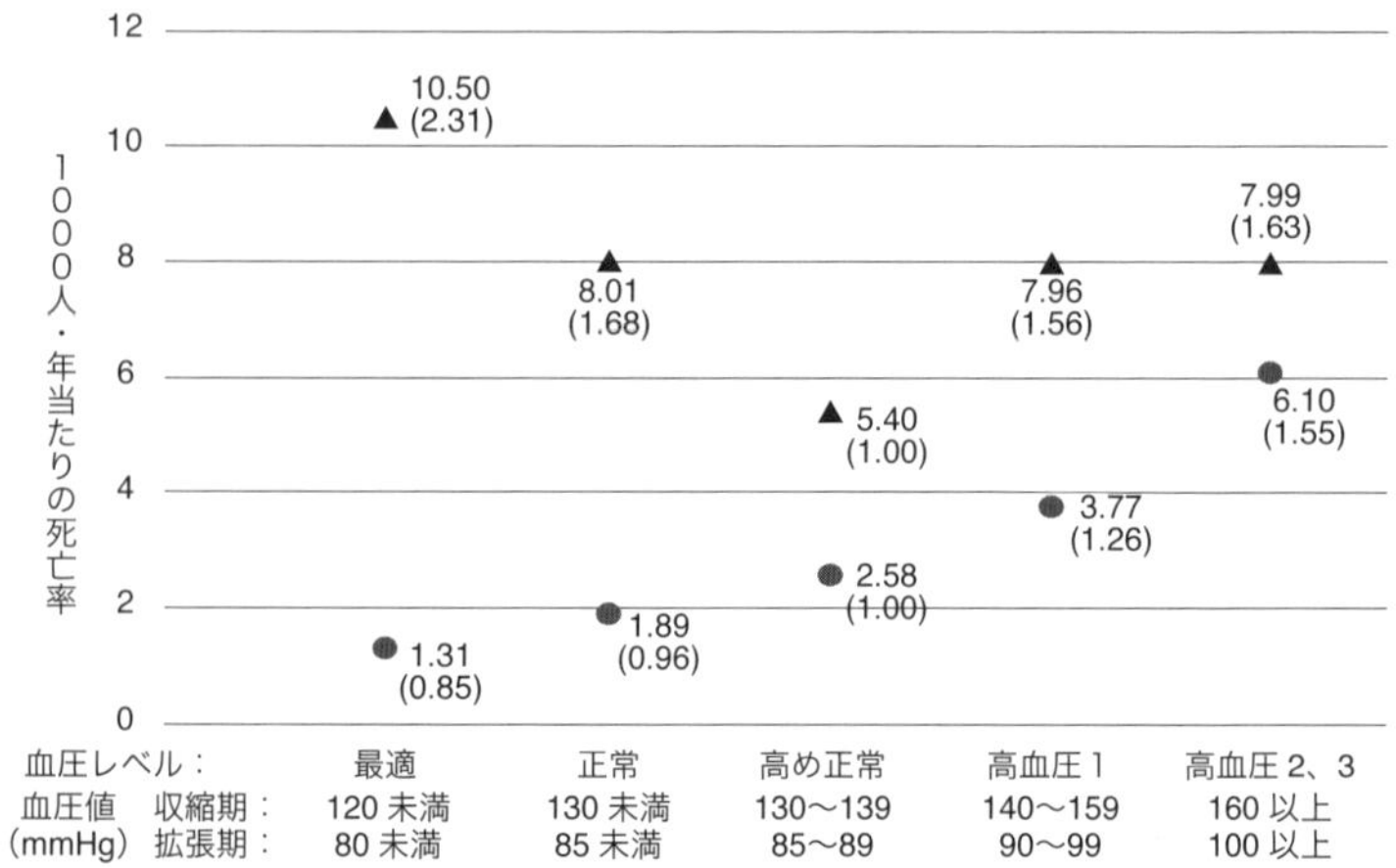

図4－17 日本における、血圧レベル別の心臓血管疾患による死亡率（数値およびプロット）と死亡危険度（カッコ内）。▲は治療を受けた人、●は治療を受けていない人の結果を示す。出典127のFigure 1を基に作成。

2人）、心冠状動脈疾患（304人）などであり、これら三つの死因の合計で47％であった。

この調査のおもな結果は、血圧レベルごとの心臓血管疾患による死亡率であり、図4－17にそれをさらに調査開始時点において血圧を下げる治療を受けたことのない人（2万3153人）とある人（3164人）に分けて示されている。カッコ付きでない数字は1000人・年当たりの死亡率であり、治療を受けたことのある人では平均約8人、ない人で平均約2人／1000人・年と治療を受けた人が4倍前後高い。治療を受けていないが高血圧の人（収縮期血圧140mmHg以上、拡張期血圧90mmHg以上）および高血圧の治療を受けた人の合計は、全対象者の39・1％であった。カッコ内の数字は、コックス比例危険モデルにより計算した年齢・性などの多変数について調整した相対死亡危険度であり、治療の有無のそれぞれについて血圧の高め正常グループ（収縮期血圧１３０〜１３９）を基準としている。治療を受けていない人たちについては、血圧が高いグループほど危険度が高い（高血圧段階2〜3の平均で１・55）という予想どおりの傾向であり、血圧が低いほうが望ましい。しかし、治療を受けた人たちについてはU字型の危険度分布となっている。すなわち、もっとも危険度が低いのは高め正常のグループであり、もっとも高いのは血圧がもっとも低い最適グループ（危険度2・31）であるという意外な結果であった。これは、**薬物投与治療**により血圧を下げる場合、最大血圧は１３０〜１３９㎜Hg（高め正常）の範囲にするのが良く、それよりも低くなると危険度は血圧が高いときと同じか、むしろより高くなることを示している。これは血圧治療にとって重要な情報になると考えられる。

次に、世界での調査結果について、二つの論文を簡単に紹介しよう。一つ目[128]は、２０１５年末までに発表された、アメリカにおける心臓血管疾患またはそれによる死亡の危険度の性による違いについての研究論文を、まとめて解析（メタ解析）したものである。その結論は、心臓血管疾患については適切な八つの論文があり、10㎜Hgの収縮期血圧の上昇により女性で25％、男性で15％心臓血管疾患にかかる危険度が上昇するというものである（女性のほうが上昇率が高い）。また、12の論文に基づいて、同じ10㎜Hgの血圧上昇により女性で1・16倍、男性で1・17倍、心臓血管疾患による死亡危険度が増すという結果であった（これについてはほぼ男女差なし）。

もう一つの調査[129]は、いわゆる**メタボリック症候群**（通称メタボ）の、高血圧を含む五つの指標のどれか単独あるいは組み合わせと、全死亡危険度との関係を知るために行われた。メタボについて

表 4-6　メタボリック症候群の判定基準

腰回りのサイズ	男性≧102 cm、女性≧88 cm
空腹時のトリグリセリドの血中濃度	≧1.7 mmol/L、あるいはジスリピデミアによる治療中
HDL コレステロールの血中濃度	男性＜1.03 mmol/L、女性＜1.3 mmol/L あるいはジスリピデミアによる治療中
血圧	収縮期血圧≧130 mmHg、拡張期血圧≧85 mmHg あるいは高血圧治療薬薬物服用中
空腹時血糖値	≧ 5.6 mmol/L または糖尿病治療中

アメリカ National Cholesterol Education Program（NCEP）の 2005 年改訂基準。

の五つの指標と危険と判定する基準は表４－６のとおりであり、これらの三つ以上で危険基準に入ればメタボと判定される。

これについて行われた調査の対象は、アメリカの七つの成人の集団で、人数の総計は８万２７１７人、メタボの人の割合は男性32％、女性34％、18～65歳の人では28％、65歳より上の人では62％であった。また平均14・6年の追跡期間中に１万４９８９人が死亡した。この対象者について、五つのメタボ指標それぞれ単独、二つ、三つ、四つ、五つのすべての組み合わせと全死亡率との相関を調べた結果、18～65歳のグループについてはメタボの危険因子が多いほど死亡率が高いが、65歳より高齢のグループではメタボの危険因子が五つすべてである人だけが有意に死亡率が高かった。また、年齢、性別にかかわらず、**五つの危険因子の中で、高血圧がもっとも死亡率との相関が高かった。**ほかの危険因子がなく、高血圧である人については、死亡危険度は男性で１・56、女性で１・62とかなり高い。これに対して、腰回り、グルコース濃度、トリグリセリド濃度は、どれも単独では死亡危険度と有意な相関はなかった。

このように高血圧は無視できない危険因子であり、高血圧にならないように予防することが重要と思われる。日本生活習慣病予防協会による**高血圧予防の要点**は、①塩分を控えること（減塩）により血圧の上昇を防ぐ、カロリーの取りすぎによる肥満を防ぐなど食事に注意する、②肥満の人は減量する、③適度に運動することにより、血行を良くして血圧を下げ、また肥満を抑える、とされている。[130] なおここでは、高血圧の診断基準は、収縮期（最大）血圧が140㎜Hg以上、拡張期（最小）血圧が90㎜Hg以上とされている。

4・9 脈拍、および寿命に関連する遺伝子

脈拍

血圧と同じように、**脈拍**も1日の中の時間帯、活動状況、測り方などによって変化する。脈拍と死亡率や心臓病との関係についても多くの論文が発表されているが、その関係は血圧の場合よりも微妙で、結論が必ずしも一致していなかったことが伺える。しかし簡単に言えば、脈拍が早い（1分間の回数が多い）ほうが危険であるという結果が多数で、正しいと考えられる。ここではこれについて二つの報告を簡単に紹介しよう。

一つ目は、2017年に発表された膨大な内容の総説[131]である。この総説は、2017年3月29日までに発表された世界中の87の調査報告を統合的に解析したもの（メタ解析）である。そのおもな結論は、平均として、安静時（休息時）の1分間の脈拍が10多くなるごとに全死因の**死亡の相対危険度**が1・17に、**心臓病の相対危険度**が1・15に、心臓病による急死の相対危険度が1・09に、が

表 4-7　朝の脈拍と心臓血管疾患による死亡の危険度との関係

朝の 1 分間の脈拍	心臓血管疾患による死亡の危険度（95%信頼限界）
≦ 60	1.13（0.54〜2.33）
61〜64	1.00
65〜69	1.63（0.81〜3.29）
70〜73	2.54（1.16〜5.58）
≧ 74	2.61（1.29〜5.31）

出典 132 の Table 3 より抜粋して作成。

ん全体の相対危険度が1・14に、それぞれ増加するというものであった。この結論は、最近までの多くの研究の集大成として価値あるものと考えられる。

もう一つは、日本で行われた調査に関するものである。[132] この調査は、東北大学医学部が中心となって1987年以来続けてきた疫学的調査（Ohasama Study）の一環として行われた。対象となったのは、岩手県の旧大迫町（現在は花巻市の一部）と思われる。この調査では、40歳以上で不整脈のない、この地域の1780人の日本人を対象とし、**家庭で測定した安静時の脈拍**と10年間の**心臓血管病による死亡率**との関係を調べた。そのおもな結論は、表4−7に引用した、朝の安静時の脈拍と心臓血管疾患による死亡危険度（コックス比例危険モデルにより、いろいろな要因について補正したもの）との関係である。この結果では、1分間の脈拍が61〜64の人の危険度が最低であり、これを基準（1・00）とすると70以上の人では危険度が2より高いという大きな違いがある。脈拍を連続変数とすると、1分間の脈拍が5増えるごとに、心臓血管病による死亡危険度が17％増加することになる。夕方測定した脈拍でも心臓血管病による死亡危険度についてほぼ同様な結果であったが、心臓病にかかる危険度では朝の脈拍の相関がより明瞭であった。この調査の大きな特徴は、家庭で朝測る安静時の脈拍を指標として用いることである。病院で測ることによる緊張がないこと、何日か測って平均値を利用できること、朝がとくに良い安静時であることという三つの利点があると思われる。またこの結果は、目安となる脈拍の数値が具体的に示されていてわかりやすいこと、日本で行われたもので外国のものより日本人に当てはまる可能性が高いことなど、われわれにとって参考にする価値があると考えられる。

寿命に関連する遺伝子

ヒトの寿命に関連のある遺伝子の研究も盛んに行われている。ここでは、その中で代表的と思われるいくつかの研究と、関連が示された遺伝子について簡単に紹介する。まず4・2節に記した大規模な統計的研究の結果では、四つの遺伝子について、その特定の変異（遺伝子型）と両親の寿命との関連が強いことが見出された。その四つの遺伝子とは、①ヒト主要組織適合性抗原系の遺伝子（HLA-DQA1/DRB1）、②リポタンパク質の遺伝子（a）（ＬＰＡ）、③ニコチン性神経アセチルコリン受容体αの遺伝子（CHRNA3/5）、④アポリポタンパク質Ｅの遺伝子（ＡＰＯＥ）であった。これらの中で②は動脈硬化の危険因子であり、動脈硬化は心臓血管系の病気の重要な要因なので、寿命と関連することが理解しやすい。

次に、これに似た統計的手法により、ある遺伝子の特定の遺伝子型（変異）と長寿との関連を調べた論文[133]を紹介する。これは、２０１７年末までに発表された、85歳以上の高齢者と対照となるより若い人たちを比較することによって調べた、世界の65の研究をメタ解析したものである。この結果五つの遺伝子のある遺伝子型とそれをもつ人の寿命の間に有意な相関が見出された。もっとも強い相関が見出されたのは、アポリポタンパク質Eの遺伝子（ＡＰＯＥ）で、ある遺伝子型では相関係数が１・45（正の相関、長寿になる）、別の遺伝子型では０・42（負の相関、短寿命になる）であった。次いで、ＦＯＸＯ３Ａ（フォークヘッド転写因子Ｏ３Ａ型）のある遺伝子型では、全体では相関係数１・12、男性だけでは１・45の正の相関があった。アンジオテンシン変換酵素（ＡＣＥ）遺伝子については、ある遺伝子型について１・11という弱い正の相関があった。アンジオテンシン変換酵素はアンジオテンシンの前駆体を活性のあるアンジオテンシンに変換する酵素であり、アンジオテンシンが血管収縮作用により血圧を高めることが寿命に関連する理由であろう。Klotho 遺伝子とインターロイキン６遺伝子についても弱い相関が認められた。

デンマークでは、90歳代１０８９人と46〜55歳７３６人の遺伝子型を比較する研究[134]が行われた。この研究の特徴は、一つの遺伝子の遺伝子型の変化では寿命に大きい影響がない場合がほとんどなので、ある一つの代謝経路に属する二つの遺伝子の遺伝子型がともに変化するときに、より大きな影響があると考え、それを調べたことである。具体的には、インスリン―インスリン様成長因子１（ＩＧＦ－１）の作用経路、ＤＮＡ修復経路、抗酸化物質とその前駆体の経路の三つの経路内の異なる二つの遺伝子型の協同的作用を調べ、いくつかの組み合わせが寿命と有意な相関があることを見出した。

３・４節で、ラパマイシンという薬剤がマウスの寿命を延長することを記した。同じ薬剤が酵母、線虫、ショウジョウバエでも同様な効果を示している。このラパマイシンおよびその誘導体分子は、

TOR（ラパマイシンの標的、哺乳類ではmTOR）と呼ばれるタンパク質を通じてその作用を発揮する。TORは、タンパク質中のセリンまたはスレオニンをリン酸化する、タンパク質リン酸化酵素として機能する分子である。また、TORタンパク質は、ほかの数種類のタンパク質とともに、TORC1、TORC2と呼ばれる複合体をつくり、この形で寿命延長や、関連するさまざまな生理作用を及ぼす。したがって、これらラパマイシン関連分子の遺伝子はすべて寿命に関連する。前述のIGF－1の作用経路にもラパマイシンが影響を及ぼしている。なお、薬の副作用がなく、人の寿命を延長し得るラパマイシン誘導体の開発が世界的に活発に行われているという[135]。

ヒトを含む哺乳動物では、**サーチュイン**と呼ばれる**長寿遺伝子**、あるいはそれからつくられるタンパク質が7種類存在することが知られている（Sirt1～Sirt7）。サーチュインは、酵母、線虫などでカロリー制限による寿命延長効果に関与する分子Sir2として初めて発見された。この遺伝子を欠損させると寿命が短縮し、過剰発現させると寿命が延びる。このSir2に類似する分子サーチュインが各生物に見出されている。これらサーチュイン分子は、NAD⁺依存性ヒストン脱アセチル化酵素活性をもち、それを通じて**酸化ストレス**、**老化**、老化に伴う病気を抑制し、それによって寿命を延ばすと考えられている[136]。これらサーチュインの中で哺乳類ではSirt1がもっともSir2と類似性が高いが、その発現がヒトでは老人において顕著に高いことが見出された（図4－18[137]）。これらサーチュインおよびこれに関連して機能するいくつかの分子の遺伝子も、寿命に関連する遺伝子のグループの一つである。なお、**レスベラトロール**という薬剤がマウスの寿命を延長すると前述したが、この薬剤はSir2類似のサーチュインを通じて働く。

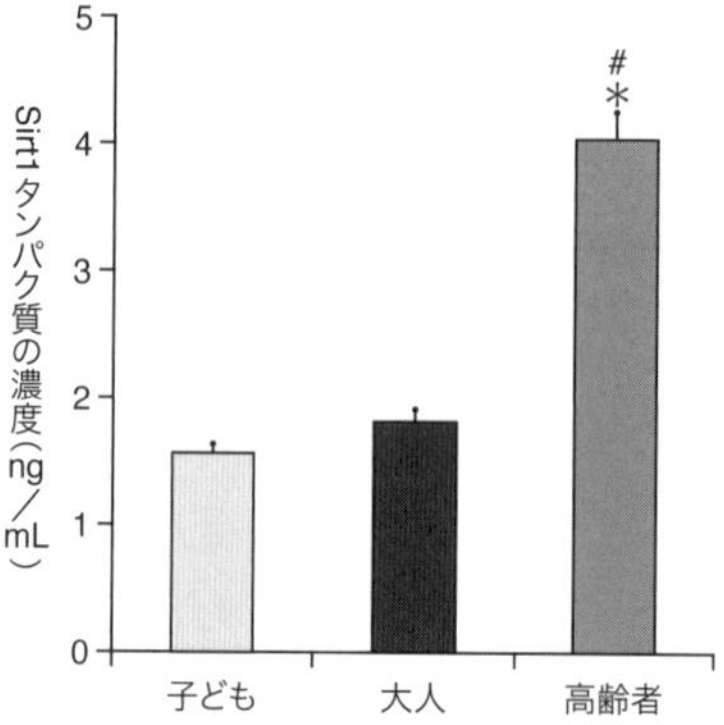

図4－18　Sirt1タンパク質の発現レベルの、子ども（3～16歳）、大人（32～55歳）、高齢者（56～92歳）の間の比較。出典137のFig. 2Aを基に作成。

ヒトの寿命の重要な要因として述べてきた糖尿病、高血圧、脈拍などに関連する多くの遺伝子が存在すると考えられるが、それらもすべて寿命に関連するはずである。また、もっと一般的に言えば、寿命は生物の生活の総決算であり、間接的に働く寿命関連遺伝子が非常に多数あると思われる。家族や双子の研究から、ヒトの寿命を決める要因に占める遺伝子の寄与は20～30％という論文を引用している論文[133]があり、ヒトの全遺伝子の4分の1前後が寿命に関連すると言えるかもしれない。

コラム

死亡などの危険度、相対的危険度、コックス比例ハザードモデルなどについて

この章では本文、図や表のタイトルに、死亡や疾病などの「危険度」という言葉を何度も使った（例：4・1節、表4－1、4－2）。多くの場合、この危険度、相対的危険度は、英語のHazard Ratio（ハザード比、HR）を日本語に訳したものである。このハザードとは、ある出来事がある瞬間に発生する割合であり、対照群のそれを基準（1・00）としたときの調査対象群のハザードの比をハザード比という（比例ハザード回帰モデル〈http://www.amed.go.jp>content〉）。このハザード比を具体的に求めるためには、それを時間の適当な関数で近似することが行われ（https://ja.wikipedia.org/wiki/リスク比）、また一般的にはハザードがある期間一定であるとして求めた平均的なものであるとされている。しかし、たとえば表4－1、4－2を見ても、専門的な引用文献も含まれ、具体的にどのように計算されているのかはまったく理解できそうもない。

図4－5での説明は、死亡率の相対値（相対的死亡危険度）などと記したが、これは死亡全体やある病気発症についてのRelative riskの訳であり、またハザード比をそれとみなしたと書かれている[99]ので、ハザード比と同じである。たとえば図4－8をつくるのに用いられた「コックスの比例回帰法」でも、ハザード比が各時点で一定である（比例ハザード性）と仮定してハザード比を求めるとされているので、これも実質的には同じようにハザード比を求めているらしい。これらの求め方を本格的に理解されたい方は、上記ウィキペディアのサイトに引用されている専門書や出典99に引用されている統計方法の論文を参照してほしい。

第5章　百寿者の長寿の秘密

百寿者（centenarian、センテナリアン）とは、多くの場合100歳以上の人を指すが、調査によっては99歳または98歳以上の場合もある。その中でも110歳以上または105歳以上の人を超百寿者（supercentenarian、スーパーセンテナリアン）と呼ぶ。国際連合（国連）の2009年の発表では、百寿者は世界中に推計45万5000人いたという(138)。2009年の世界総人口は約69億人（国連人口部、2014年発表）なので10万人当たり平均6・6人が百寿者となる。110歳以上のスーパーセンテナリアンは、百寿者1000人当たり約1名しか存在しない（世界中で400～500人となる）。また、115歳以上の人は非常に稀で、有史以来現在まで記録がある人は50人未満という(138)。

5・1　百寿者の概要

図5－1は、最近の世界各国の人口10万人当たりの百寿者の数である。1番右の日本が世界一多

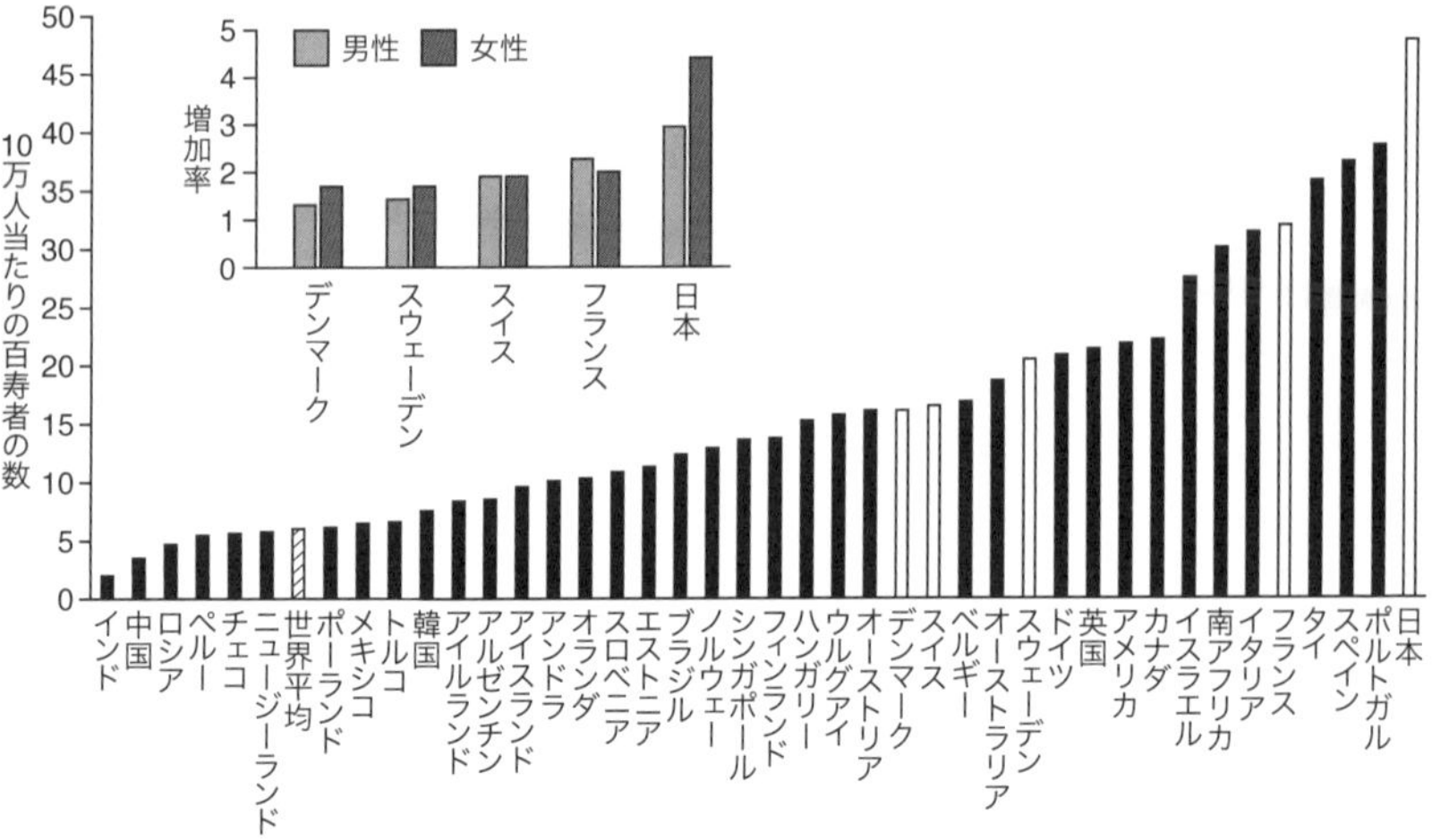

図5－1　主要国の人口10万人当たりの百寿者の数と、1996年から2006年にかけての百寿者人口の増加率（左上）。白は5-COOP参加国を、斜線は国連による推計に基づく世界の平均を示す。出典139の図2（資料：http://en.wikipedia.org/wiki/Centenarian）と図3〔資料：Robine, et al.（2010）Current Gerontology and Geriatrics Research, Volume 2010, Article ID 120354〕の一部を基に作成。

く48人、もっとも少ないのがインドの2人、2番目に少ないのが中国で3人、最高と最低で約20倍違う。百寿者の割合の国による違いは、平均寿命の違いよりずっと著しく、約10倍大きい。このグラフの中で棒が白抜きの五つの国（日本、フランス、スウェーデン、スイス、デンマーク）は、5-COOP（5 Country Oldest Old Project）という百寿者の共同研究を行っている。図5-1の左上のグラフは、この5カ国について、1996年から2006年までの10年間の百寿者人口の増加率を男女別に示すものである。この増加率についても、日本は5カ国中最高であり、男女平均の増加率は4倍近い。世界全体の百寿者の数は、国連の推計で1950年に2万3000人、1990年

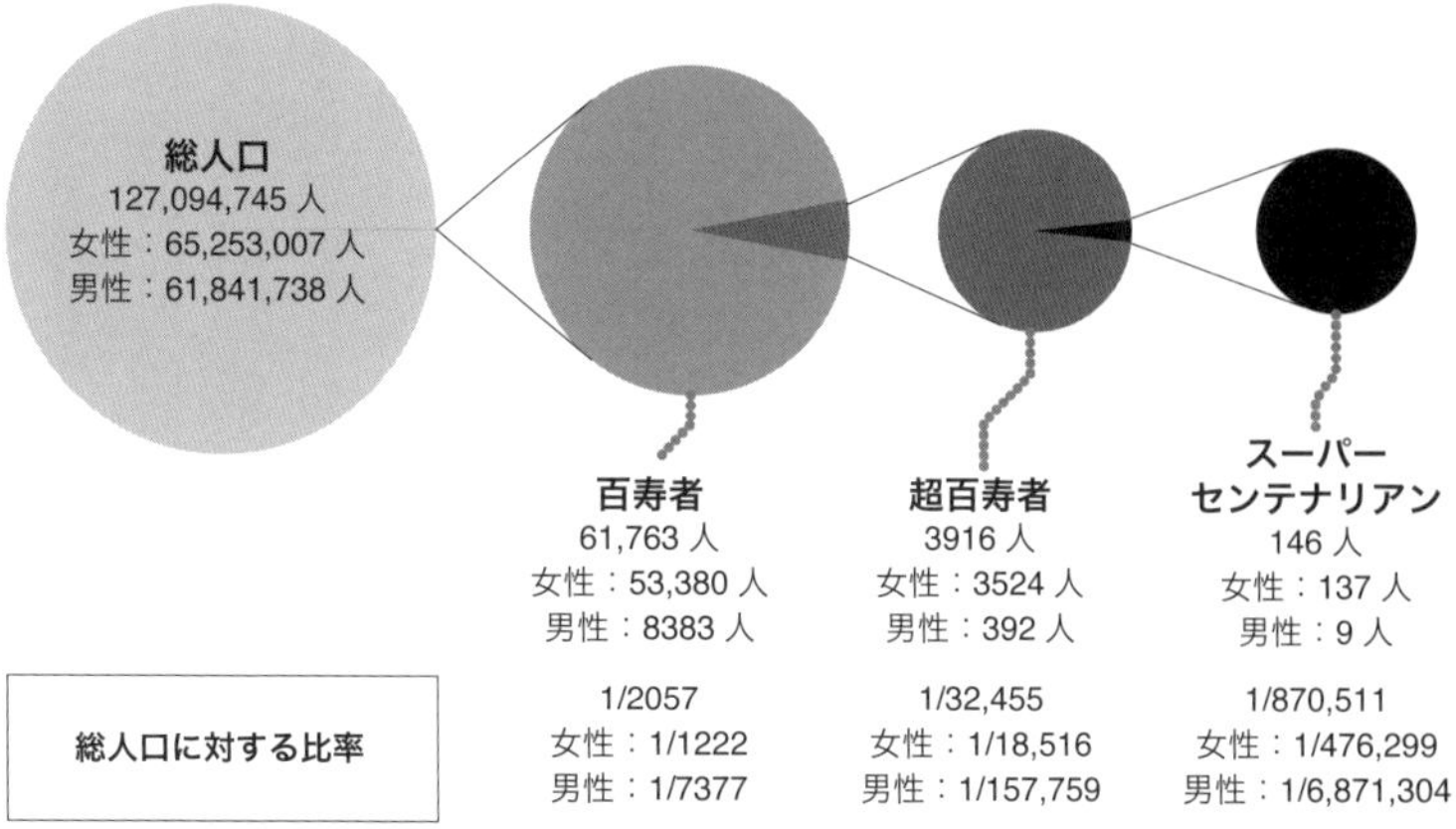

図5－2　日本の百寿者、超百寿者、スーパーセンテナリアンの人口統計。出典140の図1（平成27年度国勢調査に基づく）を基に作成。

に11万人、2000年に20万9000人であった。[138] 2009年の推計値は、最初に述べたように45万5000人なので、60年間で約20倍、最近9年間で2倍あまり増加したことになる。

次に日本国内の百寿者の人数などを見てみよう。[140] 2015（平成27）年の国勢調査に基づく日本の百寿者、超百寿者などの実数と総人口に対する割合が図5-2である。百寿者全体は約6万2000人、105歳以上の超百寿者は約4000人、110歳以上は146人であった。いずれも女性のほうが男性よりもずっと多く、女性の平均寿命が男性より約6年長いこと（第1章参照）による。スーパーセンテナリアンは百寿者の0・23％（約400人に1人）、百寿者およびスーパーセンテナリアンの総人口（2017年で約1・27億人）に対する割合は、それぞれ約2000人に1人、87万人に1人である。図5-3は、1991年以降のスーパーセンテナリアンの増加を示す。20

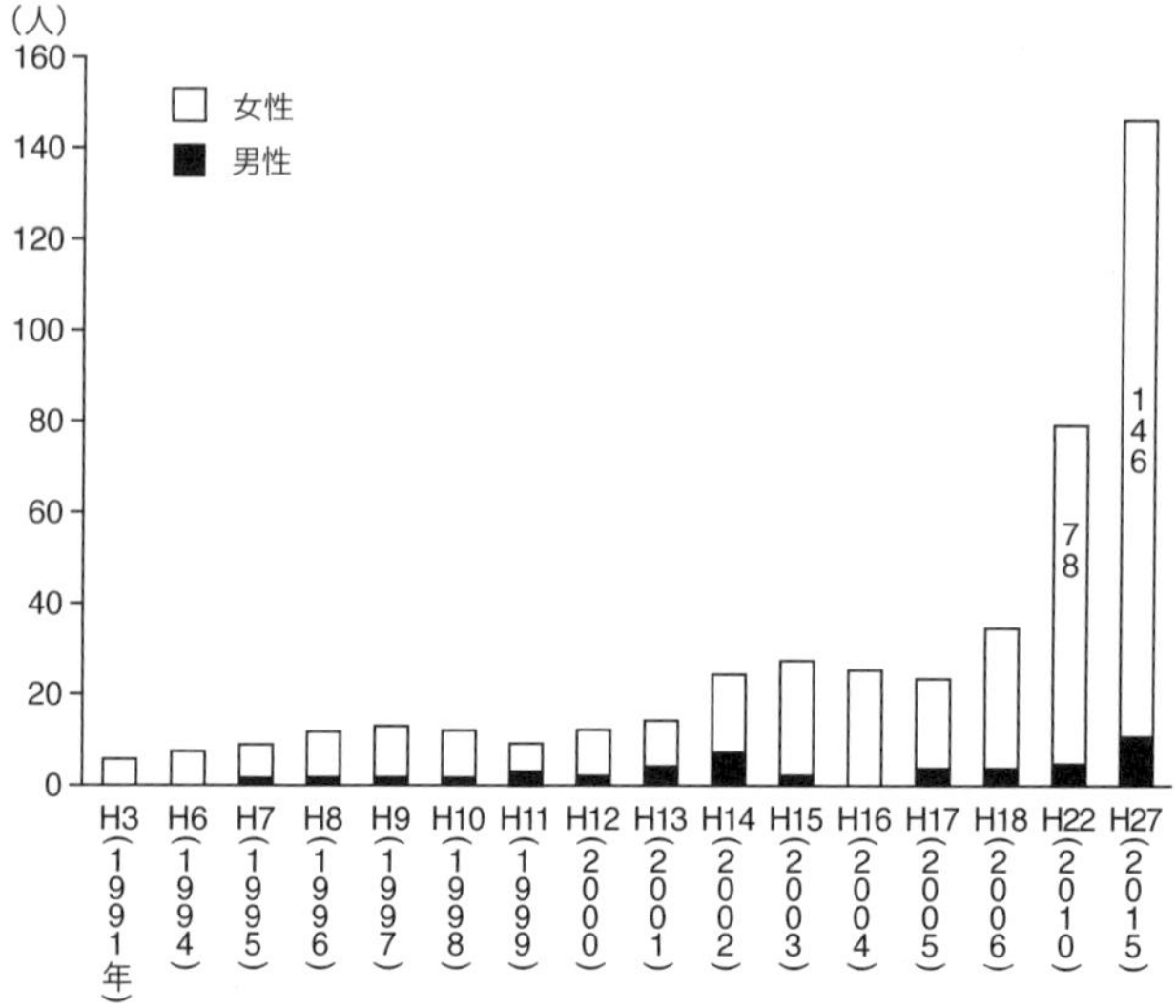

図5－3　日本でのスーパーセンテナリアン（110歳以上の人）の数の推移。出典140の図2を基に作成。

10年以降の増加が著しい。

百寿者などの超高齢者においてとくに重要なのは、その健康状態、生活の自立の程度、認知症の有無などである。これについては、世界全体をまとめた解析は見つからないので、いくつかの国や地域の調査について述べよう。このような調査に**バーセル指数**（バーテル指数、表5－1）と**MMSE**（Mini-Mental State Examination）がよく使われる。バーセル指数は、日常生活動作（ADL）と呼ばれる、日常生活に必要な基本的生活動作がどの程度自立してできるかを調べるテストで、100点満点であるが、満点でも独り住まいが可能とは限らないとテスト用紙に記されている。MMSEは、記憶力、言葉の理解力、計算能力、文章や簡単な図形を書く能力を評価するもの

表 5-1　バーセル指数

設問	質問内容	点数
①食事	自立、自助具などの装着可、標準的時間内に食べ終える	10
	部分介助（おかずを切って細かくしてもらうなど）	5
	全介助	0
②車椅子からベッドへの移動	自立、ブレーキ、フットレストの操作も含む（非行自立も含む）	15
	軽度の部分介助または監視を要する	10
	座ることは可能であるがほぼ全介助	5
	全介助または不可能	0
③整容	自立（洗面、整髪、歯磨き、ひげ剃り）	5
	部分介助または不可能	0
④トイレ動作	自立、衣服の操作、後始末を含む、ポータブル便器などを使用している場合はその洗浄も含む	10
	部分介助、体を支える、衣服、後始末に介助を要する	5
	全介助または不可能	0
⑤入浴	自立	5
	部分介助または不可能	0
⑥歩行	45 m 以上の歩行、補装具（車椅子、歩行器は除く）の使用の有無は問わない	15
	45 m 以上の介助歩行、歩行器の使用を含む	10
	歩行不能の場合、車椅子にて 45 m 以上の操作可能	5
	上記以外	0
⑦階段昇降	自立、手すりなどの使用の有無は問わない	10
	介助または監視を要する	5
	不能	0
⑧着替え	自立、靴、ファスナー、装具の着脱を含む	10
	部分介助、標準的な時間内、半分以上は自分で行える	5
	上記以外	0
⑨排便コントロール	失禁なし、浣腸、坐薬の取り扱いも可能	10
	ときに失禁あり、浣腸、坐薬の取り扱いに介助を要する者も含む	5
	上記以外	0
⑩排尿コントロール	失禁なし、収尿器の取り扱いも可能	10
	ときに失禁あり、収尿器の取り扱いに介助を要する者も含む	5
	上記以外	0
合計得点		/100

出典 141 より作成

である。30点満点で、24点以上が正常、10点未満で高度な知能低下、10〜19点で中等度の知能低下と判断する。(142)

5・2　日本の百寿者の研究

全体的な傾向

日本（沖縄を除く本州）の調査の論文(143)を紹介しよう。この論文の前書きには、1872年以来の人身戸籍により、高齢者の誕生日のデータがしっかりしているので、百寿者の研究に適していると記されている。日本での最初の百寿者の調査は、東京都老人研究所が1973年に行った全国的なものであった。その結果では、百寿者の約97％は高血圧や胃腸病を含む慢性疾患にかかっているが、心臓血管の危険因子をもつ人は少なかった。また、**糖尿病と頸動脈のアテローム性動脈硬化が少ないことが百寿者に特徴的であった**という。

より最近では、2000〜02年に東京都内の百寿者を対象とする調査（Tokyo Centenarian Study：TCS）が行われ、2006年に論文発表され、また前の論文(143)に紹介されている。それによると、1194人の百寿者に郵便で調査を行い、514人から回答があった。その中の304人について訪問調査を行った。その人たちの年齢は100〜108歳で、平均年齢101歳、男性65人、女性299人であった。図5－4が対象者の100〜104歳時点のバーセル指数とMMSEの調査結果を、調査時点での年齢100〜104歳、105〜109歳、110歳以上の年齢クラス別に示

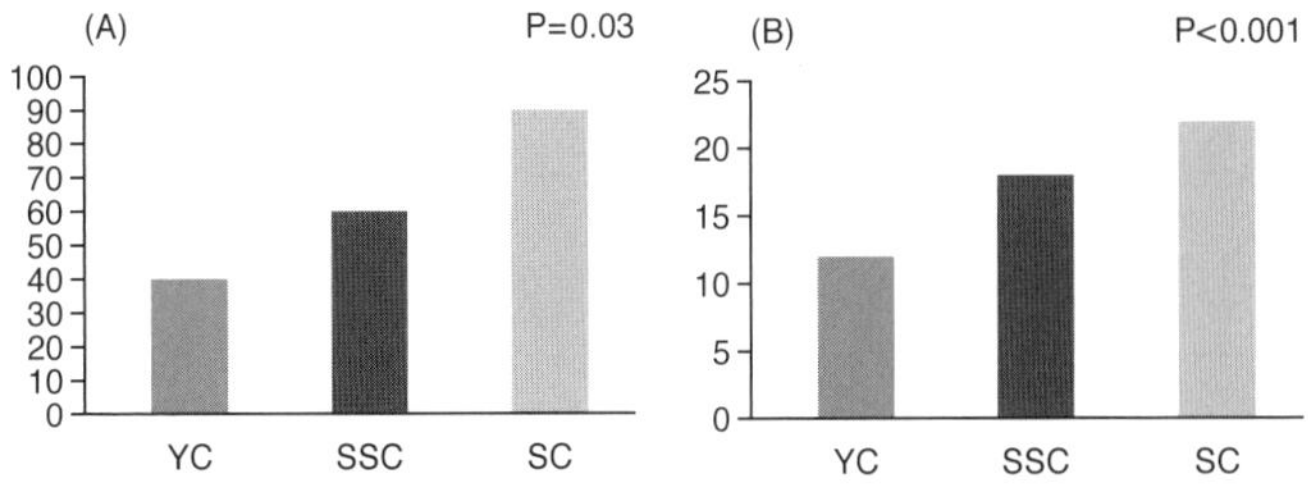

図５－４　百寿者の100〜104歳時のバーセル指数（A）とMMSE（B）。YCは100〜104歳で死んだ人、SSCは105〜109歳で死んだ人、SCは110歳以上まで生きた人を示す。出典143のFig. 2を基に作成。

すグラフである。１００〜１０４歳の人々は、調査時点においてバーセル指数の平均が約40、ＭＭＳＥの平均が約12であって、どちらもかなり悪い。また、このグラフでは、現在１１０歳以上のスーパーセンテナリアンの１００〜１０４歳時点での平均得点は、現在１００〜１０４歳の人々の平均得点よりもバーセル指数、ＭＭＳＥともにかなり高い。ごく稀なスーパーセンテナリアンは、身体・精神能力において特別優れた人たちであることがわかる。

百寿者全体として、バーセル指数が満点であった人は男性の18・5％、女性の5・9％、80〜99点で自立性が高かった人は男性の24・6％、女性の13・4％、バーセル指数の平均は男性が54・3、女性が34・3で男性のほうがかなり高い。また、**視力**または**聴力**に問題のない人はそれぞれ33・5％、22・0％であり、多くの人がどちらかあるいは両方について不自由であった。ＭＭＳＥの得点の平均は男性16・1、女性11・5であり、これも男性のほうが高い。臨床認知症評価（ＣＤＲ）によると、**認知症**なしが男性の43・1％、女性の19・2％であり、男性の41・6％、女性の67・4％が何らかの程度の認知症であった。

これらの結果を見ると、１００歳以上にまで長生きするのはめでたいと思われているであろうが、その人たちの状態は全体としてかなり大変である。とくに大部分を占める女性は自立不能で、認知症の人が多い。単なる長生きは問題で、健康寿命の延長が重要だと感じられる。

沖縄の百寿者

ここまでの調査は東京都または本州を対象にしたものであり、沖縄県は含まれていない。ここで、沖縄県人の大部分が住む沖縄本島の百寿者についての研究を紹介しよう。[144] この研究では、百寿者を99歳以上の人としている。沖縄県は、比較的最近までずっと日本一の長寿県であったが、若い人たちの食事や生活習慣の変化（西洋化）により、男性の寿命の平均（出生時の平均余命）は日本全体の平均を下回るようになった（２０１３年には30位）。女性の平均寿命は今でも日本第3位で、長寿である。しかし、75歳以上の高齢者については、その平均余命は男女とも日本の平均より長い。これは、高齢者が若いとき（１９７０年頃まで）の生活習慣を続けており、とくにその食事が重要であると考えられている。別の論文は、[145] 沖縄では米がほとんど取れないため米飯をあまり食べないこと、実質的に冬がない暖かい気候が沖縄の長寿のおもな理由であろうと述べている。

沖縄県での百寿者研究（Okinawan Centenarian Study：ＯＣＳ）は１９７５年に始まり、沖縄本島の百寿者や高齢者の研究を行ってきた。１９７５年には百寿者は30人足らずであったが、２０１４年には約１２００人に達した。人口10万人当たりの百寿者の数は正確にわからないが、おそらく80人以上であり、日本の平均48人よりかなり多い。この結果は沖縄だけが99歳の人を百寿者に含め

表5-2　85歳以上の沖縄人と本州人の総死亡率と主要死因別死亡率についての比較（人口10万人当たりの死亡数）

死因	全死因		がん		心臓病		心臓血管疾患		高血圧		糖尿病	
男女	男	女	男	女	男	女	男	女	男	女	男	女
本州	15,651	10,883	2971	1458	2579	2259	2454	2055	136	161	121	109
沖縄	13,137	9016	2156	1116	1879	1629	1552	1213	49	91	81	108

出典144のTable 1を基に作成。

ていることが一つの理由かもしれないが、おそらく１００歳以上の人の割合も日本全体の平均より高いであろう。これは、日本の中でも沖縄の人々がもっとも長寿であったことを反映すると思われる。

沖縄百寿者の健康状態については、心臓血管の状態が良いことがもっとも重要な要因であるという。心臓血管疾患の危険因子である高血圧、糖尿病、肥満、高コレステロール血症、および喫煙が、多くのほかの集団より少ない傾向にある。百寿者の死亡後の剖検（死体解剖と検査）によると、心冠状動脈疾患が見られない。85歳以上の高齢者の死亡率を、おもな死因である病気別に沖縄と本州で比較した貴重なデータを表５－２に示す。全死亡率は沖縄のほうがかなり低く、男性で本州の84％、女性で83％である。病気別の死亡率でも、どれも沖縄のほうが低いが、とくに**がん、心臓血管疾患、高血圧による死亡率が低い**。沖縄の高齢者は、本州の同年齢の人たちに比較して骨密度が高く、認知症の割合が低いという。また、沖縄において日常生活を自立して行える高齢者の割合は92歳で約80％、97歳で約63％、99歳で約40％、１０２歳で約25％であり、90歳半ばまでかなり元気である。

この論文では、遺伝子の調査も行われている。いくつかの研究で長寿に関連するとされているＦＯＸＯ３（ＦｏｘＯ３）遺伝子が沖縄とハワイ在住の日系人の長寿の人たちの炎症の低さと関連することを見つけたという。ＦＯＸ（Fork-head Box）は、ヒトで50種類存在し、共通的構造をもつ転写因子のグループである。その中のＯ《オー》サブクラスは線虫から哺乳類まで保存されていて寿命やストレス抵抗性に関与し、哺乳類では4種類（ＦＯＸＯ1、3、4、6）が知られている。また、沖縄の90歳代の人たちおよび百寿者は、ヒト主要組織適合性抗原系の遺伝子2（ＨＬＡ2）の抗炎症性対立遺伝子の保有率が高く、同じ遺伝子の前炎症型対立遺伝子の保有率が低かった。

家族歴あるいは家系の調査によると、沖縄百寿者の兄弟・姉妹は、90歳に達するまでの生存率がそれぞれ5・43倍、2・58倍高いという。また、人類学的調査によると、沖縄人一般の遺伝子は東アジアの人たちと密接な関係があり、日本本州や中国人との関連もあるが、これらとは遺伝的に区別されることが示唆される。

5・3　世界の百寿者の研究

ポルトガルの百寿者とその食事の傾向

ポルトガルはヨーロッパの国の一つであり、国土の面積は日本の約4分の1、2013年の人口は約1061万人と日本の人口の10分の1足らずの、比較的小さい国である。この国の人たちの2016年の平均寿命は男性78・3歳、女性84・5歳、男女平均81・5歳で世界各国の中での順位はそれぞれ28位、11位、18位であった（ＷＨＯ世界の平均寿命ランキング、2018年版）。ポルトガルは北緯約37～42度に位置し、首都リスボンの最近の年平均気温は17・2℃で、東京の年平均気温16・8℃に近い。

ポルトガルの百寿者について、おもにその食事の内容を対照者と比較した調査結果が2018年に発表されている。[146] 調査は2012～15年に行われた。対象としたのは百寿者253人（年齢100・26±1・98歳、女性197人、男性56人）、対照者268人（年齢67・51±3・25歳、女性164人、男性104人）であった。対照者は、心臓血管疾患の危険度が低いグループ（LCR）と高いグループ（HCR）を一定の基準[147]で分類し、百寿者とそれぞれを比較した。百寿者は、リスボン近郊の人が中心であるが、全土に分布する。

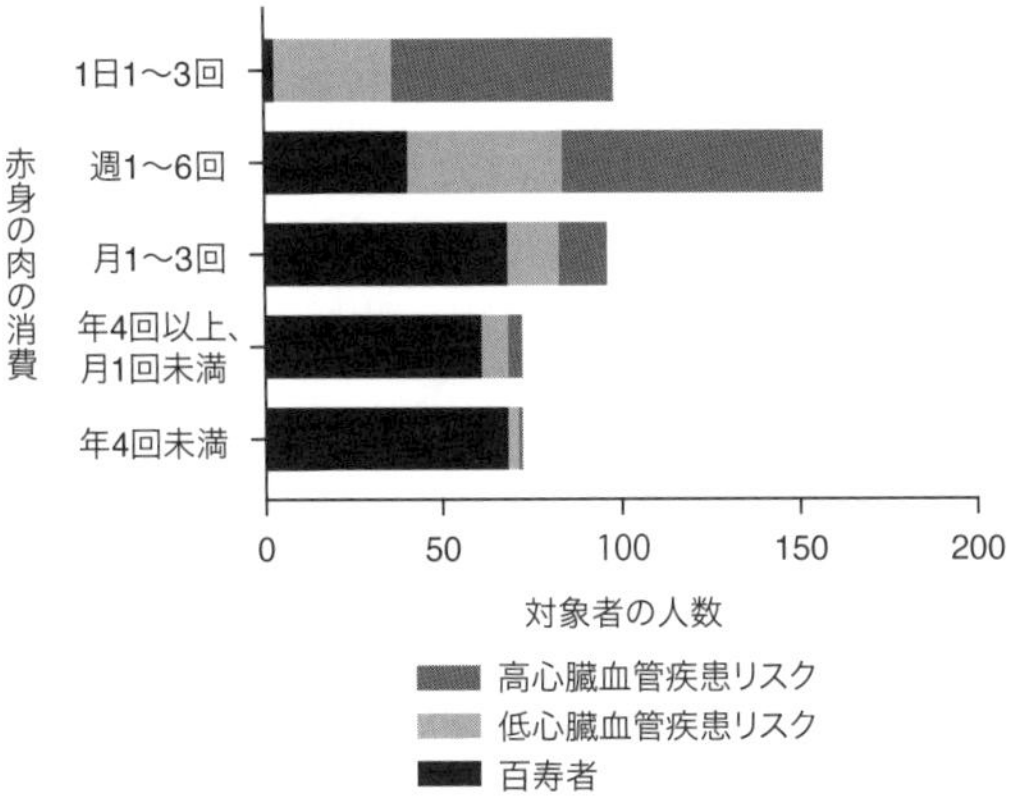

図5－5　ポルトガルの百寿者（黒）、心臓血管疾患危険度の低い対照者（薄い灰色）、および心臓血管疾患危険度の高い対照者（濃い灰色）の人たちの赤身の肉の摂取頻度別の人数。 出典146のFigure 2を基に作成。

おもな調査結果は、食事の内容や習慣を百寿者、LCRグループ、HCRグループで比較したものである。その調査項目は12あり、1日の食事の回数、食事の量、10種類の食品（赤身の肉、魚、鶏卵、甘いもの、乳製品、野菜、豆類、果物、油を取る原料となる種子、缶詰）それぞれの摂取頻度である。

もっとも重要な結果は、赤身の肉の摂取頻度の違いであり、そのグラフを図5－5に示す。百寿者については赤身の肉を週1回以上摂取する人の割合は約18％にすぎないが、HCRで約78％、LCRで約76％と大きく違う。百寿者の約54％は、ひと月1回未満と、ほとんど赤身の肉を食べていない。脂肪分の多い肉はより体に悪いと思われるが、ほとんど食べられないのか、それについては何も書かれていない。

また、1日の食事の量について、百寿者の約60％は少量であるのに対して、LCRの91％、HCRの89％は中位または多い量の食事を摂っている。魚と甘いものの摂取頻度も百寿者はLCR、HCRよりかなり少ない。逆に、野菜の摂取頻度が百寿者はどちらの対照グループよりずっと高く、ほとんどの人が1日1～3回食べている。食事については、**食事の量・赤身の肉・魚・甘いものの摂取が少ないこと、野菜を多く食べていることが百寿者の特徴である。**

これらの結果、肥満の指数であるBMIの平均値は、百寿者21・1、LCRグループ28・5、HCRグループ29・6である。百寿者はまったく正常なのに対して、対照グループはともに肥満と思われる。この論文は、百寿者に見られる赤身の肉およびコレステロールやヘム鉄の少ない食事が長寿の鍵であろうと結論している。ただし、このような食事は筋肉量の低下（サルコペニア）を招くという。

中国の百寿者の驚くべき実態

中国の百寿者については、世界でもっとも大規模という調査結果が論文発表されている。[148] 199

8年に始まったこの調査は、中国長期健康寿命調査（Chinese Longitudinal Healthy Longevity Study：CLHLS）と呼ばれる。これは、中国全土を構成する31の州・特別市（北京、上海、天津、重慶）・自治区のうちの22に含まれる郡・市の半数を任意に選び、その中の多数の百寿者を含む80歳以上の人々および対照者について行われた。調査対象となった地域の人口は、中国全体の人口の85％、約11・5億人という、非常に大規模な調査である。

まず、聞き取り調査のための面会に参加した人たちの年齢別、性別の人数を示す（表5－3）。この調査は生きている人だけでなく、調査時点より前に高齢で亡くなった人についてもその家族から聞き取り調査を行っており、その亡くなった高齢者についての調査結果が表の右側に示されている。100歳以上の生存者1万6582人、100歳以上の死亡者9853人、計2万6435人が調査対象であった。生存者、死亡者とも女性が男性の4倍近く多い。生存者については、80歳代の人が2万5713人、90歳代の人が2万3207人であった。また、生存百寿者の年齢構成は表5－4のようであった。100～104歳の範囲では年齢が増えるに従って人数が減っている。100～104歳の人は1万1257人、105～109歳の人が7112人であり、110歳以上の超百寿者が78人いる。なお、この表の百寿者の合計は1万2047人であり、表5－3の生存百寿者の数1万6582人より少ないが、その理由は示されていない。調査した時点が異なるか、あるいは100歳以上は確かだが、正確な年齢がわからない人を除いたのだろうか。また、調査地域の生存百寿者の総計が1万6582人とすると、人口10万人当たり約1・4人であったことになる（1998～2014年）。

表 5-3　中国における 1998～2014 年の 7 回の調査で聞き取りに参加した人数

年齢（歳）	生存参加者の人数（人）			死亡者の人数（家族が参加した）		
	男性	女性	計	男性	女性	計
35～64	7023	4100	11,206	4	2	6
65～79	10,610	9525	20,135	828	610	1438
80～89	12,860	12,853	25,713	2954	2325	5279
90～99	9806	13.401	23,207	4383	5283	9666
100 以上	3401	13,181	16,582	2159	7694	9853
総計	43,700	53,143	96,843	10,328	15,914	26,242

右の欄については、年齢は死亡した人の死亡時の年齢（寿命）を示す。出典 148 の Table 1 を基に作成。

表 5-4　中国における 1998～2014 年の 7 回の調査に参加した百寿者の年齢構成

年齢（歳）	男性（人）	女性（人）	計（人）
100	1023	3410	4433
101	705	2559	3264
102	386	1579	1965
103	175	840	1015
104	108	472	580
100～104	2397	8860	11,257
105～109	132	580	712
110 以上	4	74	78
計	2533	9514	12,047

出典 148 の Table 2 を基に作成。

表 5-5　中国百寿者の社会・経済的な状態（2008 年）

調査項目と分類		割合（%）	調査項目と分類		割合（%）
結婚状態	結婚（2 人住まい）	3.52	教育を受けた年数	0 年	86.11
	離婚した	0.09		1 ～ 2 年	3.65
	配偶者死亡	95.56		3 ～ 4 年	4.12
	未婚	0.44		5 ～ 6 年	3.39
家族関係	家族と同居	88.98		7 ～ 9 年	1.41
	1 人住まい	7.88		10～12 年	0.71
	施設住まい	3.14		10 年以上	0.62
最初に結婚した時の年齢	14 歳以下	4.53		平均　0.68 年	
	15～19 歳	45.71	60 歳以前の職業	専門または技術職	1.76
	20～24 歳	38.25		管理または行政役員	0.59
	25～29 歳	7.34		店員、事務員	6.36
	30 歳以上	4.18		自家営業	1.44
	平均　20.04 歳			農業、漁業	70.71
生まれた子供の数	0 人	2.53		家事労働	15.89
	1 ～ 2 人	19.24		軍人	0.47
	3 ～ 4 人	30.89		労働経験なし	1.38
	5 ～ 6 人	28.16		ほか	1.41
	7 ～ 9 人	15.71			
	10 人以上	3.47			

調査対象者の総数＝3413 人。出典 148 の Table 3 から抜粋して作成。

表 5-6　中国百寿者の自己申告による健康状態と生活満足度の分布（2008 年）

項目とレベル	健康状態レベル			生活の自己満足度			日常生活の活動度		
	良い	中位	悪い	良い	中位	悪い	活発	中程度の障害	高度の障害
人数の割合（%）	51.8	35.1	13.0	64.6	30.1	5.3	47.3	24.8	27.9

調査対象者の総数＝3413 人。出典 148 の Table 4 から抜粋して作成。

表 5-7　中国百寿者の客観的健康指標（2008 年）

調査項目と結果分類		人数の割合（%）	調査項目と結果分類		人数の割合（%）
MMSE（精神状態の小テスト）	最高	11.6	視力	見て判別できる	31.4
	正常	17.7		見るだけ可能	23.8
	軽い障害	16.7		見えない	41.0
	重い障害	54.0		盲目	3.8
椅子から立ち上がる能力	手を使わずに可能	33.9	残っている歯の本数	0 本	60.3
	手を使って可能	44.7		1 ～ 3 本	17.2
	不可能	21.4		4 ～ 6 本	11.0
床の本を拾い上げる能力	立ったまま可能	29.9		7 ～ 9 本	4.0
	座ってなら可能	36.8		10～12 本	3.5
	不可能	33.4		13～15 本	1.2
360 度回る能力	10 段階以下で可能	34.5		16～18 本	1.0
	10 段階より多く必要	2.4		19 本以上	1.9
	不可能	63.0			

調査対象者の総数＝3413 人。出典 148 の Table 5 から抜粋して作成。

表5－5は、調査を受けた百寿者の社会・経済的な経歴や状態を示すものである。大部分の人は配偶者を失っているが、家族と同居している。最初の結婚年齢は平均20歳、生まれた子どもの数は3～6人が約6割である。教育を受けた年数は86％の人が0年であるのには驚いたが、この百寿者たちが学齢期であったのは1920年頃であり、当時の中国ではまだ教育制度が整っていなかったのであろう。以前の職業としては、圧倒的に農業、漁業が多い。表5－6は、自己申告に基づく百寿者の健康状態である。自己満足度は約3分の2の人が「良い」であるが、日常生活については約半数に高度または中程度の障害がある。

この論文に報告されているもっとも

重要な調査結果は、表5－7に示される百寿者の客観的な健康指標であろう。**精神状態**のテスト（MMSE）によると、半数あまりの人に重い障害がある。椅子から立ち上がる能力、床のものを拾い上げる能力についても同様である。**視力**は約半数の人がほとんどなく、満足な人は約3分の1である。もっとも驚くべきは**残っている歯の数**で、6割の人がゼロ、90％の人が9本以下である。入れ歯の有無についてはわからないが、食事が不自由な人が多いであろう。

このような具体的で詳細な調査結果はこの論文でだけ見られ、ほかの国ではある程度違うとしても、百寿者の状態を知るうえで貴重な情報と思われる。

＊＊＊

中国で行われたような調査を日本の百寿者についても行い、その結果を知りたいと思われる。また、生活状態、医療の進歩などによって、中国でも日本でも百寿者の状態は今後、次第に改善されるであろう。

第6章　植物の寿命の研究

第2章では、記録的な長寿植物の例を紹介したが、ここではさまざまな寿命の植物やその寿命の研究の具体例を記そう。植物の寿命や生活史についても多くの研究が行われ、それによってわれわれにも植物の具体的な姿がわかり、また本章で述べるように寿命を決める要因がある程度わかってきている。表2－1にあるような非常に長寿な植物を見つけ、その寿命を推定することはなかなか大変である。しかし、寿命の研究では、たとえばある樹木の平均寿命を知ることも重要であるが、それを調べるのも非常に大変である。

6・1　草の寿命

平均寿命数年のラン

最初に紹介する研究(149)は、寿命を含めて1種の**植物の生態を調べる研究の見本というべき大研究**である。この研究の材料はランである。ランには多くの種類があるが、単子葉植物のユリ亜綱ラン目に属する。ユリ、アヤメ、スイセンなどのユリ目の植物と大きな分類が同じで、一般に多年草である。この研究では、スパイダーオーキッド（クモラン）と訳されている種（*Ophrys sphegodes*、口絵⑳）が調べられた。このランは石灰岩地帯の草原の植物で寿命が短い希少種であり、ジャガイモのような**塊茎**から生じる。9～10月にバラの花のような配列の葉を生じ、4～5月に花を咲かせる。毎年、一部の株が**休眠**する（地上の植物体ができない）という特徴をもつ。また、植物体は塊茎により無性的に増えるものもある。花が咲く部分（**花序**あるいは花房）は調べた植物については15cmを超えるものはほとんどなかった。花は自家受粉が可能である。調べた多くの年において、6～18%の実にしかたねができていなかった。花が咲かずしたがってたねができない植物は早く枯れるが、たねをつけるものはたねの分散の後、8月中～下旬まで枯れない。

クモランはヨーロッパの南部－中部に自生するが、この研究はイギリス南部の国立自然保護区の47ヘクタールの土地で行われた。また、対象のランが希少種であるため、1975年から2006年まで、32年という長期間に渡って行われた貴重なものである。この間、この土地では1975～79年に牛の放牧が、1980～2006年には羊の放牧が行われた。地上に出現した植物、休眠中の植物が調べられたが、地上の個体数は1975年から89年まではあまり変化せず、その後指数的に増加し、32年の研究期間全体としては植物の個体数が10倍近く増えた。全個体数の中で休眠中の植物の割合は全期間では28・7±2・7%であったが、1997～2003年に増加し、2003年には67・7%と地上植物よりも多くなった。このように、休眠する植物の割合は大きく変化している。

地上植物のうちで開花する植物の割合もかなり変化しており、1990年代初めの植物体全体の増加の時期には20～30％と低かったが、調査の最終期の2度目の増加があったときには71％であった。開花する植物の割合、花序の高さの平均、1株あたりの葉の数の平均の変化と3～4月の降雨量、各季節の平均気温および日照時間との関連が調べられた。結果は複雑であるが、これらの天候の指標による正または負のいろいろな影響があったことが示されている。

図6－1は1年間に新たに生まれた植物の数と枯れた植物の数の推移（A）とその差（B）を示

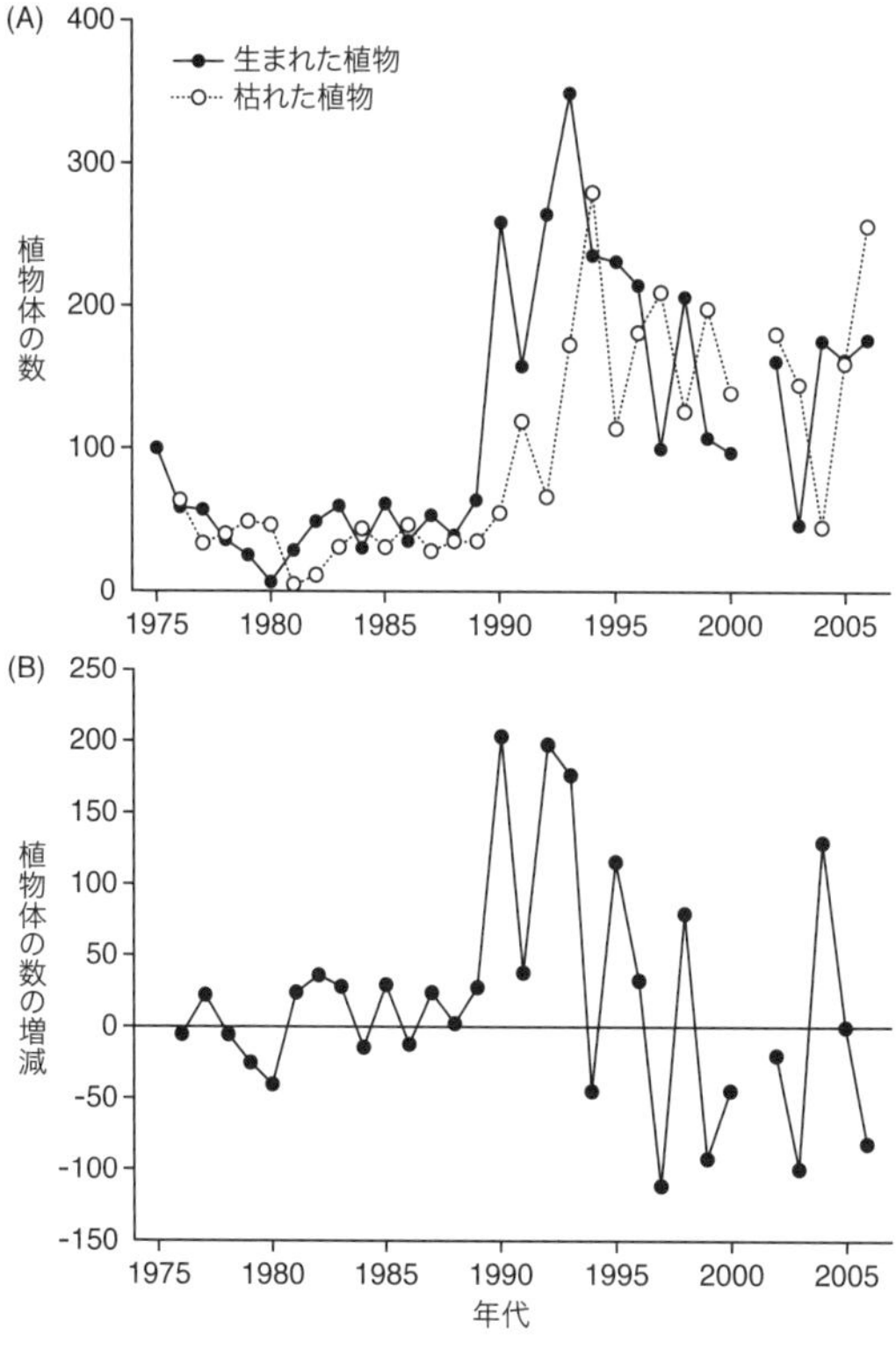

図6－1　クモランの1年間に新たに生まれた植物と枯れた植物の株数の推移（A）とその差の推移（B）。出典149のFig. 5（a）、（b）を基に作成。

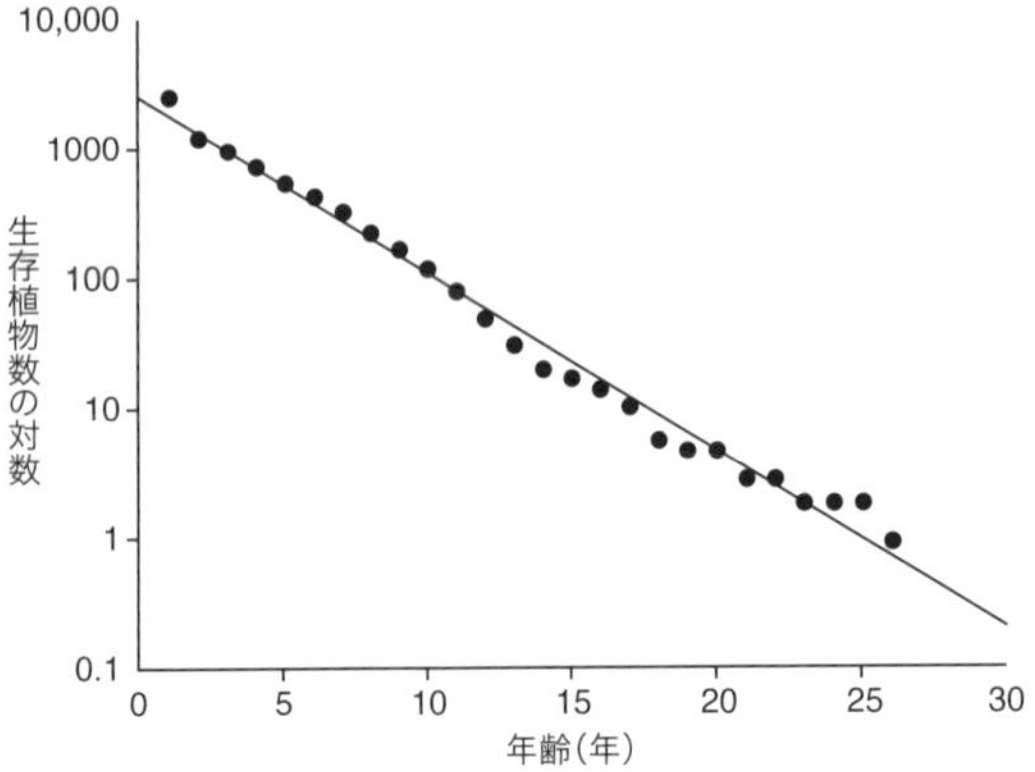

図6－2　クモランの各寿命の個体数の分布。出典149のFig. 4（b）を基に作成。

す、寿命に関係する結果である。羊の放牧が始まった1980年の約10年後から植物個体数が大きく増加したこと、増加した翌年に減少が起きることが多かったことがわかる。全期間を通じて、新しく生まれた植物の52・0±13・1％が1年以内に枯れるという結果であり、そのために個体数の増加と減少が交互に起こったと考えられる。このような結果の中で、生まれた年、地上に出現した最後の年の確かな記録がある植物について、生きていたことが確かな年数（寿命）を正確に調べ、その分布をプロットした結果が図6－2である。これによると、調べた個体中の**最長寿命**は26年、半寿命（half life、後述）は2・25年であったので、平均寿命は4年前後であろう。

ヘラオオバコ

二つ日に、ヘラオオバコ（*Plantago lanceolata*）の論文[151]を紹介する。これは口絵㉑のような植物で、ヨーロッパ原産であるが、日本でも**帰化植物**として各地に見られる。代表的な雑草であるオオバコの仲間であり、双子葉植物シソ目オオバコ科オオバコ属に属する。『日本の野生植物　草本』[153]にはこれら二つを含めて6種が掲載されている。日本ではオオバコより大きく、高さ20～70cmで4～8月に濃い茶色の花が咲き、花の色もオオバコと違う[153]。

この研究は、アメリカ・ヴァージニア州の4カ所の集団に含まれる合計800以上の個体について、10年以上をかけて各植物個体を追跡調査した貴重なものである。調べた植物体1株当たりの葉の数は、平均20前後であった。この研究の特徴の一つは、枯れた個体の前歴を追跡調査によって調べたことである。具体的な結果がわかりにくいので、詳細を省略して結論だけ記そう。それは、植物体の年齢に関わらず、枯れる3年前から葉の数と花序の数が減少し、それが年齢とともに進むなどの生理的老化が起こり、枯死の原因でもあると考えられる、というものである。樹木がそうであるように、植物は成長を続けて年齢とともに大きくなるという一般的な仮説には合わないので、このような例は特殊なのか、いろいろな場合があるのかを調べる必要があると主張している。なお、枯死につながる老化の原因はここでは調べられていない。平均寿命は数年らしい。

寿命300年以上の草

三つ目に紹介する研究は、高山に生える小さいが非常に寿命が長い多年草についてのものである[154]。この植物（*Borderea pyrenaica*）は単子葉植物ユリ目ヤマノイモ科に属し、フランスとスペインの国境をなすピレネー山脈の標高1800m以上の高地にのみ残っていると書かれており、日本にはない種と思われる。この種を研究に取り上げた理由は、非常に寿命が長いこと、群体（クローン）でない個体植物であること、毎年塊茎から1本の茎が地上に出るがそれが枯れると塊茎に跡が残るため個体の年齢が正確にわかること、の三つであるという。三つ目の特徴はユニークであり、おそらく稀であろう。またこの種は**雌雄異株**であり、雄株と雌株を区別して調べている。これもやや珍しい特徴と思われる。口絵㉒は雄株の写真であるが、石の間にいくつかの株が生え、複数の花序をつけているものもある。以前の研究により、年齢305年の植物が見つかっており、草の中でももっとも寿命が長いかもしれない⁽¹⁵⁶⁾。

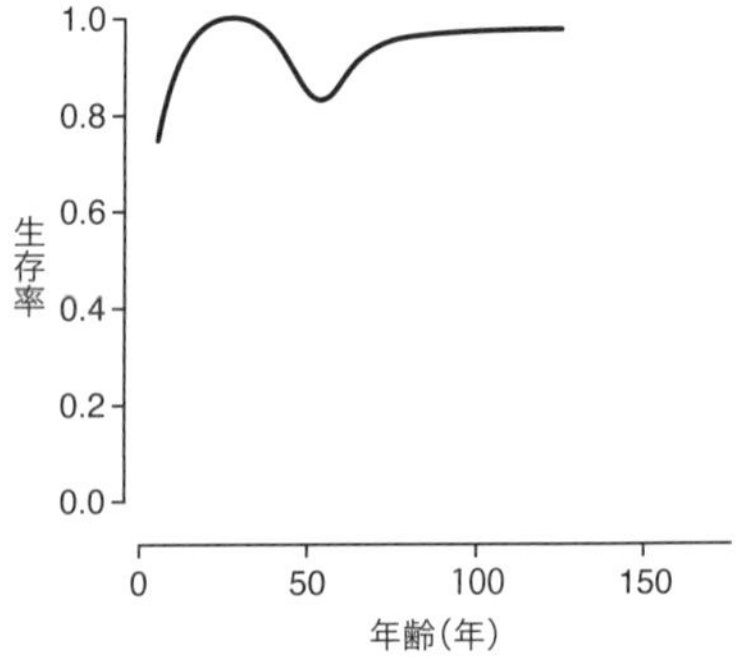

図6－3 *Borderea pyrenaica* のオルデサ地区植物の年齢と生存率の関係。出典154のFig. 3を基に作成。

この草は植物体の地上での成長と開花がほぼ同時に6月に始まり、7月に実が成熟し、9月にたねが散布される。雌雄異株なので雌雄異花であるが、受粉がハエ、アリ、テントウムシなどによって行われる。具体的に研究が行われたのは、ピネタとオルデサという二つの地区の植物群落である。ピネタは標高約2000mで急な、石の多い斜面であり、1㎡当たり数百株の対象個体が生えている。オルデサは標高約2100m、石のあまりない平らな土地で、1㎡当たり100株未満の個体が生えている。オルデサの調査結果では、1株についている葉の総面積を指標にすると、約50年まで成長し、以後ほぼ変わらず、生存個体の最高齢は？60年であった。図6－3はオルデサ地区植物の年齢と**生存率**の関係を示すグラフである。これによると、50年を超えたあとに生存率がしばらく0・9前後に減るが、以後調べた限りほぼ1であり、生存率は低下しなかった。また、雄株、雌株とも開花の確率が年齢とともに250年まで上昇している。これらの結果により、この非常に長寿の多年草では、**老化**が見つからなかったと結論している。また一般に、長寿の植物では老化があまり起こらないかもしれないと推測している。非常に興味ある結果である。しかし、寿命が無限ではないであろうから、この植物がなぜ、いつ死ぬかは未解決の問題として残されている。

6・2 木の寿命

屋久島のいろいろな木

日本で見られる樹木については、**屋久島**の14種類の木の寿命などについての、日本人による価値の高い研究が発表されている。[157] 屋久島は九州本土の南、北緯約30度に位置し、日本の中では暖かく、また雨の多い温帯南部の森林に覆われた島である。この研究は、屋久島の標高500～700mの二つの地域にある、それぞれ2000～2500m^2の地域の樹木について、1983年と1993年に行った調査に基づく。

表6－1はこの論文の表を抜粋したものであり、調査した木の名前、分類、特徴、地区の一つ(Koyouji 地区)の半寿命などを記している。**サザンカ**、**ヤブツバキ**(野生のツバキ)のようななじみのあるものもあるが、大部分の木の名前は多くの人が知らないであろう。木の分類としては、**ナギ**だけが裸子植物(ただし広葉樹)であり、ほかはすべて被子植物門の双子葉植物である。また、

表 6-1　屋久島で調べられた 14 種類の樹木の名前、Koyouji 地区での半寿命など

木の高さによる分類	木の学名	分類	和名	常緑・落葉の別、樹高	枯れる確率（/年）	半寿命（年）
林冠型（高木）	*Distylium racemosum*	マンサク目マンサク科	イスノキ	常緑、樹高 20 m	0.00762	131
	Listea acuminata	クスノキ目クスノキ科	バリバリノキ	常緑、樹高 15 m	0.0201	49.8
	Podocarpus nagi	マキ目マキ科（裸子植物）	ナギ	常緑、樹高 20 m	0.0221	45.2
	Neolitsea aciculata	クスノキ目クスノキ科	イヌガシ	常緑、樹高 10 m	0.0189	52.9
	Symplocos prunifolia	カキノキ目ハイノキ科	クロバイ	常緑、樹高 10 m	0.0511	19.6
林冠の下	*Camellia sasanqua*	ツバキ目ツバキ科	サザンカ	常緑、樹高 2〜6 m	0.00499	200
	Symplocos tanakae	カキノキ目ハイノキ科	ヒロハリミミズバイ	常緑、樹高 3 m	0.0327	30.6
	Camellia japonica	ツバキ目ツバキ科	ヤブツバキ	常緑、樹高 5〜6 m	0.00539	185.5
	Illicium anisatum	シキミ目シキミ科	シキミ	常緑、樹高 2〜5 m	0.0175	57.1
	Cleyera japonica	ツバキ目ツバキ科	サカキ	常緑、樹高 10 m	0.0112	89.3
	Myrsine seguinii	サクラソウ目ヤブコウジ科	ツルマンリョウ	常緑、小低木	0.00797	125
	Symplocos glauca	カキノキ目ハイノキ科	ミミズバイ	常緑、小高木	0.0430	23.3
最下層	*Eurya japonica*	ツバキ目ツバキ科	ヒサカキ	落葉、低木	0.0198	50.5
	Rhododendron tashiroi	ツツジ目ツツジ科	サクラツツジ	常緑、低木	0.0300	33.3

学名・枯れる確率は、出典 157 の Table 4 より抜粋。半寿命は枯れる確率の逆数として計算した。分類・和名・樹高などは出典 33、Google 検索によるネット上の情報より。

ヒサカキだけが落葉樹で、ほかの木はすべて常緑であり、高さによって三つのグループに分けられている。

木が枯れる確率（死亡率）は、調査地区内で調べたその種のすべての木が10年間に枯れたものの割合から算出した正確な値であり、これから半寿命が逆数として計算できる。**半寿命**とは、このように**死亡率**の逆数として定義される数値であるが、集団がランダムに死ぬと仮定すると、その約70％（正確には、ln（2）＝0.693倍）の時間において、統計的に、初めに存在した個体の2分の1が枯れることを意味する。[158] また、私が仮定的な例について調べた結果、**半寿命は含まれる個体の約3分の1（35％）が生き残る、あるいは約3分の2（65％）が死ぬ期間**でもある。半寿命と平均寿命（個体が死んだときの年齢の平均）の関係は簡単でなく、もし調べた個体群の出発時の平均年齢が0歳であれば半寿命と平均寿命はほぼ一致するので、半寿命は平均寿命の最小の推定値と考えられる。一般的には「半寿命∧平均寿命∧2倍の半寿命」であり、多くの場合平均寿命は半寿命の1・5倍前後と推定され、半寿命はほぼ平均寿命と考えてもよい。平均寿命を正確に測定するためには、その地域内で枯れて残っているその種の木あるいは切り株の寿命（枯れたときの樹齢）をすべて調べ、平均することが唯一の方法と考えられるが、何らかの理由でそれが困難なのであろう。そのため、論文には平均寿命の測定結果はほとんど見当たらない。半寿命の測定結果も貴重である。

半寿命を見ると、最短20年から最長２００年まで、約10倍の開きがあることがわかる。14種の半寿命の単純平均は78年となる。この地区で１９９３年に調べた木の総数は１２８７本、1種平均91本であった。のちに述べるように、樹木全体としては、木の高さや太さ（大きさ）と寿命は相関する可能性もあるが、屋久島の14種類についてはそれがないように見える。

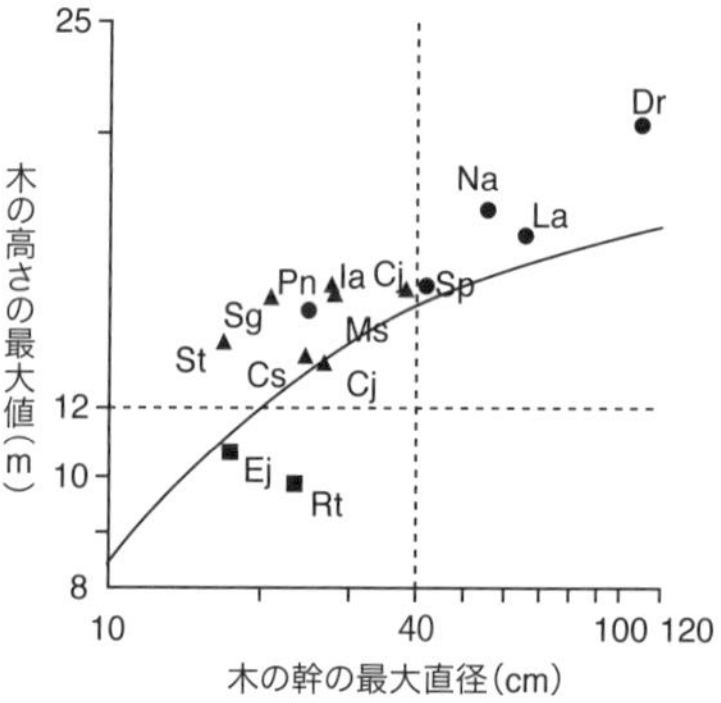

図6－4　屋久島Koyouji地区の14種の樹木について、地上1.3 mでの幹の最大直径と樹高の最大値の関係。アルファベットのDrなどは表6 －1中の各樹木の属名、種名の頭文字を示す。出典157のFig. 1（a）を基に作成。

図6-4は、1993年、同じKoyouji地区で調査された14種の樹木について、地上1・3mの高さでの木の幹の最大直径と木の高さの最大値の関係をプロットしたものである。観察された**幹の直径**の最大値は約120cm、**樹高**の最大値は約22mで、ともに表6-1のトップにあるイスノキの値である。14種類全体として、大まかに幹の最大直径と樹高の最大値が対応する関係があることがわかる。これが、日本の典型的な森林の一つの寿命や木の大きさについての姿であろう。なお、この論文には、表6-1からは除いたが、各樹木が新しく生える確率、もう一つの地区の同様なデータ、幹の直径と成長速度の関係など、ほかの多くの結果も記されている。また、屋久島あるいは日本を代表する樹木であるスギがこの研究で調べられていないが、この地区にないためか、何らかの理由で除かれたのか不明である。

カナダのニオイヒバ

裸子植物スギ目ヒノキ科の針葉樹である**ニオイヒバ**（*Thuja occidentalis*、口絵㉓）という木の生活史が調べられている。[160] ニオイヒバは常緑高木で通常高さ15m、幹の直径0・9mだが、最高は38mになるという。また、**最長寿命**1653年という記録がある長寿の木である。この木の原産地はアメリカ東北部の五大湖地方、ニューイングランド、およびこれらに隣接するカナダであり、ヨーロッパにアメリカ原産の樹木として初めて導入された。日本でもこの木が見られる植物園がある。[159][161]

この研究は、有名な観光地であるカナダのナイアガラ滝付近の水辺の急斜面の森林で行われた。この地域での対象樹木の密度は、1ヘクタール（1万m²）当たり1003本、すなわち10m²当たり平均約1本であった。生きているニオイヒバの木の幹の根元に近いところから年輪測定用の試料を採取し、**年輪**に基づいてその年齢を測定（推定）した。それにより、調べた木の生まれた年代を算出し、各年代に生存していたニオイヒバの木の数を推定してプロットしたものが図6-5である。調べた木の中でもっとも長寿のものが樹齢約700年であることがわかる。これらの木の平均樹齢は200年前後であろう。

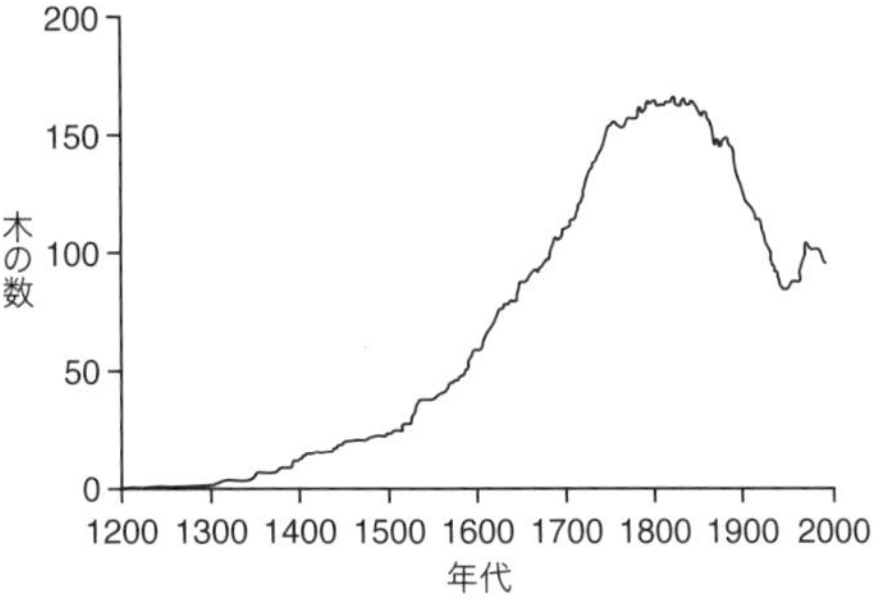

図6-5　ニオイヒバの各年代に生存していた木の数の推定値。出典160のFig. 3を基に作成。

樹木の平均寿命

表6-2は、いろいろな樹木の平均寿命または半寿命である。**樹木の平均寿命**を正確に測定した結果は見つけられず、表中の平均寿命の約半数は根拠が確認できない概数であるが、

それでもある程度参考になる。表６－１に示したように、屋久島の調査では14種類の樹木の半寿命が正確に調べられたが、この中から最短20年、最長２００年を含めて4種類の結果をここに再録した。屋久島での調査の項でも記したが、半寿命は平均寿命の最小の推定値であり、平均寿命は半寿命の１・５倍前後の場合が多いと考えられる。平均寿命がもっとも知りたい数値であるが、死んだときの年齢が正確に記録されているヒトの場合と異なり、とくに寿命の長い樹木ではその測定は困難である。

この表には全部で21種の樹木の寿命を示したが、針葉樹3種（すべて常緑）、常緑広葉樹8種、落葉広葉樹10種である。平均寿命は最短がタラノキの約10年、最長が白モミの４００年あまりとなる。調査地点は熱帯から温帯北部まで、日本、ヨーロッパ、北アメリカ、マレーシアである。大部分が高木で樹高10ｍ以上が多く、小低木、低木、小高木が計4種ある。**寿命の長いものはすべて高木**であり、また3種の針葉樹はすべて寿命が長いことが見てとれる。口絵㉔に、日本の落葉広葉樹の代表的な木である**ブナ**の写真を示す。

日本に多く、最長寿命約２０００年のスギの平均寿命、半寿命については、信頼できそうな結果が見つからない。スギには人工林のものが多く、その中の木の寿命は１００年程度以下のものが多いらしいが、自然の木の平均寿命は３００～５００年であろうか。表６－２の中の樹木の平均寿命の平均は１００年から２００年と思われる。樹木の平均寿命は、調査する地点の気温、地質その他の環境要因によって大きく変わり得るので、世界全体での平均寿命の測定はきわめて困難であろう。

また、平均寿命と最長寿命の関係の例として、調査地点による違いは無視して、ニオイヒバで約２

表 6-2　いろいろな樹木の平均寿命、半寿命

種名	分類	調査地	葉	樹高	平均寿命、半寿命（年）
タラノキ[2)]	双子葉セリ目ウコギ科	不明（日本らしい）	広葉、落葉	低木（2〜4 m）	〜10*
ジンチョウゲ[2)]	双子葉フトモモ目ジンチョウゲ科	不明（日本らしい）	広葉、常緑	小低木	20〜30*
カキ（カキノキ）[2)]	双子葉カキノキ目カキノキ科	不明（日本らしい）	広葉、落葉	高木	〜50*
モモ[2)]	双子葉バラ目バラ科	不明（日本らしい）	広葉、落葉	小高木	〜50*
クリ[2)]	双子葉ブナ目ブナ科	不明（日本らしい）	広葉、落葉	高木	〜50*
Parashorea macrophylla[3)]	双子葉ツバキ目フタバガキ科	マレーシア、サラワク（熱帯）	広葉、常緑	高木	50
イヌガシ[1)]	双子葉クスノキ目クスノキ科	日本、屋久島	広葉、常緑	高木（10 m）	52.9
シラカバ[2)]	双子葉ブナ目カバノキ科	不明（日本らしい）	広葉、落葉	高木	〜70*
ミズキ[2)]	双子葉ミズキ目ミズキ科	不明（日本らしい）	広葉、落葉	高木	〜80*
ポプラ[2)]	双子葉ヤナギ目ヤナギ科	不明（日本らしい）	広葉、落葉	高木	70〜100*
Dryobalanops lanceolata[3)]	双子葉ツバキ目フタバガキ科	マレーシア、サラワク（熱帯）	広葉、常緑	高木	105
イスノキ[1)]	双子葉マンサク目マンサク科	日本、屋久島	広葉、常緑	高木（20 m）	131
トチノキ[2)]	双子葉ムクロジ目トチノキ科	不明（日本らしい）	広葉、落葉	高木	150〜200*
ヤブツバキ[1)]	双子葉ツバキ目ツバキ科	日本、屋久島	広葉、常緑	高木（5〜6 m）	186
サザンカ[1)]	双子葉ツバキ目ツバキ科	日本、屋久島	広葉、常緑	小高木（2〜6 m）	200
ニオイヒバ[5)]	裸子植物スギ目ヒノキ科	カナダ、ナイアガラ滝周辺	針葉、常緑	高木（15 m）	〜200
ブナ[4)]	双子葉ブナ目ブナ科	ヨーロッパ原生林	広葉、落葉	高木	230〜260
ミズナラ[2)]	双子葉ブナ目ブナ科	ヨーロッパ原生林	広葉、落葉	高木	270〜300
スダジイ[2)]	双子葉ブナ目ブナ科	不明（日本らしい）	広葉、常緑	高木	〜300*
ドイツトウヒ[4)]	裸子植物スギ目マツ科	ヨーロッパ原生林	針葉、常緑	高木	300〜350
白モミ[4)]	裸子植物スギ目マツ科	ヨーロッパ原生林	針葉、常緑	高木	359〜460

正確な数値はすべて半寿命を示し、そのほかは平均寿命であるが、＊を付した数値は根拠が確かでない概数である。
出典：1）表 6-1 および 157、2）162、3）163、4）164、5）160。

00年対1653年（約8分の1）、トウヒで3000年あまり対9550年（表2‐1、約30分の1）がある。

6・3　樹木はなぜ長寿か？

なぜ樹木では、群体でない普通の動物と比べて、桁違いに長い数千年の長寿になり得るかという疑問への答えは簡単ではない。

要因①　樹木の長寿を可能にする基礎的要因として、草本と異なり、木本の構造の大部分が物理的に強い木部（木質）からできていて、長く生きる結果生じる大きな植物体を支えられることがある。じつは、樹齢数百年以上のような大木では内部のほとんどの細胞が死に、空洞化しているものが多いらしいが、それでも木として存在できる。その背景には、植物が動物と違って体の構造がずっとシンプルであり、体全体の維持・統合や動く必要がないことがある。

要因②　老木でも木として生き続けるには充分な光合成が必要で、そのため多くの葉、養分を吸い上げ供給する根・導管などの維管束組織が必要である。木の葉の寿命は多くの場合1年前後であって、毎年のように新しくつくらなければならない。このような葉、維管束組織、根の維持・新生のために活発な細胞の分裂・増殖が必要であり、それが可能であることが木の長寿のもっとも重要な要因である。植物体には一般に、茎や枝の先端部に**茎頂分裂組織**、葉の付け根に**葉腋分裂組織**、根の先端に**根端分裂組織**と呼ばれる分裂組織があり、これらが成長に伴ってずっと維持される（図6－6）。根端分裂組織は根を、茎頂分裂組織は葉腋分裂組織を、葉腋分裂組織は茎・枝・花および新しい茎頂分裂組織をつくる。木では、葉腋分裂組織が新しい枝を次々に形成し、枝が数千にまで増える[167][33]。

要因③　葉腋分裂組織は花を咲かせ、実をつけることができるが、**樹齢数百年、数千年の樹木でもこのように生殖機能をもつことが動物との大きな違い**である。ほとんどの動物ではある程度老齢化すると生殖機能がなくなり、そのため寿命が遺伝的に決められている（プログラムされている）と考えられる。それに対して、種全体の保存・繁栄のために老木も役立つことが木の寿命が長い進化的理由と考えられている。

要因④　樹木が長寿になり得るためには、いろいろな分裂組織が重要な働きをするが、もし分裂組織の細胞の分裂回数が木の年齢に応じて指数的に増すと、多くの突然変異が生じて正常な遺伝的機能を失い、組織や花の形成も分裂組織としての機能も失うと予想される（遺伝的老化）。これについて発表された重要な論文[167]では、シロイヌナズナとトマトを用い、分裂組織中の幹細胞の除

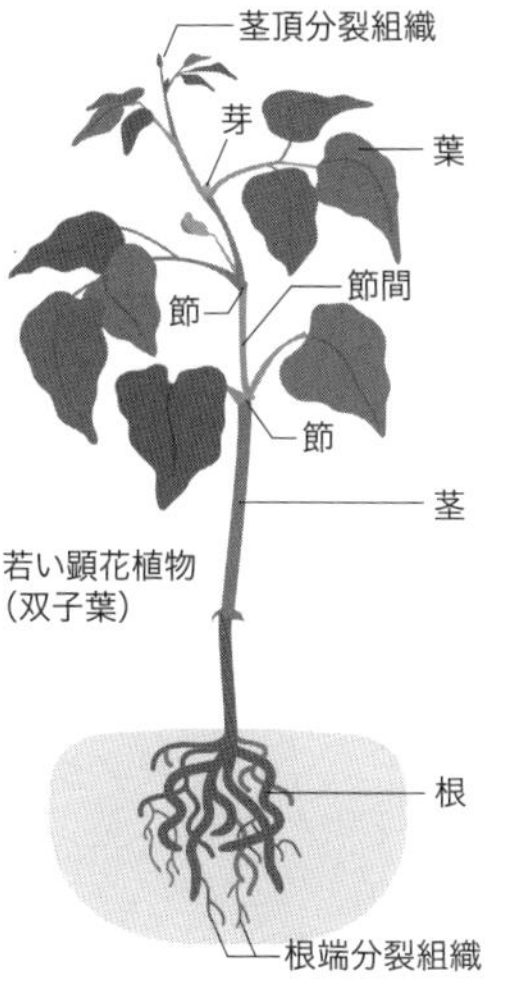

図6－6　植物体の模式的構造。葉腋分裂組織は各葉の付け根にあり、図の中には示していない。 出典166のp. 1404の図を基に作成。

去と細胞系譜の分析によって研究が行われた。その結果では、初期の茎頂分裂組織の中に生じる葉腋分裂組織の前駆細胞は分裂しない状態に置かれる。また、一つの茎が成長する間にほかの細胞が多数回分裂して指数的に増えるのに対して、葉腋分裂組織の前駆細胞は新しい茎頂分裂組織になるまでに7〜9回分裂するだけで、分裂回数が直線的増加にとどまることがわかった。この結果は草本であるシロイヌナズナやトマトで得られたものであるが、樹木にも当てはまると考えられた。そのため、たとえば樹木の新しい枝の形成がいっせいに10回起こり、枝が2^{10}（約1000本）に増えても葉腋分裂組織は数十回しか分裂しておらず、突然変異の蓄積が低く抑えられていた。この研究は、**樹木の長寿のもっとも重要な要因**を示していると思われる。

要因⑤　樹木が枯れる原因は、強風、積雪、病原菌の感染などの外部的要因がおもなものとされる。では、1年草が1年で枯れること、多年草の地上部が冬に枯れたり数年して全体が枯れたりすることの原因は何であろうか。冬の寒さが一つの要因であるのは確かであろうが、1年草、2年草、多年草の違いは基本的に遺伝子による、あるいはプログラムされていると考えざるを得ない。では、樹木の最長寿命も遺伝的プログラムによって決められているのであろうか？　これは非常に難しい問題で、いろいろな説があるが、まだわからないというべきであろう。草本の寿命を決めるメカニズムもまだほとんどわかっていない。草本と木本には本質的な違いがないとも言われるが、草本と木本の遺伝子には重要な違いがあることが現在では示されている（後述）。

要因⑥　樹木の寿命が、風による倒木などの外的要因によって大きく左右されるとすると、木の強度を決める要因の一つである木の**密度**、あるいは**比重**が寿命の重要な要因である可能性が考えられる。そこで、いろいろな木材の比重を調べてみた。材の比重は0・2くらいから1以上までさまざまであるが、スギ、アメリカスギ、トウヒなど寿命が長い針葉樹の比重はどれも比較的低く、平均寿命約50年のクリの比重が高いなど、寿命と材の比重はあまり関係がないと思われる。なお、高級家具の材料として使われる紫檀、黒檀は非常に比重が高い材料である（比重1前後）が、高級なタンスの材料として伝統的によく使われたキリ（桐）は0・2くらいと非常に比重が低いのが面白い(168)。

針葉樹の長寿の秘密

表2－1で示したように、トウヒ、イガゴヨウマツ、スギ、ヒノキなど、針葉樹には樹木の中でもとくに長寿のものが多い。その理由は二つあると考えられている。

第一は、木材に含まれる成分の一つである**リグニン**の種類の違いである。木材は、繊維質のセルロースを主成分とする細胞壁にリグニンが沈着することによって物理的強さが増してつくられる。リグニンは、九つの炭素原子を含む $C_6—C_3$（ヒドロキシフェニルプロパン）単位が多数重合してできる高分子で、複雑な物質である(92)。このリグニンには構造が異なるいくつかの分子種があり、裸子植物である針葉樹、双子葉被子植物、単子葉被子植物で異なる。これらリグニンはいろいろな腐朽菌によって分解されるが、針葉樹のリグニンを分解するものは比較的少なく、また針葉樹はリグニンの含量が多いため材が腐りにくい。

第二の理由は、針葉樹が松ヤニのような樹脂を分泌し、それによって木を食害する虫に対する抵抗性が高いからと考えられる。これに対して広葉樹で樹脂を出すものはほとんどないという(5)。

樹木の平均寿命と最長寿命

もし平均寿命が1000年の木があるとしたら、その最長寿命はどのくらいまで可能であろうか。前述したように、一般に半寿命の約70%（0・693倍）の期間が経過すると、生き残っているものの割合（生存率）が約50%となる。したがって、平均寿命が半寿命の約1・5倍とすると、半寿命が約700年となり、700年×70%、すなわち約500年後の生存率が2分の1になるので、木の生存率は500年×10＝5000年後に $(1/2)^{10}$＝0.00098（約1000分の1）となる。すなわち、5000年後でも、1000本に1本は生き残っていると考えられる。このような結果から、イガゴヨウマツの最長寿命約5000年は平均寿命1000年程度で十分可能であろう。確認された最長寿命が9000年あまりであるトウヒがもし群体でないとしても、平均寿命が1500年であれば十分あり得る。表6－2ではドイツトウヒの平均寿命が約350年となっているが、最長寿命9000年のスウェーデンのトウヒとは生存環境が異なるし、種も違うかもしれない。この議論は、少なくとも長寿の樹木については寿命が遺伝的にプログラムされておらず、外的な要因によってランダムに枯死することを前提とした議論であるが、おそらく正しいと思われる。寿命が遺伝的にプログラムされている動物には当てはまらない。

6・4　葉の寿命、たねの寿命

葉の寿命、たねの寿命はどちらも植物体全体の寿命とは違うものであるが、どの程度わかっているのだろうか？　私にとって意外なことに、どちらもかなりよく研究されている。葉の寿命については、たとえば樹木では樹木全体の寿命よりはるかに短いために研究しやすいし、一般に植物の光合成能力などの生理活性に重要な関係があり得るために研究が盛んだと思われる。たねの寿命については、その保存が農業上重要であることが研究の動機の一つであろう。

葉の寿命

葉の寿命はどのくらいだろうか。もっとも短いものは海草**ウミヒルモ**の４日、もっとも長いものは針葉樹の**アカマツ**の仲間（*Pinus aristata*）の15年、同 *P. longaeva* の45年という[169]。この最長／最短の比は１０００倍以上であり、種間の違いは大きい。植物のグループによる違いについての貴重なグラフを紹介しよう（図６－７）。各グループのデータの中央の太い横線は中央値（平均値に近い）を示す。中央値を含む四角の下辺は最小の値から数えて４分の１の、上辺は４分の３の位置を占める値（それぞれ第１四分位数、第３四分位数という）を示し、四角の中にデータ全体の２分の１が入る。四角の上下の水平線は最大または最小値から１％の位置となる値を示し、これらの間に全データの98％が入ることになる。

この図を見ると、葉の寿命の中央値がもっとも短いのは水草（約２カ月）、ついで**落葉性草本**（約２・５カ月）、**落葉性低木**（約３カ月）、**落葉性木本**（高木、約６カ月）、常緑性低木（約１・５年）の順で、**常緑性木本**（高木）と**常緑性草本**（約２年）がもっとも長い。このように、常緑性高木の葉の寿命は平均約２年になっているが、特定の樹木の葉の寿命ではトウヒ４～６年、モミ５～７年、イチイ6〜8年と記されている[1]。

このように、グループの平均では最長（2年）／最短（2カ月）の比は10倍あまりである。当然、落葉性の植物では葉の寿命は最長でも1年未満であるが、**常緑性植物では平均は2年前後**である。常緑性木本の中では、裸子植物（針葉樹）の葉の寿命が被子植物のものより長いが、常緑性木本で葉の寿命が1年未満のものもあるという。なお、この調査の対象となった植物の種の数は、常緑性

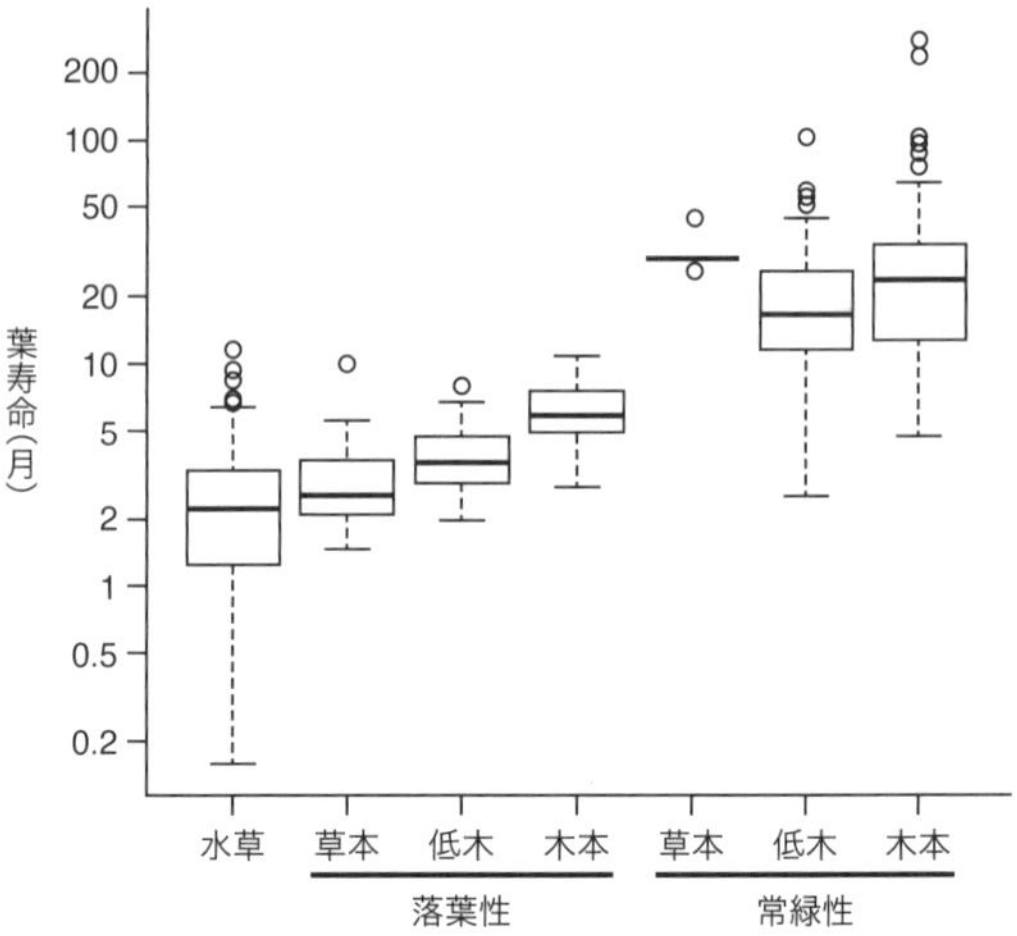

図 6－7　葉の寿命の植物グループによる違い。太い横線は各グループのデータの中央値を、四角の底辺、上辺は最小の値から 1/4、3/4 の位置の値（第 1 四分位数、第 3 四分位数）を示す。四角の上、下の横線は〔第 1 四分位数－ 1.5×（第 3 四分位数－第 1 四分位数）〕から〔第 3 四分位数＋1.5×（第 3 四分位数－第 1 四分位数）〕の範囲で最大、最小のデータを示す。また、白丸は四角の外の横線よりも大きいまたは小さいデータ（外れ値）を示す。グラフの説明は、及川真平氏からの情報による。日本人を含む 40 人ほどの連名で発表された包括的な総説[170]に用いられたデータベースに基づいて作成された、出典 169 の図 2 を基に作成。

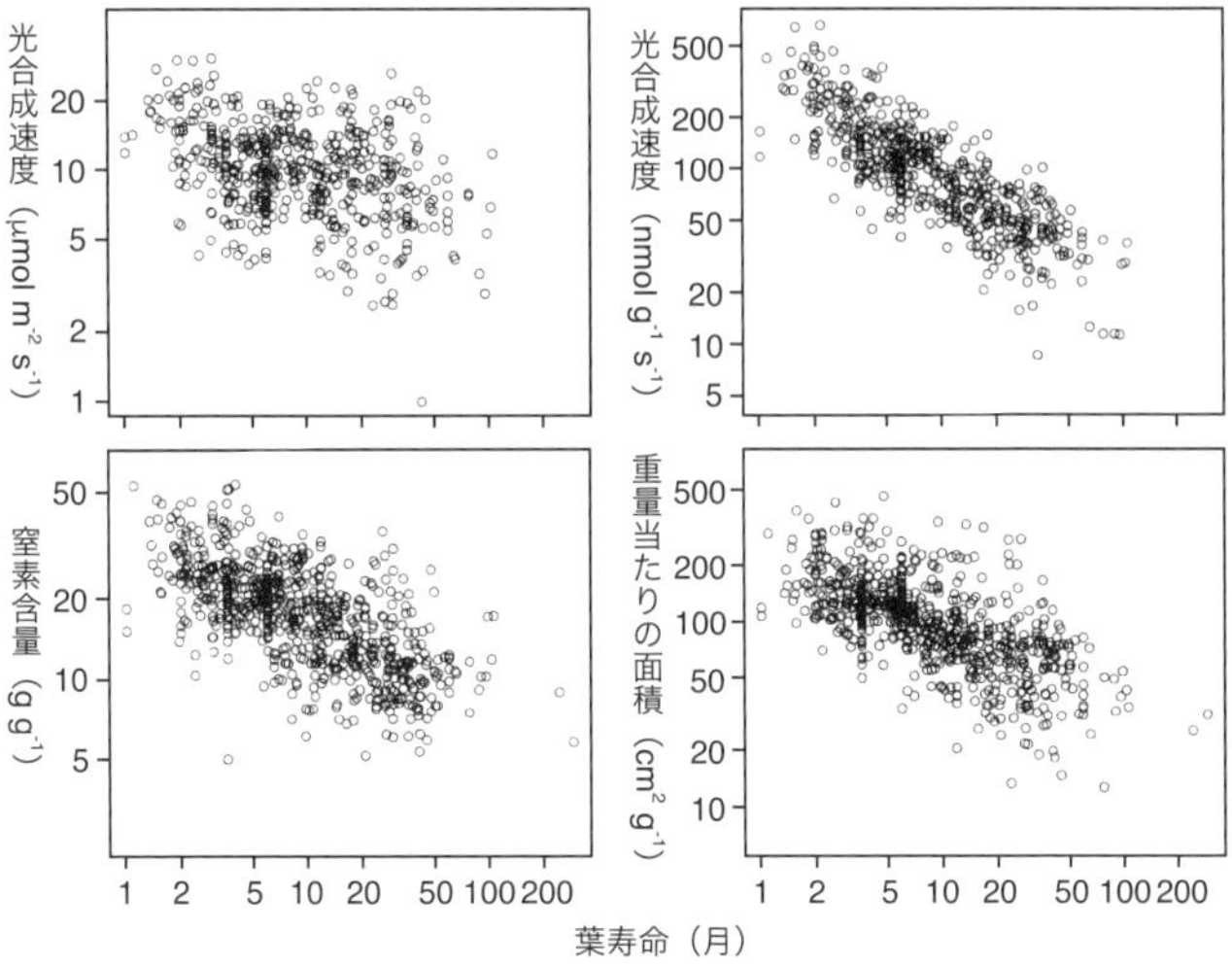

図６－８　各種植物の葉の寿命と葉の光合成能力、窒素含量、重量（1 g）当たりの面積の関係。図６－７と同じデータベースのいろいろな植物種について、葉の寿命とそれぞれの縦軸に示す数値を両対数プロットしたものである。出典169の図３を基に作成。

木本がもっとも多く２０３種、最小は常緑性草本の５種である。常緑性草本は少ないらしく、私が思いつくのはユキノシタぐらいしかない。

　葉の寿命の種間比較に関連して、葉の寿命が、常緑性・落葉性、草本・木本以外のどのような要素と関連が深いかが調べられている。そのおもな結果が図６－８である。この結果によると、葉の**窒素含量**、**光合成速度**、**重量当たりの面積**のどれについても、少ない種ほど葉の寿命が長い傾向があることがわかる。葉の窒素含量が少ないと光合成の能率が悪く、光合成総量がある一定の範囲に達するまで葉が枯れないようにしているのであろうか。この結果を説明する学説としても、植物個体全体の炭素の獲得が最大になるように葉の寿命が決められるというモデルがあるという。

では、常緑樹と落葉樹の違いはどうして生じるのだろうか。日本が位置する温帯では、冬は日光が弱く、気温が低いので光合成の効率が一般に低い。葉の加齢が進むとさらに光合成の効率が下がり、葉を維持するエネルギーを消費する価値がなくなるような樹木については、葉を落とし翌年新しい葉をつくるほうが経済的なので落葉すると考えられる。すなわち、樹木の光合成能力、耐寒性、気候の違いによって常緑か落葉かが決まると考えられる。

葉の寿命と個体全体の寿命の関係はありそうだが、わからない。植物の平均寿命の研究が困難なためであろうか。

環境による葉の寿命の違い

一つの植物種の葉の寿命が、置かれている**環境条件**によってどのように変わるかという問題についても多くの研究がなされている。『日本生態学会誌』に、多くの研究をまとめた結果がくわしく書かれている[171]。この総説では結果が、落葉草本、常緑草本、落葉木本、常緑木本の別に、また操作実験と野外調査の別にまとめられ、膨大な内容になっているが、ここではその要約を記そう。

①光の強さの影響：光が強いほど葉の寿命が短くなる傾向がほとんどの場合で強く見られた。

②栄養塩の濃度の影響：操作実験では貧栄養で葉の寿命が長くなる場合が多かったが、野外調査ではその傾向は見られなかった。

③土壌の湿度、大気中の二酸化炭素濃度、標高・緯度：四つの植物グループに共通して見られる傾向はなかった。しかし落葉草本では、土壌乾燥によって葉の寿命が長くなった。また、標高または緯度が高くなると、常緑木本では葉の寿命が長くなり、落葉木本では短くなった。
④常緑木本では葉の寿命が長い種ほど光の強さによる寿命の差が大きくなるが、落葉草本、落葉木本ではその傾向はなかった。

なお、この③の結果に関連して、日本の四国のヒノキの人工林について標高による葉の寿命の違いが調べられた報告がある。[172] この結果では、標高が低い地域（３２０〜３７０ｍ）では葉の寿命は平均４年、標高が高い地域（８５０〜９７０ｍ）では平均６年と、標高が高いほうが葉の寿命が長く、③の結果に合う具体例である（ヒノキは常緑木本）。この標高の違いから生じる葉の寿命のおもな要因は気温の違いであり、おそらく気温が低いほうがヒノキの葉の寿命が長いことを示している。

たね（種子）の寿命ランキング

たねの寿命については、まずいろいろな植物の最長記録を示そう（表６-３）。この表には、１００年を超えるものが四つあり、その一つは１０００年を超える。長いものは、教会などの建築年代が確かな建物の土台から発見されたことに基づいている。＊印があるものは発芽能力があったか否かが不明であり、６００年などという概数は明らかに正確ではない。また後述するように、たねの

表 6-3　植物のたね（種子）の最長寿命

植物種	最長寿命	植物種	最長寿命
クリ	9カ月	トウモロコシ	37年
トチノキ	15カ月	タバコ	39年
ブナ	2年	カラシナ	50年
ポプラ	2年	タンポポ	68年
クルミ	5年	アカツメクサ	100年
カボチャ	10年	バレイショ	200年
キャベツ	19年	ハス	250年
タマネギ	22年	シロツメクサ*	600年
ニンジン	31年	オオツメクサ*	1700年
コムギ	32年		

*は、発芽能力の保持についての情報がない。
出典1の表2.4.15から抜粋して作成。

寿命は保存状態あるいは条件によって大きく変わる。このような問題があるが、植物の種類により、たねの寿命が大きく違うらしいことがわかる。最短の1年未満（クリ）、最長の1700年（オオツメクサ）では、1000倍以上の違いがある。

この表にある植物は大部分が草本であり、木本はクリ、ブナ、ポプラ、クルミの4種のみで、どれもたねの寿命10年以下の短いものばかりであるのが面白い。農業上重要な作物ではコムギ32年、トウモロコシ37年、バレイショ（ジャガイモ）200年とある。どうもたねの寿命と植物体の寿命は関連しないらしい。あるいは、寿命が短い草本は、たねの寿命を長くすることによって種の保存や繁栄を図る戦略を進化的に選んだのかもしれない。

表6-3では、ハスのたねの最長寿命が250年となっているが、桁違いに長いことがわかっている。それは、大賀ハス（口絵㉕）と呼ばれるハスのたねで、2000年以上前のものが発芽し、

花が咲いたことが知られている。ウィキペディア[173]によると、大賀ハスの種は、現在の千葉県千葉市花見川区朝日ヶ丘町にあった当時の東京大学検見川《けみがわ》厚生農場の落合遺跡の地下6mの泥炭層で、1951年に発掘された3粒の中の一つである。植物学者であった大賀一郎がこの3粒のたねの発芽・育成を試み、二つは発芽しなかったが一つが発芽して育ち、翌1952年に大輪の花が咲いたという。このハスのたねが埋められた年代については、その上の地層から発掘された丸木船の破片の放射性炭素年代測定により、2000年以上前と推定された。このたねの発掘の経緯についてはウィキペディアにくわしく書かれている。また、大賀ハスは現在日本各地の20カ所ほどで栽培され、見ることができる[173]。

ハスのたねの長寿記録としては、中国で見つかった年齢1288±271年のものが発芽し育っているという報告もある。これは見つかった六つのたねの年齢の最長であり、最短は95年、平均595±380年という[174]。ハスは、双子葉植物スイレン目ハス科に属する落葉性水性植物で、ハス科植物は世界的に1属2種しかないユニークなものであるらしい[175]。ハスは多年草草本であるが、その植物体の寿命を私は知らない。あるいは群体をつくって長生きするかもしれない。なお、スイレン目スイレン科には、スイレン、オオオニバス、ジュンサイなどがある[33]。

保存条件などによるたねの寿命の変化

植物の最長寿命と平均寿命のように、たねの寿命についても平均的な寿命は記録的な最長寿命よりもずっと短い。保存条件については示されていないが、「種の寿命」というネット情報[176]では以下のようになっている。

短いもの（1年）：スイートコーン、タマネギ、ネギ
比較的短いもの（2年）：キャベツ、シソ、パセリ、ニンジン、ゴボウ、インゲン、エンドウ
3年程度：ナス、トマト、ピーマン、カリフラワー、ハクサイ、レタス、ダイコン、カボチャ、ホウレンソウ
比較的長いもの（4〜5年）：シュンギク、キュウリ、スイカ、ソラマメ

すべて農作物のものであるが、農業にとってたねの保存は重要な問題である。表6-3によると、たねの最長寿命はタマネギ22年、キャベツ19年、ニンジン31年、カボチャ10年であり、平均寿命はこれらの10分の1前後である。

たねの平均的な寿命は、**保存条件**によって大きく変わることが知られている。そのため、たねの保存条件の研究も行われている。次に挙げる例は、韓国で燃料などの利用目的で多く栽培されている *Populus davidiana* と *P. koreana*（ドロノキあるいはポプラ）のたねについてのものである。[177] *P. davidiana* のたねは、6%未満の水分含量では室温で4週間保存可能であったが、*P. koreana* のたねは室温保存ができなかった。*P. davidiana* のたねは、水分含量3%の場合、4℃では3年保存後の生存率が74%であり、水分含量9〜18%、マイナス18℃では4年後の生存率が89%を超えていた。この *P. davidiana* のたねの最善の保存温度はマイナス80℃であり、水分含量3〜24%、4年保存後

91〜98％が発芽するという。他方、*P. koreana* のたねでは、同じ3〜24％の水分含量において、マイナス18℃でもマイナス80℃でも3年後の発芽率は20％未満に低下した。この結果は、一般的にたねは、水分含量が低い状態と低温で保存するのが良いが、どのくらいの生存（発芽）率を保てるかは、近縁の植物であっても種類によって大きく異なることを示している。

たねの寿命を決める要因

では、たねの寿命（発芽能力を維持する期間）を決める要因は何であろうか？　その要因の第一は、**たねの熟成の過程**である。まず、**ダイズ（大豆）**の研究[178]を紹介しよう。大豆は重要な食料・飼料作物であり、２０１２年には世界中で年間2億４０００万トンが生産された[179]。大豆はそのものがたねであるが、たねの寿命が短いので、寿命を長くすることが必要とされるという。大豆は図6-9に示すように熟成する。図の下に書かれているのは熟成過程の各段階の番号であるが、もっとも若い段階（R７・１）は開花後約57日、もっとも熟成し、乾燥した段階（R９）は開花後約76日に相当する。各段階の大豆を空気中の湿度75％、35℃で保存したとき、発芽率が50％に減少する期間は25日から49日へと熟成段階があとのものほど長いことが示された。この研究ではさらに、たねの熟成期間中の遺伝子発現の変化がくわしく調べられた。その結果、熱ショックタンパク質、核および葉緑体の光合成などに関与する因子、ラフィノースなどのオリゴ糖の代謝に関連する因子の遺伝子の発現が、熟成過程の進行と関連することが見出された。また、27種類の転写調節因子の遺伝子の発現がたねの熟成と密接に関連していた。

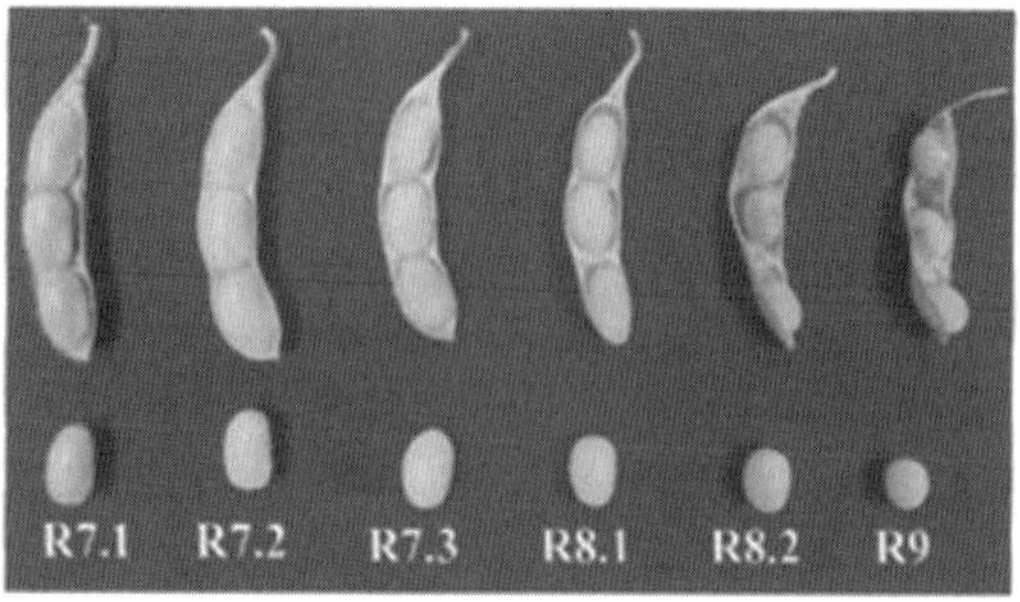

図 6－9　大豆の熟成過程。出典 178 の Fig. 1A より転載。

ここでもう一つ紹介するのは、**シロイヌナズナ**のたねの研究である。[180] この研究では、熟成したたねと、これを約50％の空中湿度、21℃で4年間保存したたねの発芽能力を調べている。野生型植物のたねでは、この4年間の保存で発芽能力は約60％に低下する。これをいろいろな遺伝子変異体について比較し、またそれらのもつタンパク質全体の発現パターンを調べている。その結果、**ビタミンE**などの酸化防止系、タンパク質の翻訳とエネルギー生産系の維持がたねの寿命に重要であることが示された。また、クルシフェリンなどの**たねの貯蔵タンパク質**の役割も見出された。これらの結果は、**酸化作用**がたねの劣化（寿命減少）を起こすこと、たねの貯蔵タンパク質がそれを防ぐことを再確認するものであるという。

6・5　植物の寿命を決める要因

アロメトリックスケーリング

微小な植物プランクトンから樹木まで、あらゆる種類の植物の種について、その重さ（質量）、死亡率、新生率の膨大なデータを集め、これらの間の数値的な関係を求めた貴重な研究がある。[158] このような研究はアロメトリックスケーリング（相対成長測定学）と呼ばれるが、植物の寿命を決める要因として重要なので紹介しよう。表6－4は、この研究が対象とした植物の各グループに含まれる種の数、質量・死亡率・半寿命の平均などを示すものである。種の総数は728であり、樹木が230ともっとも多い。マングローブは、『生物学辞典』[33]では「熱帯及び亜熱帯の海岸や河口の一部の、海水あるいは淡海水の潮間帯泥池に生える常緑低木または高木植物または植生の総称」と定義されているが、表中のマングローブの質量は30g前後と非常に小さいので、これが正しいとすると、草本だけを調べたことになる。じつは、単位がkgであるなど、元のデータの表示が間違いである可能性もある。

植物個体の重さ（質量）については、植物プランクトンが最小で、その平均はナノグラムの桁になっている。もっとも重いのは樹木であり、樹木全体の平均値が770kg、最大値は1万1000kg（11トン）である。1万1000kgはその種の平均値か最大値かわからないが、いずれにしても巨樹である。調べた全種類の重さには最大と最小で10^{21}という天文学的な違いがある。

死亡率の逆数として得られる**半寿命**（統計的に、含まれる個体の約3分の2が死ぬ期間）については、グループの平均の最小が植物プランクトンの2・6日、最大がシダ類の10・5年であり、樹木の9・4年より長いのが意外である。特定の樹木の半寿命の最大値は9900年であり、断トツに長い。この9900年は、前述したいろいろな事実から、種の平均的な半寿命ではなく、発見された最長寿命（トウヒ？）を指すのかもしれない。また、樹木の半寿命の最小値は190日であり、1年草と同じくらいであるが、このような木もあるらしい。これと比較して、陸上および沼沢の草

表 6-4　Marba らの 2007 年の論文で調べられた各種植物の種類、質量、死亡率および半寿命

植物のグループ	調べた種の最大数	各個体の質量の平均、標準誤差、および範囲（乾燥重量〔g〕）	1 日当たりの死亡率の平均、標準誤差、および範囲	半寿命の平均、および範囲
植物プランクトン	48	$3.5 \pm 2.4 \times 10^{-9}$ (3.4×10^{-15}～8.3×10^{-8})	$39 \pm 7.0 \times 10^{-2}$ (1.2×10^{-3}～2.5)	2.6 日 (0.4～830 日)
大型藻類	37	$7.2 \pm 4.6 \times 10$ (7.3×10^{-4}～1.5×10^{3})	$7.6 \pm 1.8 \times 10^{-3}$ (2.2×10^{-4}～5.8×10^{-2})	131 日 (17～450 日)
コケ類	7	$2.1 \pm 0.26 \times 10^{-2}$ (1.6～3.3×10^{-2})	$1.8 \pm 0.27 \times 10^{-3}$ (6.7×10^{-4}～2.8×10^{-3})	560 日＝1.5 年 (360～1,500 日＝4.1 年)
シダ類	3		$2.6 \pm 1.0 \times 10^{-4}$ (1.3～4.6×10^{-4})	3800 日＝10.5 年 (2200～7700 日＝21 年)
海草	151	$3.1 \pm 0.37 \times 10^{-1}$ (7.0×10^{-3}～2.5)	$2.5 \pm 0.35 \times 10^{-3}$ (5.6×10^{-5}～4.1×10^{-2})	400 日＝1.1 年 (24～18,000 日＝49 年)
陸上および沼沢の草本	190	4.9 ± 2.4 (1.8×10^{-2}～1.2×10^{2})	$5.8 \pm 1.5 \times 10^{-3}$ (1.4×10^{-5}～2.2×10^{-1})	170 日 (4.5～71,000 日＝190 年)
多汁植物	12	$2.9 \pm 1.4 \times 10^{3}$ (4.4×10^{2}～6.1×10^{3})	$8.9 \pm 2.2 \times 10^{-3}$ (2.6×10^{-5}～2.0×10^{-2})	110 日 (50～3800 日＝10 年)
低木とつる性植物	20	$5.9 \pm 3.2 \times 10$ (4.5～1.8×10^{2})	$1.1 \pm 0.6 \times 10^{-2}$ (1.1×10^{-4}～1.2×10^{-1})	91 日 (8.3～9100 日＝250 年)
マングローブ	30	$2.8 \pm 1.3 \times 10$ (6.4×10^{-1}～3.2×10^{2})	$3.5 \pm 0.94 \times 10^{-3}$ (2.4×10^{-5}～2.3×10^{-2})	290 日 (43～42,000 日＝114 年)
樹木	230	$7.7 \pm 1.2 \times 10^{5}$、平均 770 kg (11 g ～$11 \times 10^{6}$ g＝11,000 kg)	$2.9 \pm 0.53 \times 10^{-4}$ (2.8×10^{-7}～5.2×10^{-3})	3400 日＝9.4 年 (190 日～3.6×10^{6} 日＝9900 年)
総計	728	$23 \pm 42 \times 10^{4}$ (3.4×10^{-15}～11×10^{6})	$2.9 \pm 0.58 \times 10^{-2}$ (2.8×10^{-7}～2.5)	340 日 (0.4 日～3.6×10^{6} 日＝9900 年)

出典 158 の Table 1 より抜粋。半寿命は、死亡率の逆数として筆者が計算した。

本の半寿命の最大値は190年でずっと長い。これは、最長寿命約300年の種（*Borderea pyrenaica*）かもしれない。このように表6－4はいろいろなことを教えてくれる。

図6－10はこれらの中で必要なデータがある計392種について、植物の質量を横軸に、左側の縦軸に1日当たりの死亡率を、右側の縦軸に死亡率の逆数の半寿命を、それぞれ対数でプロットしたグラフである。このグラフから、ここで調べた植物界全体について、**半寿命は質量が小さいほど短く、大きいほど長い**という相関関係にある、より正確には半寿命は質量の約4分の1乗の関数であるという結論が得られた（この結果を表す直線の傾きは95%信頼限界がマイナス0・21からマイナス0・23、相関係数rの2乗は0・77）。これはこの論文が示す重要な結果である。しかし、樹木だけを見ると、多くの種のデータが集中する質量10^5～10^6 g（100～1000kg）の範囲の樹木では半寿命が10年～数千年と大きく変化しており、樹木についてはあまり当てはまらないように思われる。

次に図6－11は、計89種の植物について、横軸に新しい個体が誕生する確率（新生率）を、縦軸に死亡率をプロットした両対数グラフである。両方の数値が良い正の相関関係にあることが見て取れる（直線の傾斜の95%信頼限界＝0・78～0・87、r^2＝0・84）。単細胞の光合成生物（植物プランクトン）を除くと、傾斜は0・88～1・01とさらに1に近く、多細胞の植物については死亡率が新生率よりわずかに小さく、各種の植物がわずかに増加するように設定されていることを示している。

私は、この論文が引用している文献をできるだけ調べ、根拠としている各植物種の具体的なデー

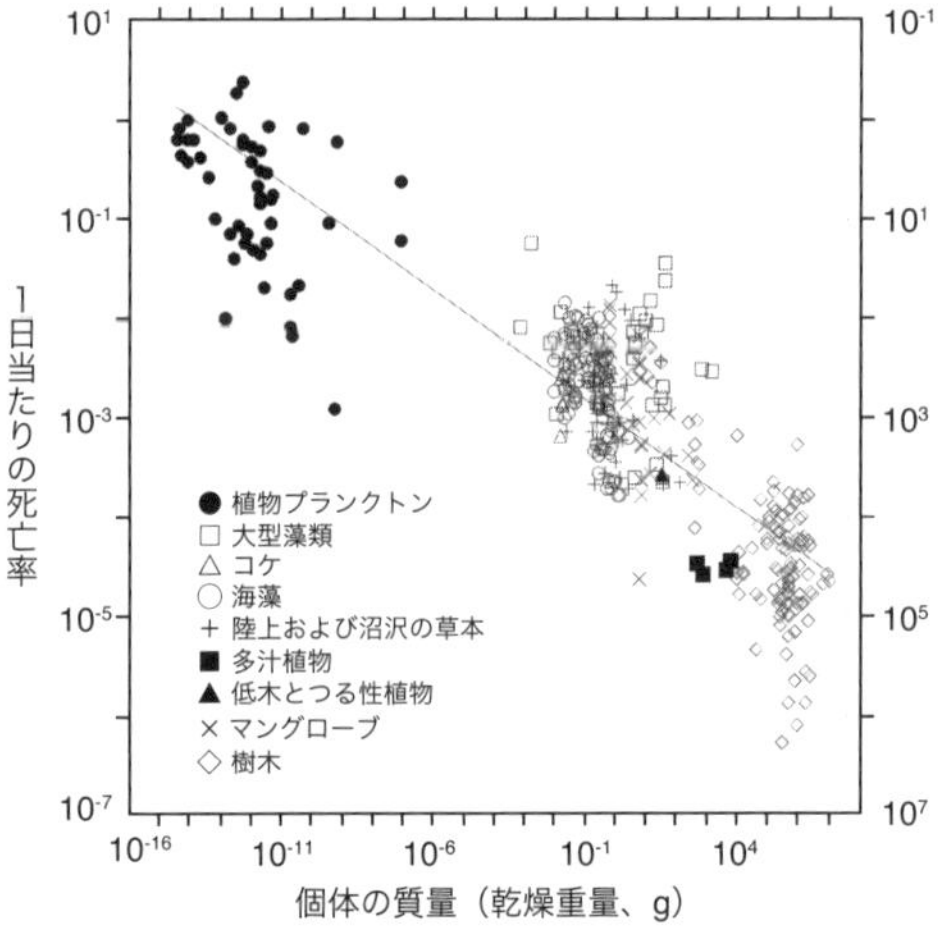

図 6－10　392 種の植物について、個体の質量と 1 日当たりの死亡率（左側縦軸）、半寿命（右側縦軸）との関係を示す両対数グラフ。出典 158 の Fig. 1 を基に作成。

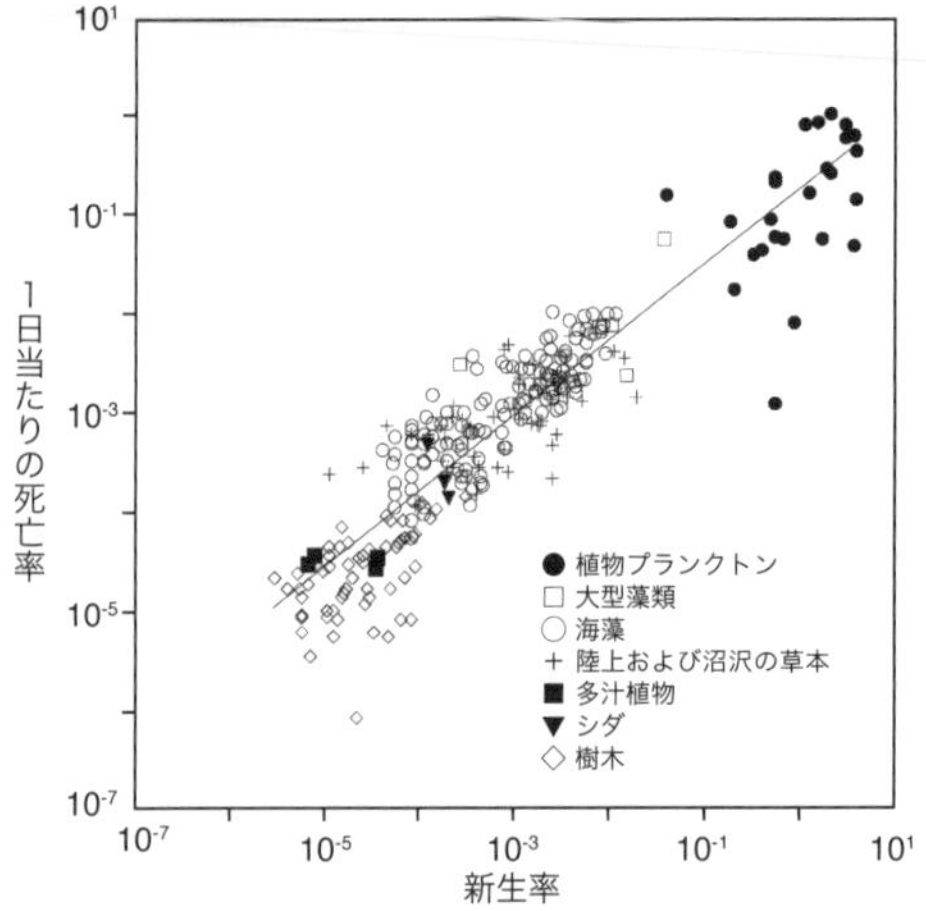

図 6－11　89 種の植物について、個体の新生率と死亡率の関係を示す両対数グラフ。出典 158 の Fig. 3 を基に作成。

タを探したが、簡単に見られるものが少なく、ほとんど不可能であった（表6－2に見つけた文献のデータを示している）。したがってこの論文が根拠とするデータがどの程度確かか私にはよくわからないが、おそらくおもな解析結果や結論は正しいであろう。

シロイヌナズナでの寿命を調節する遺伝子、分子の研究

シロイヌナズナは第2章でも紹介した1年草であり、植物の遺伝学や分子生物学の研究にもっともよく使われている材料である。そのため、植物全体としてはあまり進んでいない寿命の遺伝子・分子レベルの研究も行われている。寿命に直接関係する研究はまだ少ないが、見つかった最近の研究を二つ紹介しよう。

一つ目は、ある**遺伝子の過剰発現**によって、**葉や植物体の寿命が延長する**ことを示すものである[181]。この遺伝子はCBF－2と呼ばれ、植物の霜に対する耐性を高めることがよく知られていた。この研究では、CBF－2遺伝子を本来もっている野生型のシロイヌナズナに別のCBF－2遺伝子を導入し、ともに発現させることで、この遺伝子を過剰発現する株を作成した。このCBF－2過剰発現株では、植物体の発育が遅れ、たとえばたねまき後最初の開花までの期間が、野生株の29±2日から36±3日へと平均7日間遅れる。また、発育初期に地表近くにバラの花びらのように広がって出るロゼット葉も野生株のものより小型であるが、数がやや多い。そして、このロゼット葉の寿命が野生型の平均33日から47日へとかなり長くなる。また図6－12の生存曲線が示すように、植物体全体の寿命（この場合種まきから半数が死ぬまでの期間）が野生株の約34日から過剰発現株での

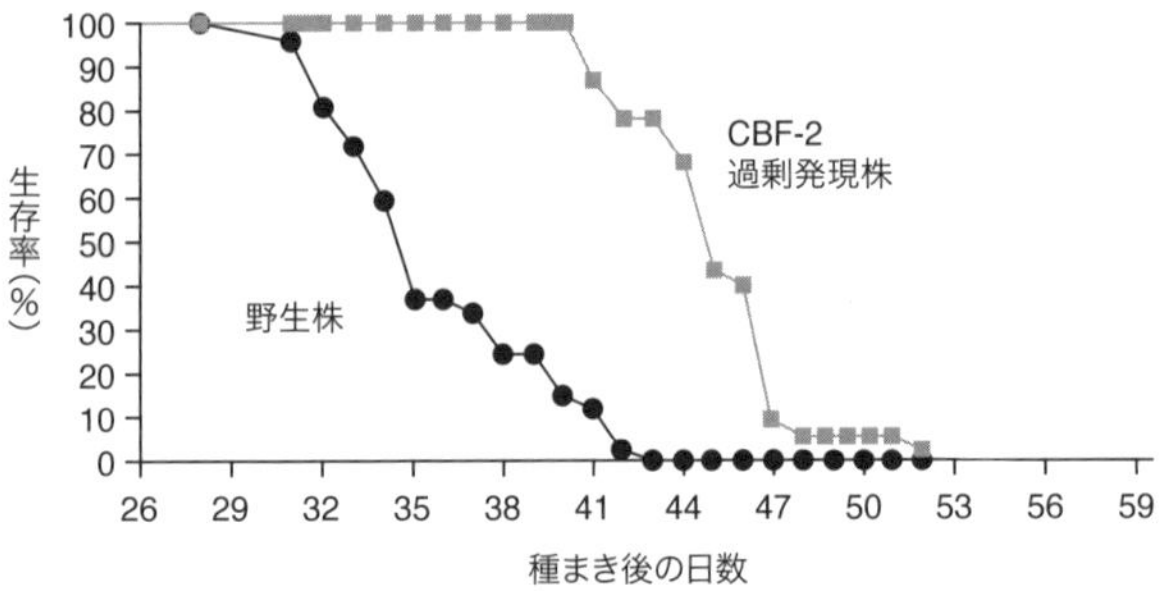

図 6－12　シロイヌナズナの野生株と CBF-2 遺伝子の過剰発現株の生存曲線。 出典 181 の Fig. 4 の一部を基に作成。

45日へと30％あまり長くなった。

ＣＢＦ－２遺伝子は、ほかのいろいろな遺伝子の発現（遺伝子からのメッセンジャーＲＮＡの転写）を調節する**転写調節因子**であることが知られていた。この遺伝子の過剰発現の効果を具体的に調べるために、たねまき後40日の両方の株の葉からＲＮＡを抽出した。それらと、シロイヌナズナの２万４０００種類の遺伝子のＤＮＡのそれぞれとハイブリッド形成を行い、これら遺伝子の**メッセンジャーRNA**を定量することにより、各遺伝子の発現の程度を調べた。その結果、２８６種類の葉の遺伝子の発現が有意に変化していた。発現量が変化した遺伝子には、30種類の**ストレス関連遺伝子**、20種類の**タンパク質の代謝・分解・修飾などの遺伝子**が含まれていた。このような結果により、ＣＢＦ－２遺伝子は、以前に知られていた霜に対する耐性以外にも、ほかの転写調節因子やタンパク質修飾因子の遺伝子の転写を調節して、発生過程に影響すると考えられる。寿命延長効果は、このようないろいろな作用の一つの結果である。また寿命の延長は、ほかの例もあるように、成長が遅くなることと関係があるかもしれない。

二つ目の研究は、植物の成長にとって重要な**光の強さ**を減らすと、植物体の寿命が長くなることを示すものである。[182] いろいろな動物においてカロリー制限が寿命を延ばすことが知られているが、この研究は植物でも同様な現象があるかを調べることを目的として行われた。植物でのカロリー制限の方法として、光合成に必要な光を弱くすることを利用したのがこの研究のユニークさであろう。図6－13がもっとも重要な結果であるが、野生型のシロイヌナズナの栽培において、用いる光の強さを通常よりも3分の2に弱くしたときの生存曲線の変化である。数値としては、根が出始めてからの平均寿命が59・7日から74・8日へと約25％長くなっている。

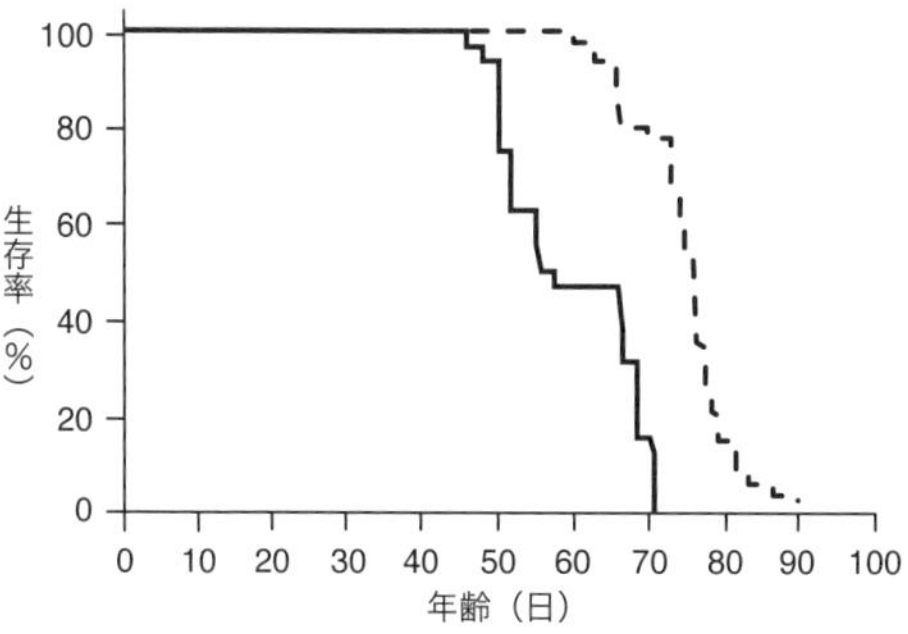

図6－13　当てる光の強さの減弱による、野生型シロイヌナズナの寿命の延長。実線は正常な強さの光（150 µE/m² sec）、点線は弱い光（100 µE/m² sec）を当てた場合を示す。 出典182のFig. 1（B）を基に作成。

この研究では次いで、寿命の延長と自食作用（オートファジー）との関係も調べている。**自食作用**あるいは自己消化とは、「細胞が自己の細胞質の一部（ミトコンドリアや小胞体など）を取り囲む液胞を形成し、これをリソゾームから供給される加水分解酵素によって消化すること」であり、**飢餓**などによって誘導されると定義されている。[33] 動物や酵母において、カロリー制限による寿命の延長にこの自食作用の活性化が関与していることが報告されたため、シロイヌナズナでも調べられた。その結果、やはり光を弱くすることによって自食作用が活性化された。さらに、自食作用に必要な遺伝子*atg5*、*atg6*の変異体で光を弱くする実験を行ったところ、寿命の延長がほとんど起こらなかった。これらの結果は、植物においてもカロリー制限に相当する条件では自食作用が活性化され、その結果の一つとして寿命が延長すると考えられる。

植物の寿命を決める要因

ここで、植物の寿命の要因をまとめておこう。植物自体がもつものと環境要因とに大きく分けられるが、相互に関連する。

◆植物自体がもつ要因

①**植物のグループ**：私には、草本・木本の別、草本であれば1年草・多年草の別、木本であれば裸子植物（針葉樹）・被子植物（広葉樹）の別がもっとも重要と思われる。前述のとおり、木本（樹木）の長寿の理由は複雑であり、さらに以下に記す要因も含まれる。なかでも針葉樹がとくに長寿である理由は、含まれるリグニンの種類と量、および樹脂が分泌されることであった。植物の大きなグループの寿命の違い、その中での種による寿命の違いは、基本的にその遺伝子、あるいは進化の方向性によると考えられる。

②**大きさ**：第2に重要なのは、植物体の大きさあるいは質量であろう。これは、広い意味での植物界全体に当てはまる法則と思われるが、対応は正確ではなく、とくに樹木についてはあまり当て

はまらない。また、動物についても同様な対応関係がある。哺乳動物についての説明は、大型の生物ほど体表面積／体重の比が小さく、エネルギー損失が低いためとされるが、植物でも同じ理由であろうか。また、大きさを決めるのも基本的には遺伝子であろう。

③成長速度：第3は、成長速度が寿命と関連する可能性である。これは、木本の中で、針葉樹（裸子植物）に長寿のものが多く、しかも広葉樹（大部分被子植物）と比較して、より寒い地域に多いことから考えられる。成育温度が低いほど成長が遅いからである。また、特定の樹木の個体間での成長速度の違いと寿命の関係で、このことを示す例が知られている。

一つは、アカマツ（*Pinus montana*）の研究である[183]。スイスの国立公園の中の高山にある20０本の枯れたアカマツの木の年輪を調べ、木が死んだときの寿命と幹の直径の年間の成長速度との関係を明らかにした。その結果、最初の50年間の成長速度が遅いほうが木の寿命が長いことがわかった（図6－14）。しかし、最初の50年間の成長速度が遅いと、木が小さいうちに枯れる可能性もあるという。

もう一つは、アメリカでのポプラ（*Populus tremuloides*）の研究である[184]。アメリカ北西部では近年、ポプラの森の立ち枯れが広がっており、その原因を明らかにするため、アリゾナ州北部においてポプラの木の成長パターンと死亡率の関係を調べた。その結果、少なくとも最近100年間について、生存樹木は枯れた樹木よりも平均成長速度が常に速かったという。これはアカマツの例と逆の結果であり、どちらもあることがわかる。針葉樹に長寿のものが多いこと、動物でも成長が遅いものに寿命が長い例が多いことを考えると、成長が遅いほうが長寿になるのがより一

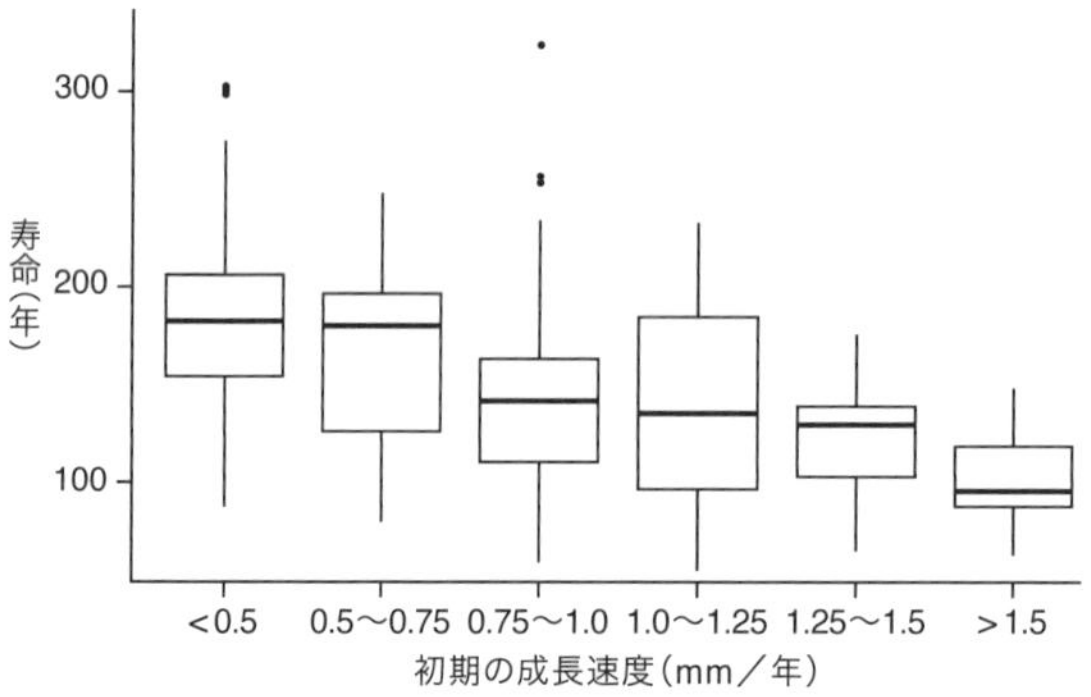

図6－14　アカマツの初期の成長速度と木の寿命との関係。太い横線は中央値、四角の底辺、上辺は最小の値から1/4、3/4の位置の値と思われる。出典183のFig. 2（b）を基に作成。

般的であろうと推測される。

④**器官の寿命**：植物のある器官の寿命が植物全体の寿命を決める重要な要因である可能性がある。一年草については葉の寿命が、多年草については根の寿命が植物の寿命と密接に関連しているという[185]。

⑤**休眠**：6・1節で、比較的に短寿命の草本であるクモランに休眠する年があることを記した。この休眠現象は植物一般にときどき見られ、これが植物の寿命を長くする可能性がある。これとは違うが、植物のたね（種子）が非常に長寿命であり得るのも、一種の休眠と考えられる。

⑥**遺伝子・分子レベルの要因**：シロイヌナズナでは、転写調節因子CBF－2が寿命の調節に関与する。このCBF－2の働きに関連する因子は多数あるが、それらの中に寿命の調節に関連するものもいくつかあるであろう。

木本と草本の違いは寿命にとって非常に重要であるが、両者のゲノムの比較によって、木本に特異的と考えられる遺伝子が多数推定されている。ポプラ（*Populus trichocarpa*）は、樹木として最初にゲノムが解読され[186]、植物として初めて解読されたシロイヌナズナのゲノム[187]と比較された。その結果は、以下の四つに要約される。

1. 形成層の存在とそれによる木部の形成が樹木を草本と区別する基本的な特徴であるが、この木部の形成に関与するセルロース合成に関連する遺伝子がポプラでは93存在し、シロイヌナズナの78より多かった。ポプラのこれらの遺伝子の中の三つは、木部の形成のときに同時に発現しており、ほかの一つの遺伝子はシロイヌナズナにない、ユニークなものであった。また、ほかのいくつかの遺伝子は、シロイヌナズナでは1コピーずつ存在するのに対して、ポプラでは2コピーずつ見つかった。セルロースについで細胞壁に多いリグニンについても、合成に関与する遺伝子がポプラでは34存在し、シロイヌナズナの18よりずっと多い。

2. フェニル化された（ベンゼン環が結合した）グリコシド、タンニン、フラボノイド、テルペノイドなどの二次代謝産物の合成に関与する遺伝子が、ポプラには多数存在する。前の二つは葉、樹皮、根に非常に多い成分であり、またこれら多くの二次代謝産物は樹木の成長や害虫、微生物との相互作用に役立つと考えられる。

3. 植物には一般に多くの病気に抵抗するための遺伝子が存在する。その最大のグループは、ヌクレオチドの結合部位とロイシンの多い反復配列をもつNBS - Rファミリーと呼ばれるタンパク質の遺伝子であるが、ポプラにはこれらの遺伝子が399も存在し、シロイヌナズナの約2倍である。樹木が長く生きるために、これらの病気抵抗性遺伝子が重要と思われる。

4．樹木は植物体が大きいので、炭素・窒素を含む栄養素の根から葉や枝への供給、毎年あるいは季節ごとの代謝産物の植物体内での移動が重要と考えられる。この必要性を反映して、ポプラには、じつに1722の**輸送タンパク質**の遺伝子が存在し、シロイヌナズナの約2倍である。

このように、**樹木には、樹木特異的な遺伝子・分子が非常に多く、それらが樹木が長寿であることにも重要な関連があると**考えられる。今後、比較的に寿命の長い多年草のゲノムが解析されれば、一年草であるシロイヌナズナと比較して一年草と多年草の寿命の違いの原因が推定できる可能性がある。また、植物ではまだ寿命の分子レベルの研究が具体的にはあまり進んでいないが、今後研究が盛んになると予想される。

◆環境要因

植物が成育する場所の、広い意味での環境条件は、全体として非常に重要な要因である。環境は、一つの植物種の個々の個体の寿命とともに、どのような種類あるいは寿命の植物がその土地に育つかにも大きく影響する。広い意味での環境条件には、土壌の栄養状態、土の水分含量、気温、当たる光の強さや受ける光量、風の強さ、大気の湿度、周囲の植物相、植物を食べる害虫や動物、その地域に存在する病原体の種類や密度など、多様な要素が含まれる。**土壌の栄養と水分、気温、光の三つ**がとくに重要であろう。これら三つはどれも植物の成長速度、大きさおよび強さに大きく影響し、それによって寿命に影響する。光の強さを弱めると、シロイヌナズナの寿命が延長するという例も記した。

第7章　生物の寿命決定メカニズム

7・1　生と死のパターンから生物全体を眺める

さまざまな生物の生存曲線

多様な生物について、**生存曲線**を比較するというユニークで大規模な研究が発表されており、寿命の考察にとっても興味あることなので紹介しよう。この論文[188]には、ヒトを含む11種の哺乳動物、12種のその他の脊椎動物、10種の無脊椎動物、13種の植物、計46種類の生物について生存曲線の図（グラフ）が示されている（ヒトについては3種類の集団の図が含まれ、計48の図がある）。その中の13種類を抜粋して図7－1に示す（できるだけ多様なものおよび読者になじみの深いものを選んだ）。生存曲線（太線）だけでなく、それを決める重要な要素である**死亡率**の年齢による変化を示す曲線（点線）、および**生殖力**の年齢による変化を示す曲線（細線）も一緒に示され、それらの間の関係を見ることができる。図の横軸はその生物の年齢を年、月または日を単位として示すが、その起点（左端）は成体になる時点、終点（右端）は、生存率が5％（95％死亡）の時点である。死亡率

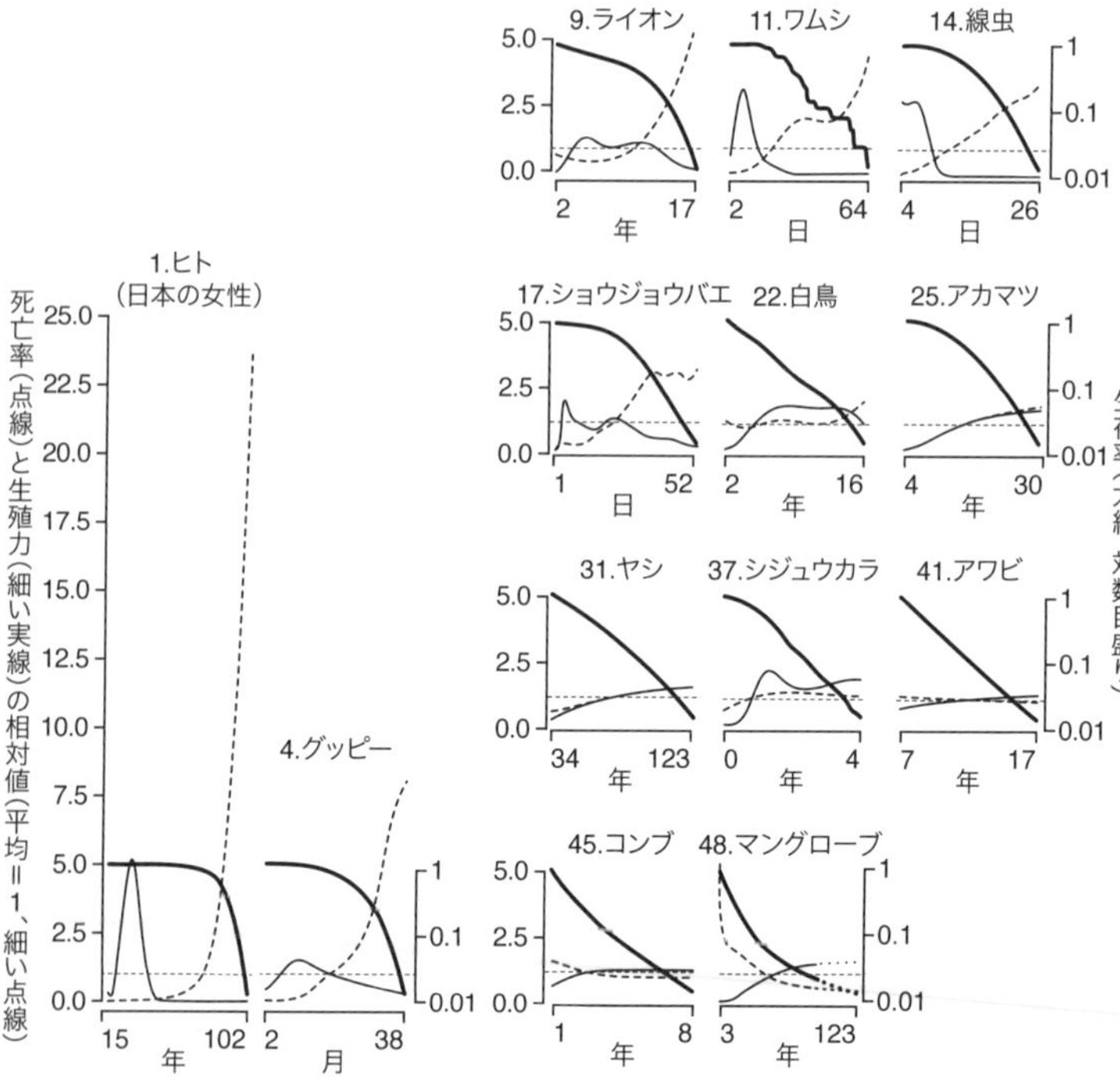

図7－1　各種生物の生存率（太線）、死亡率（点線）、生殖力（細線）の年齢による変化を示すグラフ。横軸の年齢は、左端の開始点が成体になる時点、右端の終点が生存率5％の時点。生物の前の番号は、元の図中のグラフの順番を示す。出典188のFigure 1から抜粋して作成。

と生殖力は、いずれも成体の平均値（水平の細い点線で示す）を1とした相対値で表され、左側の縦軸にその目盛り（0・0～25・0または0・0～5・0）がある。生存曲線は、年齢の起点から終点まで、右下がりの太線で示され、生存率の数値はグラフの右側に0・01～1の対数目盛りで示されている。

図7－1の元の図では、適切なデータがある生物の中から、できるだけ多様なものが選ばれている。各グラフはその生物の生存曲線の形の順序に並べられており、ヒトのような上への凸が大きいものから、凸が小さいもの、ほぼ直線のもの、下に凸のものへと順序づけられ、図7－1でもその順に従った。このグラフを眺めるといろいろな意味で興味深いが、結果の要点を以下のようにまとめることができるだろう。

調べた生物の大半（46種中27種）では死亡率を示す曲線（点線）が右上がりで、死亡率が年齢とともに増加するが、全体の約4分の1（46種中11種）――図7－1では白鳥とアワビ――では全体的に曲線がほぼ水平、死亡率一定であり、46種中7種――図7－1ではコンブとマングローブ――では曲線は右下がりで、死亡率が年齢とともに減少している。このように、死亡率が年齢とともに減少するもの、ほぼ一定のものがあることが意外で、もっとも重要な発見と思われる。

ヒトの死亡率の具体的数値については、世界的平均寿命72年の3分の2の48年が半寿命であり、その逆数約0・02／年が生涯の平均と考えられる。若いときには低く0・01／年未満、高齢者では急激に高くなり、100歳では約0・5／年となる。

生存曲線を読み解く

生存曲線の型（タイプ）は、基本的に死亡率の曲線によって決められている。第6章で説明したとおり、死亡率の逆数が半寿命であるので、このことは当然である。生存曲線の型は、上に凸のものをI型、ほぼ直線のものをII型、下に凸のものをIII型と呼ぶが、I型がもっとも多い。

死亡率の変化のパターンあるいは生存曲線の型と生物の大きな分類との関係は複雑であるが、各グループにある程度傾向が見られる。哺乳動物、そのほかの脊椎動物の大部分は死亡率が右肩上がりで生存曲線I型である。植物は三つのタイプのどれもあるが、死亡率が年齢とともに増加するものでも増加が緩やかであり、死亡率の減少または生存曲線III型のものの割合がもっとも多く、特徴的である。

図7－1の横軸右端に示す、生存率が5％になる年齢は、最短が線虫の26日、最長がヤシとマングローブの123年で、最長は最短の1700倍あまりとなる。元の図では最短は同じだが、最長はヒドラの1400年で、最長／最短の比は約2万である。寿命は死亡率の絶対値で決まり、図7－1のような死亡率の相対値のパターンとは関係しない。

生殖は生物の種の保存・繁栄に必須の生命活動である。そして、生殖に多くのエネルギーを振り向けるとその個体の維持のためのエネルギーが減り、死亡率が高くなり寿命が短くなる可能性があるという点で、死亡率曲線や寿命に関係があり得る。しかし、それは死亡率の変化を通じてであり、示されている死亡率の年齢変化には生殖の影響も含まれているはずである。そして元のすべてのグラフを見ても、生殖力が高いときに死亡率も上昇するという傾向はほとんど見られず、生殖力の死亡率に対する影響は一般に少ないと考えられる。生殖力の年齢による変化のパターンにもさまざまなものがあり面白い。ヒトについては、寿命が延びているためもあって、比較的若い年代にしか生殖力がないパターンが示されているが、多くの哺乳動物、脊椎動物では生涯の中の長い期間に生殖力があるパターンとなっている（ライオン、白鳥、シジュウカラ）。また、植物では高齢になるにつれて生殖力が高まるもの（アカマツ、ヤシ）、ほぼ一定のもの（コンブ）があり、年齢とともに減少する例が元の図にも見られないのが非常に特徴的である。これは植物の特性であろう。

ヒトでは高齢での死亡率の増加がもっとも著しいが、寿命は非常に長い。これは、衛生状態などの社会の発展による中年までの死亡率の絶対値の低さや、平均寿命の延びと関係するであろう。なお、このヒトのデータは２００９年の日本の女性のものと記されており、当時日本女性が長寿世界一であったからと思われる。ただし、５％生存年齢１０２歳は間違いであろうか。

この研究は、生物界全体を生死のパターンで眺め、比較するという初の試みと思われ、興味深く、価値が高い内容である。なお、この論文のタイトルは「生物の系統樹全体についての老化の多様性」である。老化の指標として示され、議論されているのは死亡率のみであり、老化の中身についてはまったく触れられていないが、それはまた別の興味あるテーマである。

7・2　動物・植物に共通する寿命決定の要因：遺伝子と体の大きさ

遺伝子

動物・植物に共通する、寿命決定の一般的要因として考えられるのは**遺伝子**と**環境**である。環境は特定の生物種の平均寿命や個々の生物体の寿命には大きな影響があるが、その生物種の最長寿命とはあまり関係ないと考えられ、最長寿命を決める要因としては遺伝子が残る。遺伝子が寿命を決める重要な要因であることは、線虫での寿命遺伝子の発見・研究に始まり、ショウジョウバエ、マウスなどで寿命に関連する遺伝子の研究が発展して明らかになってきた。ヒトについてもそれらの遺伝子と類似の遺伝子があり、人の寿命も多くの遺伝子に支配されていることは間違いない。

寿命の遺伝子による支配を示すもっともわかりやすい例は、**遺伝的早老症**と言われる遺伝病であろう。遺伝的早老症は、生まれつきもっている遺伝子の変異によりいろいろな老化の症状が若いときから現れ、寿命も短くなる遺伝病であり、二つの例がよく知られている。一つは**ヴェルナー症候群**（日本語ではウェルナー症候群とも書かれる）で、常染色体劣性の遺伝病である。すなわち、両親ともに病気ではないが、ともに両染色体上にある原因遺伝子の一方に変異をもっていると、その両親から生まれる子どもの平均4人に1人が両染色体上にともにその変異をもち、この病気を発症する。若いときから白髪、動脈硬化、骨粗鬆《しょう》症、糖尿病などの症状を示し、腫瘍（がん）にかかる頻度も高く、大多数が50歳までに死亡するという。この病気は100年以上前に報告されていたが、原因遺伝子*WRN*がDNAヘリカーゼと呼ばれる、通常二本鎖がからまりあったらせん構造である遺伝子DNAを、1本鎖にほどく酵素をつくる機能をもつことが1994年に発見された。したがって、ヴェルナー症候群の患者は遺伝子DNAの正常な機能や複製ができないためにさまざまな老化症状を呈し、早死にすると推定されるが、発症の具体的なメカニズムはまだ不明とされている。また、この病気の推定患者数は世界で約2000人であり、その6割以上が日本人であるという[91][189]。

遺伝的早老症のもう一つの例として、**ハッチンソン・ギルフォード症候群**（別名プロジェリア）がある。この病気の患者は、小児期に成長が停止し、身長110cm、体重15kgくらいにしかならず、また動脈硬化が現れ、平均寿命13年という悲惨で驚くべき病気である。図7-2は患者の一人である。この病気もヴェルナー症候群と同じく常染色体劣性の遺伝病であり、その原因遺伝子は1番染色体上の**ラミンA**遺伝子であることが2003年に同定された。ラミンAは細胞核の膜（核膜）の成分の一つであり、その遺伝子の異常により核膜が異常になり、核の機能が正常に働かないために非常に早く老化が起こると考えられる。発症の確率は幼児800万人に1人の程度で非常に低く、存命中の患者は約40名であるという[91][190]。

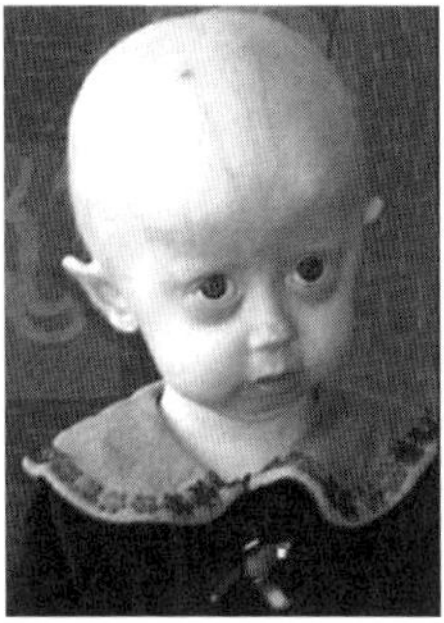
図7-2 ハッチンソン・ギルフォード症候群の患者の例。出典190より転載。

これら二つの例では、原因遺伝子はDNAヘリカーゼ、ラミンAという細胞の基本的な機能に必要なタンパク質を司令（コード）しており、その異常や欠損によって老化が早く起こり、結果的に寿命が短くなっている。すなわち、どちらの遺伝子も直接的に寿命を支配するような遺伝子ではないことがわかる。遺伝子の寿命の決定への関与はすべてこのような間接的なものと思われるが、その中に第4章でも述べた**長寿遺伝子**と呼ばれる**サーチュイン**遺伝子ファミリーがある。これらサーチュイン遺伝子は、どれもNAD^+（ニコチンアミドアデニンジヌクレオチド）依存性のヒストン脱アセチル化酵素をつくる遺伝子であり、その酵素活性を通じて種々の遺伝子発現調節によって寿命の調節その他の機能を発揮している。

体の大きさ

植物については、大雑把であるが**大きさ**あるいは**体重**が植物界全体について死亡率、寿命を決める要因であることが示されていた（図6－10参照）。

動物でもいろいろな具体例を思い浮かべると、大雑把に大きさと寿命の間に関係がありそうに思える。しかし、それを具体的に示すグラフが見つからないので、私がそのようなグラフをつくってみた。しかし、動物の寿命、大きさあるいは体重ともにある程度信頼できそうなデータに乏しく、とりあえず哺乳動物14種についての平均体重と最長寿命の関係をプロットすると図7－3のようになる。この中の12種は表1－1に最長寿命が示されているものである。それらについては、別の文献(192)などにより、平均体重のデータが得られた。その値はトガリネズミの約3gからホッキョククジラの約90トンまで、7桁以上の非常に広い範囲に分布している。これらの12種の哺乳類の中に100g～1kgのものがなかったので、その範囲の体重をもつラットとジリス（ground squirrel）を加

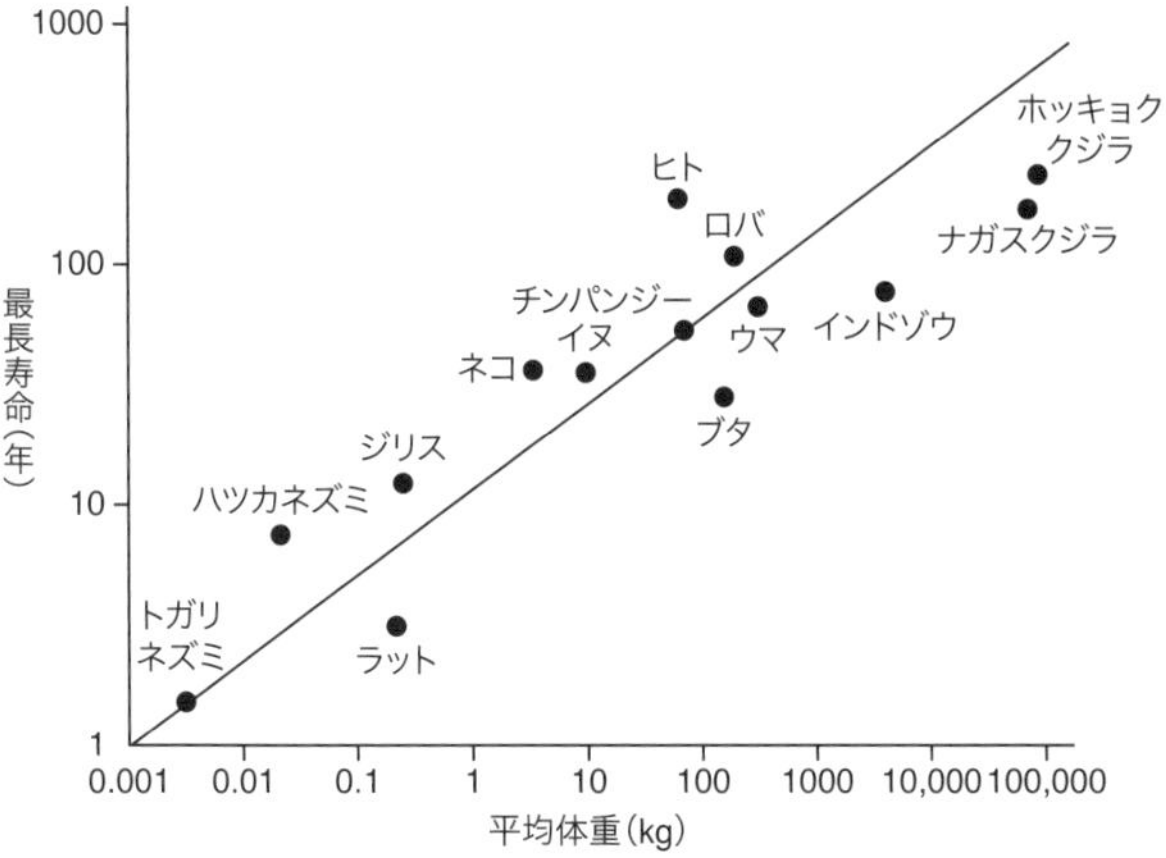

図 7－3　哺乳動物の平均体重と最長寿命の関係を示す両対数グラフ。平均体重、最長寿命として用いた具体的数値は以下のとおり：トガリネズミ 3 g、1.5 年。ハツカネズミ 20 g、4 年。ラット 200 g、3 年。ジリス 260 g、12 年。ネコ 3.5 kg、35 年。イヌ 10 kg、34 年。ヒト 60 kg、122 年。チンパンジー 70 kg、50 年。ブタ 150 kg、27 年。ロバ 200 kg、100 年。ウマ 300 kg、61 年。インドゾウ 4 トン、70 年。ナガスクジラ 76 トン、116 年。ホッキョククジラ 90 トン、211 年。平均体重は出典 192 および出典 1 の表 1. 1. 10（p. 17, 18）などに、最大寿命は表 1 －1 および出典 1 の表 1. 1. 2（p. 7〜9）に基づく。

えて14種の両対数プロットとした。これを見ると、哺乳動物については、その平均体重と最長寿命の間に明らかに正の相関関係があることがわかる。この両対数グラフ上の直線は私が任意に引いたものであり、両者の関係を数値的に正確に示してはいないが、最長寿命が平均体重の3分の1乗にほぼ比例することを示している。動物の体重はその体積に比例し、体積は体長などの1次元的大きさの3乗に比例するので、**哺乳動物の最長寿命はその体長にほぼ比例する**ことになる。このようなわかりやすい結果が出ることは意外であった。なお、このグラフ上で平均体重の3分の1乗を示す直線からもっと

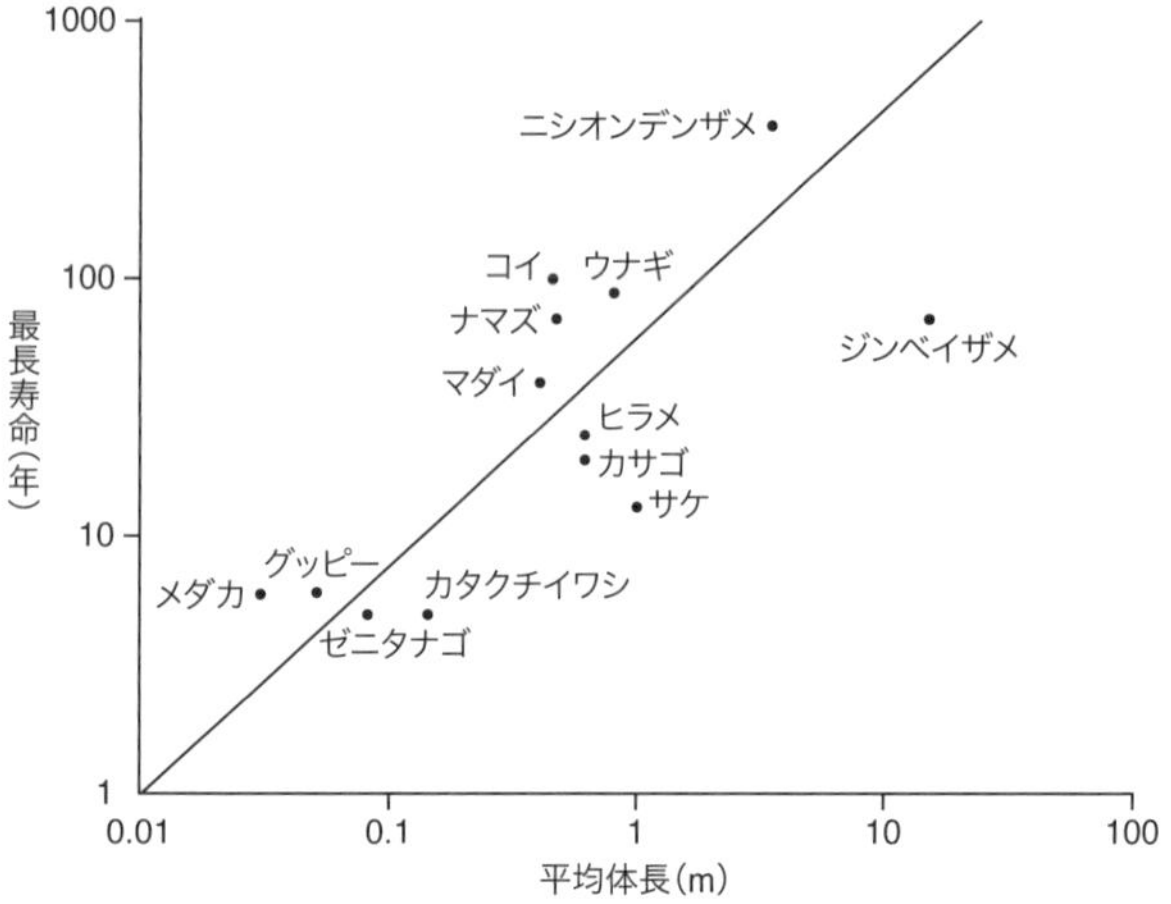

図 7－4　魚類の平均体長と最長寿命の関係を示す両対数グラフ。平均体長、最長寿命として用いた具体的数値は以下のとおり：メダカ 3 cm、5 年。グッピー 5 cm、5 年。ゼニタナゴ 8 cm、4 年。カタクチイワシ 14 cm、4 年。マダイ 40 cm、40 年。コイ 45 cm、100 年。ナマズ 47 cm、70 年。カサゴ 61 cm、20 年。ヒラメ 61 cm、25 年。ウナギ 80 cm、88 年。サケ 1 m、13 年。ニシオンデンザメ 3.5 m、392 年。ジンベイザメ 15 m、70 年。平均体長は主として出典 192 に、最大寿命は出典 1 の表 1. 1. 28（p. 7）および出典 193 に基づく。

も離れているのはヒトであるが、それはヒトの最長寿命がその文明化によって大きく延びたことを反映すると考えられる。

動物は体の表面から熱を奪われ、体表面積は体長の2乗に比例するが、他方体積は体長の3乗に比例する。そのため、**恒温動物**である哺乳類では、体温を保つために費やす体重当たりのエネルギーが小さい動物ほど大きくなり、それが体の大きさと寿命について上のような関係があることの理由である可能性が考えられる。そのためには、恒温でない動物についても大きさと寿命の関係を調べる必要がある。**変温動物**である魚類の比較的多くの種について、平均体長と最長寿命のデータが見つかったので、図7－3と同様な両対数プロットを行った。その結果が図7－4であり、やはり体長と最長寿命が正の相関を示した。この場合は正比例ではなく、最大寿命は平均体長の約0・6乗に比例する。

哺乳動物、魚類について、体の大きさと寿命との関係を具体的に示した報告は見当たらず、私の結果が初めてのものかもしれない。ほかの脊椎動物、無脊椎動物についても調べることが望ましいが、簡単ではない。おそらく動物界全体について、体重あるいは体の大きさと寿命の間に正の相関関係があると推定される。

7・3　動物の寿命決定の分子メカニズム

動物では寿命決定機構の研究が分子レベルについても盛んに行われているが、まだその全体像は明らかではない。その理由は、寿命の決定には非常に多くの分子が関係し、機構が複雑なことである。ここではある程度明らかにされている例を二つ記そう。

一つは、カロリーあるいは食事制限による寿命の延長の機構である。**カロリー制限**は、線虫、ショウジョウバエ、マウス、類人猿を通じて寿命延長効果があることが証明された唯一の共通的条件である[194]。また、第4章に記したように、ヒトでも寿命にとって重要な要素であるいくつかの健康指標について、カロリー制限が良い影響を与えることが示されている。この、カロリー制限による寿命延長の分子機構の概要を、線虫、ショウジョウバエ、マウスについて図7－5に示す。歴史的に

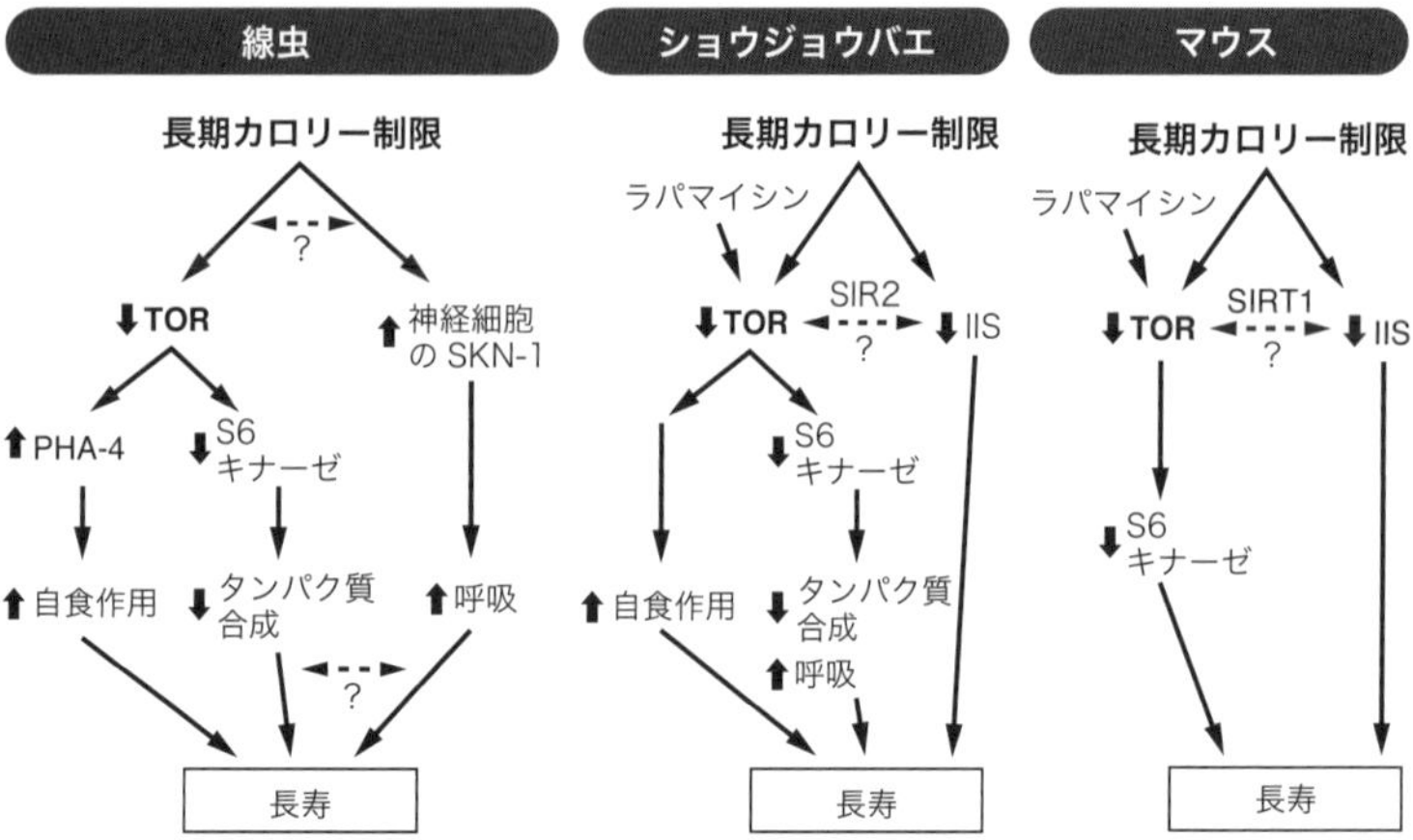

図7－5　線虫、ショウジョウバエ、マウスでのカロリー制限による長寿誘導の分子機構の概要。TORはラパマイシンの標的、SIR2とSIRT1は長寿遺伝子サーチュイン2と1のつくるタンパク質を示す。出典191のFigure 3を基に作成。

は、線虫の寿命の研究がもっとも早く1990年頃に盛んに行われ、これを参考にしてショウジョウバエ、ついでマウスへと進んだという経緯がある。

この図では、長い矢印が信号伝達経路を示し、その中の特定の因子や機能の前にある上向きの矢印はその因子の活性や機能の促進を、下向きの矢印は抑制を示す。これら三つの動物の経路図を比較すると、いくつか共通点が見られる。三つの動物すべてに共通な因子（タンパク質）としては、**TOR**（ラパマイシンの標的、第3章参照）と**S6キナーゼ**（タンパク質リン酸化酵素）の二つが示されている。またこれらを含む信号伝達経路として、カロリー制限→TOR抑制→S6キナーゼ抑制（→タンパク質合成抑制）→長寿の経路が示されている。この共通経路の意味は、カロリー制限によってTORの活性が抑制され、その結果S6キナーゼの活性も抑制され、長寿がもたらされるということである。そのメカニズムは、①TOR自身もタンパク質リン酸化酵素であり、S6キナーゼその他多くのタンパク質をリン酸化することにより、それらの活性を調節する機能をもつが、カロリー制限によりこのリン酸化活性が抑えられてS6キナーゼのリン酸化が弱まる、②S6キナーゼは、タンパク質の合成（翻訳）に必要なリボソームのタンパク質の一つをリン酸化することにより翻訳を活性化する働きがあるが、自身のリン酸化が弱まるために翻訳のレベルが下がることによる、というものである。TORは、薬剤のラパマイシンと結合することによってもそのリン酸化酵素活性が抑えられ、それがラパマイシンによる寿命延長機構の第一段階であるが、そのこともショウジョウバエ、マウスの経路図中に示されている。

線虫とショウジョウバエの経路中にある**自食作用**（オートファジー）は、飢餓やカロリー制限のときに細胞成分を分解して再利用する機構を指す。4・9節で紹介した長寿遺伝子Sir2、Sirt1もショウジョウバエ、マウスで寿命の調節に働くことが経路図に示されているが、そのメカニズムはよくわかっていない。ショウジョウバエとマウスでは、インスリンまたはIGF-1（インスリン様成長因子1）から始まる信号伝達経路（**インスリン／IGF-1信号伝達経路**、図中のIIS）も関与している。ここで説明したように、図中の長い矢印で示す信号伝達経路とは、具体的にはタンパク質などの因子の結合またはリン酸化などの化学修飾と、それによるタンパク質の酵素活性などの機能の変化が連続的に起こることを意味する。

この図により、カロリー制限がタンパク質合成の調節、自食作用と呼吸の活性化などにより寿命の延長効果を示すことが理解できる。また、カロリー制限による寿命の延長という重要な現象について、動物界に共通な機構があることもわかる。なお、図中のＰＨＡ－４は、線虫の咽頭の発生に関与する遺伝子*pha-4*のつくるタンパク質を、ＳＫＮ－１は上皮細胞の生成に関与する遺伝子*skn-1*のつくる転写因子を示す。また、ＩＩＳはカロリー制限以外でもいろいろな機能をもつ、もっとも重要な信号伝達経路の一つである。その経路およびそれが影響を与える下流の経路にはおそらく１００を超える多くの因子が関与する。その内容は専門的なので、ここでは省略する。

もう一つは、逆に寿命を縮める**老化の機構**の１例である。老化もさまざまな要因と機構で起こるが、図７－６は**遺伝子ＤＮＡの損傷**と**ミトコンドリアの機能不全**が相互に関係して細胞老化の一因となる機構の概要である。遺伝的早老症でも遺伝子ＤＮＡの機能や複製の障害が早老や短命を起こす例であった。また、この図にも長寿遺伝子Sirt1が関係する。老化は全体として避けることはできないが、さまざまな老化の機構のどれかを有効に防ぐことにより、ある程度寿命を延ばせる可能性がある。図７－６から考えると、原理的には、何らかの方法によりNAD^+（ニコチンアミドジヌクレオチド）の細胞内濃度を高めればミトコンドリアの機能の減少を防ぎ、老化を抑えられるかもしれない。なお、図中のＰＡＲＰ１はポリＡＤＰリボースポリメラーゼ１を、ＰＧＣ１αはペルオキシゾーム増殖因子により活性化される受容体γ（ＰＰＡＲＧ）の共活性化因子α（ＰＰＡＲＧＣ１Ａ）を、それぞれ指す。

図７－５は、２０１０年の老化についての総説[191]から引用したが、この総説にはインスリン／ＩＧＦ－１信号伝達系、ＴＯＲ信号伝達系、ＡＭＰキナーゼ、寿命遺伝子サーチュインなど老化や寿命に関連する重要な経路や因子についての解説も記されている。また、図７－６の引用元は「寿命の

代謝調節」というタイトルの寿命・老化に関する網羅的で最近の総説[194]であり、これには多くの老化の機構、それに対抗する長寿戦略が記されている。興味のある読者は参照されることをお勧めする。

7・4 植物の寿命決定メカニズムの特徴

植物の寿命の大きな特徴は、動物と比較して長いものが多いことであろう。動物・植物ともに非常に長寿の種は群体をつくることが長寿の要因であるが、第1章、第2章で記したように最長寿命の記録は植物が4万年あまり、動物が約4000年と植物のほうが約10倍長い。また、群体でない個体の最長寿命記録は、動物ではアイスランドガイの507年（表1－3）、植物では1位がイガ

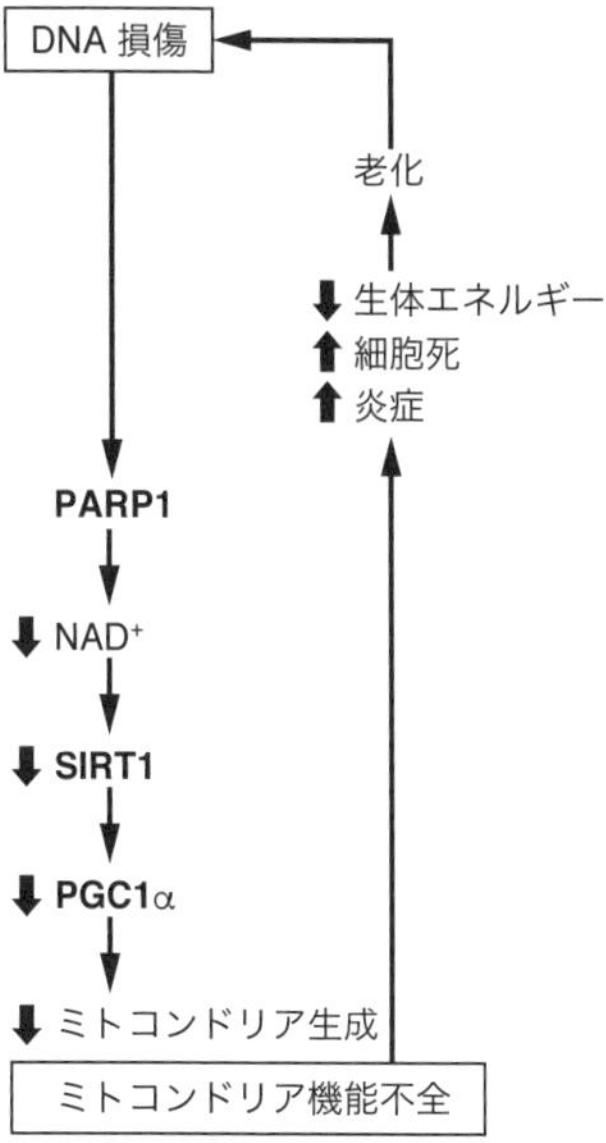

図7－6 DNA損傷とミトコンドリアの機能不全による老化の分子機構の概要。PARP1はポリADPリボースポリメラーゼ1を、NAD^+はニコチンアミドアデニンジヌクレオチドを、PGC1αはペルオキシゾーム増殖因子により活性化される受容体γ（PPARG）の共活性化因子α（PPARGC1A）を、それぞれ指す。SIRT1は前の図と同じく長寿遺伝子サーチュイン1のつくるタンパク質である。出典194のFigure 1の一部を基に作成。

ゴヨウマツの5062年（表2－1）であり、植物のほうが桁違いに長い。

植物の寿命決定要因については、すでに第6章に記した。この要因の中で、遺伝子と体の大きさは、7・2節で述べたように、動物と共通である。植物特有の要因としては、1年草・多年草・木本（樹木）の違い、成長速度、器官の寿命などがある。1年草・多年草・木本（樹木）の違いはもっとも大きな要因で、また植物特有である。多年草でも、第6章に記した*Borderea*の300年あまりが最長であろうと言われ、1000年以上の長寿が多数ある樹木とはまったく違う。

樹木が長寿である理由は6・3節にくわしく記したが、①物理的に強く、大きな体を支えることができる、②動物と違って体の構造が単純で、動く必要もないので、老化して体の大半が死んでいても生きることが可能である、③物質輸送を担う維管束系や生殖の機能に必要な細胞分裂組織が維持される、④植物一般の性質として、高齢化しても生殖機能が衰えない（7・1節参照）、などである。

分子レベルでの植物の寿命決定機構については、6・5節で2、3の例を紹介したが、動物ほど進んでおらず、ほとんどわかっていないと言えよう。そこで、ここでは省略する。

第8章　われわれの寿命をできるだけ長くするための要点

食事・運動・生きがい・ストレス

われわれ人間が長生きするために重要な要素は、食事・運動・生きがいあるいはストレスとよく言われ、私も賛成である。この四つとも重要なことは確かであろう。生きがいは、じつはもっとも重要かもしれない。もし自分には生きがいがないと思う方は、何か好きなことや大事なことを見つけて生きがいにしてください。ストレスは肉体的なものであれば、長く続くと病気やけがの原因となり、命を縮めることになる。精神的なストレスも強ければ寿命を縮めると考えられている。しかし、ストレスがまったくないという状態ではボケると言われるので、適度なストレスが健康や長寿に良いということらしい。

他方、長寿の要素の表現にはほかにいろいろなものがある。『栄養学原論』[195]には、「快眠・快食・快便の三つが心身を快適に保つ要諦と言える」と書かれている。また、厚生労働省は、2005年に「一に運動、二に食事、しっかり禁煙、最後に薬」という標語を健康フロンティアで打ち出した。もっとも重要な食事と運動以外の寿命の要素として睡眠と喫煙があることは述べた。以下には、第

4章で述べたヒトの寿命の要因や、ここで出てきた便通について、できるだけわれわれの寿命を延ばすための要点をまとめよう。

食事

①カロリー：カロリーの摂りすぎは肥満を招き、肥満は4・1節に述べたようないろいろな理由で寿命を縮めるので、摂りすぎないようにすることが大切である。厚生労働省の「日本人の食事摂取基準（2020年版）の概要」[196]による1日のカロリーの必要量を表8－1に示す。この表では、1日当たりのカロリーの必要量が、年齢別、男性・女性別、3段階の身体活動レベル（Ⅰ、Ⅱ、Ⅲ）の別に記されている。この表の身体活動レベルは、安静状態での必要量＝基礎代謝量を1・0とし、低いレベル（Ⅰ）をその1・40〜1・60倍、普通のレベル（Ⅱ）を1・65〜1・75倍、高いレベル（Ⅲ）を1・95〜2・00倍としている。[197]たとえば、50〜64歳でレベルⅡの男性では2600kcal、女性では1950kcalという数値が示されている。ただしこれらは、この年齢の日本人の平均的な体位（男性：体重68・0kg、女性：体重53・8kg）に基づく数値であり、体重に比例して増減すべき値である。また年齢による変化については、もっとも必要量の多いのはレベルⅢの男性で15〜17歳、3150kcal、女性で12〜14歳、2700kcalであり、75歳以上との間の年齢層では必要量も両者の中間の値となっている。

この食事摂取基準は、2015年版の基準が基となっており、その問題点を検討して必要な修正がなされた旨が記されているが、基準の根拠は複雑でよくはわからない。

表 8-1　推定エネルギー必要量（kcal/日）

性　別	男　性			女　性		
身体活動レベル[1]	I	II	III	I	II	III
0 ～ 5 （月）	—	550	—	—	500	—
6 ～ 8 （月）	—	650	—	—	600	—
9 ～11（月）	—	700	—	—	650	—
1 ～ 2 （歳）	—	950	—	—	900	—
3 ～ 5 （歳）	—	1,300	—	—	1,250	—
6 ～ 7 （歳）	1,350	1,550	1,750	1,250	1,450	1,650
8 ～ 9 （歳）	1,600	1,850	2,100	1,500	1,700	1,900
10～11（歳）	1,950	2,250	2,500	1,850	2,100	2,350
12～14（歳）	2,300	2,600	2,900	2,150	2,400	2,700
15～17（歳）	2,500	2,800	3,150	2,050	2,300	2,550
18～29（歳）	2,300	2,650	3,050	1,700	2,000	2,300
30～49（歳）	2,300	2,700	3,050	1,750	2,050	2,350
50～64（歳）	2,200	2,600	2,950	1,650	1,950	2,250
65～74（歳）	2,050	2,400	2,750	1,550	1,850	2,100
75 以上（歳）[2]	1,800	2,100	—	1,400	1,650	—
妊婦（付加量）[3] 初期				+50	+50	+50
中期				+250	+250	+250
後期				+450	+450	+450
授乳婦（付加量）				+350	+350	+350

[1] 身体活動レベルは、低い、ふつう、高いの三つのレベルとして、それぞれⅠ、Ⅱ、Ⅲで示した。

[2] レベルⅡは自立している者、レベルⅠは自宅にいてほとんど外出しない者に相当する。レベルⅠは高齢者施設で自立に近い状態で過ごしている者にも適用できる値である。

[3] 妊婦個々の体格や妊娠中の体重増加量及び胎児の発育状況の評価を行うことが必要である。

注 1：活用に当たっては、食事摂取状況のアセスメント、体重及び BMI の把握を行い、エネルギーの過不足は、体重の変化又は BMI を用いて評価すること。

注 2：身体活動レベルⅠの場合、少ないエネルギー消費量に見合った少ないエネルギー摂取量を維持することになるため、健康の保持・増進の観点からは、身体活動量を増加させる必要がある。

出典 196 より転載。

②タンパク質・脂質・炭水化物：これについては、総カロリーに対する各成分の割合の**目標量**が、男女および年齢別または年齢共通の数値として、食事摂取基準（2020年版）に示されている。その値と中央値（カッコ内）は、タンパク質13〜20％（16・5％）、脂質20〜30％（25％）、炭水化物50〜67％（58・5％）である。すなわち、タンパク質が15％あまり、脂質が25％程度、炭水化物が約6割となる。タンパク質と炭水化物の出す熱量は1g当たり4kcal、脂質が9kcalなので、摂取すべきこれらの栄養素の重さの比の中央値は16・5：11：58・5、約19％、13％、68％となる。

他方で、タンパク質については1日当たりの成人の**推定平均必要量**（男性50g、200kcal：女性40g、160kcal）、**推奨量**（男性60〜65g、240〜260kcal：女性50g、200kcal）が「たんぱく質の食事摂取基準」という表に示されている。これらのタンパク質の量は、上に記した50〜64歳以上の平均的な人（活動度Ⅱ）の推定エネルギー必要量（男性2600kcal、女性1950kcal／日）に対して、約8％または10％に過ぎない。これらの値は、タンパク質のカロリーの割合の目標量のもっとも低い値13％より低い。74歳未満の成人の推定エネルギー必要量は、75歳以上の人に対する量より高いのにタンパク質の必要量・推奨量は成人すべてについて同じまたはほぼ同じなので、成人の大部分についてはタンパク質の割合は10％未満のより低い値となる。タンパク質量比の目標中央値16・5％とあまりにも大きく違う。このように、2020年の食事摂取基準は、内容相互の整合性がないように見えるが、「目標量」は生活習慣病の発症を予防することをおもな目的として、意図的に推奨量より高く設定されたと記されている。現在（2020年）において、どのくらいのタンパク質の摂取量が健康や長寿に最適かについては、**4・3節に記したようにまだ結論が出ていな**

い。少なめ（10％程度）が良いという調査結果と多め（15〜20％）が良いという結果と両方あると言えよう。

このように、タンパク質の摂取量は現在各人の判断に委ねられている。多めが良いとしても、20％は危険である可能性がありそうなので、15％程度が安全であろう。私は低め（10％程度）が良いと考えている。その根拠の一つは4・3節で述べたように、食事中のタンパク質の割合が多め（20％以上）、少なめ（10％程度）、その中間の三つのグループの死亡率などを比較した実験的研究がアメリカで行われ、65歳頃まではタンパク質は少なめ（10％程度）が良いという結果が得られたが、これが重要と考えることである。もう一つの根拠は、ポルトガルおよび沖縄の百寿者の研究（第5章）により、**百寿者では肉類の摂取が少ない**という結果である。

タンパク質についてもう一つ重要なことは、その内容であろう。4・3節に紹介したいくつかの研究では、いずれも植物性タンパク質が動物性のものより良いことが示されている。肉、魚などの動物性食品には、体に良くないとされているアミノ酸のメチオニンが多く含まれていることもその理由であろう[198]。また、肉類には脂肪が多く含まれ、体に良くない飽和脂肪酸も多い。魚にはDHAなど良質の脂肪酸が多く含まれるものも多いので、その点で肉類より良いと考えられる。したがって、**タンパク質としては、肉類よりも豆類などの植物性のものや魚を多く摂ることが推奨される**。大豆タンパク質にはメチオニンが少ないという[195]（「食品成分表2013」では、全アミノ酸中のメチオニンの割合は大豆で1・4％、牛肉赤身で2・7％）。

脂質については、体に良くないとされる飽和脂肪酸のカロリーの総カロリーに対する割合は成人で7％以下が、食事摂取基準に目標として示されている。

③その他の栄養素：食事摂取基準（概要および報告書）には、多種多様な栄養素の各々について、男女別、年齢別に必要量などを示す膨大な表が含まれている。ここには、**食物繊維**とおもなビタミン・ミネラルについてだけ簡単に紹介する。食物繊維とは、人の消化酵素では消化されない、植物由来のセルロースやリグニンなどをおもに指す。日本では動物性食品の中のキチンやキトサンなども含めるが、国によって定義が異なるという[195]。食事摂取基準の概要には、成人男性20g以上、女性18g以上が1日の目標量として記されている。概要に取り上げられているので、食物繊維は重要と思われるが、それは「快便」のためであろう。食物繊維20gと言われても、ある食品の中にどのくらい含まれているかがわれわれにはわからないので、必要量の判断は難しい。野菜を多めに食べることをお勧めする。

次に、食事摂取基準の概要に示されている主要な**ビタミン・ミネラル**の成人1日当たりの摂取推奨量または目安量を表8−2にまとめて示す。この量に幅がある場合は、年齢による違いがあることを示し、働き盛りの30〜49歳についてもっとも高く、70歳以上については低めである。しかし、実際にどの食品にどの栄養素がどのくらい含まれているか、何をどのくらい食べたら良いかを具体的に知ることは非常に大変で、事実上不可能であろう。いろいろな食品をバランス良く摂れば、これらビタミン・ミネラル類は大体必要量が摂取できると思われる。私はやや気にして、表のビタミン・ミネラル類をほぼすべて含む総合ビタミン・ミネラル剤を毎日服用しているが、心配な方はそれをお勧めする。なお、ビタミンB_6・D・E、ナイアシン、葉酸については推奨量と同時に「耐容

表 8-2　主要なビタミン・ミネラルの成人 1 日当たりの摂取基準

栄養素	摂取推奨量または目安量		栄養素	摂取推奨量または目安量	
	男性	女性		男性	女性
ビタミン A	850〜900 μgRAE	650〜700 μgRAE	ビタミン E	6.0〜7.0 mg	5.0〜6.5 mg
ビタミン B_1	1.2〜1.4 mg	0.9〜1.1 mg	カルシウム	750〜800 mg	600〜650 mg
ビタミン B_2	1.3〜1.6 mg	1.0〜1.2 mg	マグネシウム	320〜370 mg	280〜290 mg
ビタミン B_6	1.4 mg	1.1 mg	リン	1000 mg	800 mg
ビタミン B_{12}	2.4 μg	2.4 μg	鉄	7〜7.5 mg	6〜6.5 mg
ナイアシン	13〜15 mgNE	10〜12 mgNE	亜鉛	10〜11 mg	8 mg
パントテン酸	5〜6 mg	5 mg	銅	0.8〜0.9 mg	0.7 mg
ビオチン	50 μg	50 μg	マンガン	4.0 mg	3.5 mg
葉酸	240 μg	240 μg	ヨウ素	130 μg	130 μg
ビタミン C	100 mg	100 mg	セレン	30 μg	25 μg
ビタミン D	8.5 μg	8.5 μg	クロム	10 μg	10 μg

出典 196 より作成。RAE＝レチノール活性相当量、NE＝ナイアシン当量、ともに説明は出典を参照のこと。

上限量」の数値も記されており、あまり過剰に摂ると問題があるらしい。また、ビタミン・ミネラル類それぞれの体の中での機能や必要性を知りたい方は、栄養学の本[195]を参照されたい。

④長寿者の食事と今後の世界事情に見合う長寿食：『ナショナル・ジオグラフィック』誌に、世界の長寿者が多い四つの地域とその食事の特徴を紹介する記事[199]があったので紹介しよう。長寿者が多い四つの地域は、①地中海にあるイタリアのサルデーニャ島ヌーロオ県、②中米コスタリカのニコヤ地方、③日本の沖縄、④アメリカ・カリフォルニア州ロマリンダ市である。沖縄の百寿者や食事の特徴については、5・2節でも紹介した。この記事の筆者は、これらの地域で過去10０年に渡って食べられてきた食品のリス

トをつくって調べた。その結果、20世紀後半まで、これら地域共通に**全粒穀物**、**葉野菜**、**ナッツ**、**イモなどの塊茎類**、**豆類**がおもに食べられ、肉を食べるのは月平均5回、牛乳はほとんどまたはまったく飲んでいなかったという。5・3節で紹介したポルトガルの百寿者の食事もこれに似ている。長寿をめざす人には参考になるかもしれない。しかし、これらの地域がいずれも比較的温暖な、あるいは亜熱帯・熱帯の地域であるので、より寒い地域でもこれが長寿によいかはわからないと思われる。

同じ記事に、EATランセット委員会（EAT-Lancet Commission）[200]が２０１９年に発表した「持続可能な食料システムから見た健康的な食事」という報告書（要約）が紹介されている。２０１９年の国連の発表[201]によると、世界の人口は77億人であり、２０５０年に97億人になると予想される。この予想と現在の世界の環境、食料生産などについての問題を基礎として、この報告書は、将来持続可能でしかも健康に良い食事への転換が必要であることと、推奨する食事の具体的内容を提案している。

その推奨食の内容をもとに表８－３を作成した。この表では、摂取量が多いのは１位＝野菜、２位＝乳製品、３位＝全粒穀物であり、カロリーについては１位＝全粒穀物、２位＝タンパク質源、３位＝添加脂質である。この１日の食事に含まれるタンパク質、脂質の推定カロリーはそれぞれ２９４kcal、７３９kcalとなり、総カロリー２５００kcalの約12％、30％、したがって炭水化物が58％であった。この食事の第一の特徴は、動物性食品が非常に少ない（カロリーとして11％）ことである。これに伴ってタンパク質源として摂取する食品の重さで約６割、カロリーとして約８割が植物性

表 8-3　ランセット委員会が推奨する健康食の内容（1日当たり）

食品		摂取量と範囲（g）	摂取カロリー（kcal）	食品		摂取量と範囲（g）	摂取カロリー（kcal）
全粒穀物（米、小麦、トウモロコシなど）		232	811	添加脂質	不飽和油	40（20〜80）	354
タンパク質源	牛羊豚肉	14（0〜28）	30	添加脂質	飽和油	11.8（0〜11.8）	96
タンパク質源	鶏などの鳥肉	29（0〜58）	62	添加脂質	計		450
タンパク質源	卵	13（0〜25）	19	乳製品		250（0〜500）	153
タンパク質源	魚	28（0〜100）	40	果物		200（100〜300）	126
タンパク質源	豆類	75（0〜100）	284	添加糖		31（0〜31）	120
タンパク質源	ナッツ	50（0〜75）	291	野菜		300（200〜600）	78
タンパク質源	計	209	726	でんぷん質野菜（ジャガイモなど）		50（0〜100）	39

1日当たり約2500 kcalを摂取する場合の数値。下線を引いた数値は、摂取量またはカロリーの数値が大きい三つを示す。出典200のTable 1に基づいて作成。

（ナッツ、豆類）である。第2の特徴は、②の項で示した現在の日本人の食事摂取基準（カロリーとして、推奨中央値がタンパク質16・5％、脂質25％、炭水化物58・5％）と比較してタンパク質がかなり少なく、その分脂質が多いことである。

表8－3は、本書に記すもっとも具体的な食事の内容であって実行しやすいし、病気にかかりにくく健康に良いと強調されているので、参考として貴重であろう。また、このような食事により、毎年世界で1000万人あまりの命を救えると主張している。しかし、この報告書は要約であり、根拠はまったく示されていないので、推奨する食事の根拠も不明であり、どの程度信じてよいかはわからない。その食事の内容は世界の百寿者の多い地域の食事の内容とよく似ており、それも根拠であろう。私はこのよ

うな食事は、長寿をめざす高齢者にはよいが、20～60歳の働き盛りの人たち、とくに筋肉労働をする人たちには動物性タンパク質が不足ではないかと感じる。ナッツをかなり多く摂取することが含まれているが、たとえばピーナッツはその脂肪酸がよくないと言われるし、多量のナッツが供給できるのかといった問題もあり得る。

動物性食品の代表である肉類を減らす理由は、健康上の理由だけではない。肉用の家畜の飼育のためにトウモロコシなどの穀類が大量に消費され、そのため広い農地が使われるので森林伐採が進み、リンと窒素を含む大量の肥料が使われるなど、地球環境の破壊が進む重要な要因であると分析されている。この報告書では、世界的に廃棄物を半減すること、温室効果ガスの排出を減らすことなども重要だと提案されていて、非常に包括的な地球全体の将来計画となっている。そして、食事の変革がその鍵であるという。興味のある方はぜひご覧いただきたい。いずれ、要約でない、根拠を含む提案の詳細も発表されるはずである。

肥満

日本では幸い肥満の人が少ないが、4・1節に述べたように、肥満は寿命の大きなマイナス要因である。その理由は、直接的には高血圧や動脈硬化を起こすこと、間接的には内臓脂肪の蓄積により糖尿病が起こりやすいことなどである。表4－2にあるように、BMIが27・5以上（過体重クラス2または肥満クラス1～3）では死亡危険度が1・2以上となって寿命が縮まる。このような人は、食事のカロリーを低くすること、適度な運動をすることによりBMIが25程度になるようにすることが必要である。

運動

運動は、食事と並ぶ非常に重要な寿命の要因である。図4－8に示したように、適度な運動を毎週することにより、死亡危険度を運動ゼロの場合の60％台に減らすことができる。運動あるいは身体活動の運動量は科学的に測定でき、それに運動する時間をかけてメッツ・時という単位で表され、表4－4などによってその数値を知ることができる。家庭内での日常的な行動も軽い運動であり、散歩、体操などの比較的軽い運動でも毎日行えば週20～40メッツ・時となり、死亡危険度をもっとも低くできる。通勤を徒歩や自転車ですれば十分であり、これをお勧めする。

毎日運動できない場合には、週末にジョギング、自転車乗り、やや長い散歩などをすればよい。座り続けることは問題で、1時間に1度くらい少し歩く、軽く体を動かすなどにより血行をよくし、また気分転換をすることが仕事の能率にも良いと思われる。毎日職場で長い時間座り続ける人は、とくに運動が必要である（図4－9）。運動が長寿に有効な理由は、食後の血糖やインスリンのレベルを下げる、脂肪の蓄積が減り、血圧や高脂血症を改善するなどにより、心臓血管病やがんなどによる死亡率を大きく低下させることによる。

睡眠

「快眠」が健康の三大要諦の一つというとおり、睡眠は寿命にとって重要である。睡眠時間と死亡危険度の関係を示す図4－5によると、睡眠時間は1日平均5～8時間が良いことがわかる。5時間未満では死亡危険度および認知症になる危険度がかなり高い（＞2）という日本での調査結果を紹介した。平均6～7時間の睡眠が長寿にもっとも良い。睡眠不足になった場合には、6時間以上寝る必要がある。睡眠についてはその質も重要であるが、この本では省略した。夕方の散歩や適度な運動、夕食の腹八分目、入浴、ストレスがあまりないことが良い眠りのために勧められる。睡眠の質、睡眠薬、快眠のポイントなどについては『睡眠のなぜ？ に答える本』[202]を参照してほしい。

便通

便通は第4章ではまったく触れなかったが、「快眠・快食・快便の三つが心身を快適に保つ要諦」というように、健康の維持・長寿に重要であろう。『医学大辞典』[91]によると、健常人では便通あるいは排便の回数は1日に1～2回であり、便秘になると3日から数日に1回であることが多いという。また、便通の回数は正常でも、便の量が少ない、非常に硬いのも便秘という。便秘は、ひどくなれば重大な腸の異常を起こすし、そうでなくても腹痛、食欲不振などの原因となり、健康に良くない。便秘の多くは習慣性あるいは機能性と言われ、原因は腸の緊張や運動の低下による。[203]大腸は食事の刺激によって活動が活発になるので、食事のあと、とくに朝食後に排便を試みるために習慣的に便器に座るのがよいという。便秘の解消には、食物繊維を多めに摂ること、必要なら膨張性下剤（酸化マグネシウム）が有効である。

がん

２０１７年の人口動態統計（確定数）を基にした日本人の死亡原因は、１位が悪性新生物（がん）27・9％、２位が心疾患15・3％、３位が脳血管疾患8・2％、４位が老衰7・6％、５位が肺炎7・2％であった[204]。このように、がんが死亡原因で断トツの１位である。その部位別死亡比率は、男性では1位が肺、２位が胃、３位が肝および肝内胆管、４位が結腸、５位が膵、女性では１位が肺、２位が結腸、３位が膵、４位が胃、５位が乳房であった。結腸とは肛門直前にある短い直腸を除く大腸の大部分を指す。男女とも１位は肺、５位以内ではほかに胃と結腸が共通である。前年からの男女合計の死因の順位変化としては、肺炎が３位から５位に下がり、脳血管疾患と老衰の順位が一つずつ上がったという。

現在、がんの大多数は、３あるいは４種類の遺伝子の各々での突然変異が重なると起こることが明らかとなっている。そのような遺伝子はおそらく数十種類あり、**がん遺伝子**あるいは原がん遺伝子と呼ばれる。その代表はいくつかのRas遺伝子、Myc遺伝子、p53遺伝子などである。したがって、遺伝子の**突然変異**を減らすことが、がんの発生を減らす方法である。遺伝子の突然変異はいろいろな機構で自然にも起こるが、種々の物質によって変異が誘発され、変異率が高くなる。発がんにとって現実的に最大の問題は**喫煙**により肺などに吸い込まれ、吸収される煙の中の**発がん物質**であると考えられる。これによって、１位の肺がんは勿論、その他のがんの発生率も高くなる。タバコの煙の中には、ベンゾ［a］ピレン、ジメチルニトロソアミンなど約70種類もの発がん物質が含まれると言われる。たとえば、もっとも有害とされるベンゾ［a］ピレンは体内で活性化されたのち、遺伝子DNAと結合して突然変異を起こす。[92][205] 禁煙および健康診断によるがんの早期発見・治療が有効な対策であろう。また、**胃がん**については、その多くが**ピロリ菌**の感染が原因とされており、抗生物質によるその除去が有効と考えられる。

喫煙

4・6節にくわしく記したように、若いときから喫煙を続けた人の死亡危険度が非喫煙者の2倍前後と高く、平均余命が約10年短いなど、喫煙は寿命を縮める重大な要因である。その理由の一つは、タバコの煙の中に含まれる発がん物質が遺伝子の突然変異を起こし、肺がんその他のがんを起こすことである。もう一つの重要な理由は、タバコの煙が動脈硬化を促進することや煙に含まれるニコチンの血管収縮作用によって、心臓血管疾患の危険を増大させることである。[206] 最近50年ほどの間に、日本での喫煙者の割合が大きく減少してきたことは大変良いことである。長く喫煙してきた人でも禁煙すると死亡率が下がるので、禁煙をお勧めする。

高血圧と糖尿病

2019年、関連学会により高血圧の基準を収縮期血圧130㎜Hg以上に引き下げる提案がなされたが、従来の基準は140㎜Hg以上であった。日常での収縮期血圧が平均140㎜Hg以上の人は確かに高血圧と考えられる。図4-17に示したように、収縮期血圧が140〜159（高血圧1度）、160以上（同2、3度）の人の死亡率は、120未満の人に比べて約2倍、3倍高い。これは、高血圧により、死因2位と3位の心臓血管疾患、脳血管疾患を起こしやすいからである。**高血圧予防の要点**は、①食事の塩分を控える（1日量として男性7・5g以下、女性6・5g以下〔2020年食事摂取基準〕）によって血圧の上昇を防ぐ、②カロリーの摂りすぎによる肥満を防ぎ、肥満の人は減量する、③適度な運動により血行を良くして血圧を下げ、同時に肥満を抑える、の三つである。

空腹時血糖値が126mg／dL以上か随時血糖値が200mg／dL以上であれば糖尿病が疑われ、これらが2回確認される、血液検査でHbA$_{1c}$が6・5%以上などであれば糖尿病と診断される。日本人では、糖尿病患者の95%以上は2型であり、これは高血圧と並んで典型的な生活習慣病、成人病である。糖尿病は動脈硬化の危険因子であり、腎炎・網膜症・神経障害など種々の病気の原因にもなる（4・7節）。**2型糖尿病の原因**は、カロリーの摂りすぎ、肥満、運動不足、ストレスと言われる。[207] バランスの取れた、必要量のカロリーの食事を摂り、適度の運動をすることが予防の要点である。

肺炎

肺炎は最近の日本人の死因の第5位であるが、70歳以上の人については、男女とも死因の4位、3位あるいは2位と、高齢者ほど高い死亡率を示す。この原因の一つは、高齢者の自己免疫力が低下するためと考えられる。免疫力が低下すると、抗生物質の効力だけでは助からない場合が多いのであろう。咳、発熱などで高齢者の肺炎が疑われる場合には、早めに治療することが大事である。予防のためには、食事・運動などにより、一般的に健康状態を良く保つことが勧められる。

健康診断・検査

長く健康に生きるためには、禁煙すること、肥満・高血圧・糖尿病などの予防に努めることが必要である。がん一般の予防に禁煙が重要であり、胃がんの予防にはピロリ菌の除去が有効であるが、それでもがんは誰にもどこにでも起こり得る。これらを含めて、いろいろな病気を早期に発見し、治療することが長生きのために重要である。病気の早期発見のためには、適当な検査あるいは健康診断を定期的に受けることが必要と思われる。

私は、50歳ごろから70歳までほぼ2年に1回、いわゆる「人間ドック」という総合的な健康診断を受けてきた。その結果、50歳過ぎの頃に直腸にポリープが見つかり、大腸全体の内視鏡検査を勧められた。それによって大腸に複数のポリープが見つかり、切除してもらった。切除されたポリープの一つは、がんになる可能性があると言われたもので、その切除により寿命が数年延びたのではないかと思っている。また、この結果を考えて、以後何回か大腸内視鏡検査とポリープ切除を受けた。最近では、毎年高齢者に推奨される一般的検査、心電図検査、ＰＳＡ検査などを受けている。「人間ドック」は現在、費用が7万円程度かかるようであるが、加入している共済組合や勤務先が費用の半分あまりを負担してくれる可能性もある。また、多くの場合半日ですべて済む。40歳をすぎたら、まず1度これを受け、以後60歳くらいまでは3～5年に1度、その後は2年に1度くらい「人間ドック」のような総合的な健康診断を受けることをお勧めする。それとその結果に基づく必要な検査・治療により、多くの人の寿命が数年以上延びると思われる。

第9章　年齢・寿命の測り方

脊椎動物の寿命ランキング（1・1節）で述べたように、動物の寿命（死んだときの年齢）を正確に決めることは一般に難しい。ここでは、脊椎動物などの動物、および植物の年齢を測定あるいは推定する方法をまとめて述べよう。動物の寿命について考えるとき、元になる寿命がどの程度正確かは重要であり、また年齢の測り方は寿命の科学の根幹である。植物についても、年齢の測定は一般には難しい。また、年齢の測定についても、分子生物学の進歩などに伴い新しい方法が生まれている。

飼育、栽培

動物や植物を生まれてからずっと飼育あるいは栽培することがもっとも確実で、日の単位まで正確な年齢あるいは寿命の測定方法である。動物園などで飼育されている動物については、これが可能である。ずっと飼育しなくても、もし同じ個体の生まれた年月日と死んだ年月日の正確な記録があれば、同じである。このような方法は、すべての動物、植物に利用できる、もっとも一般性の高

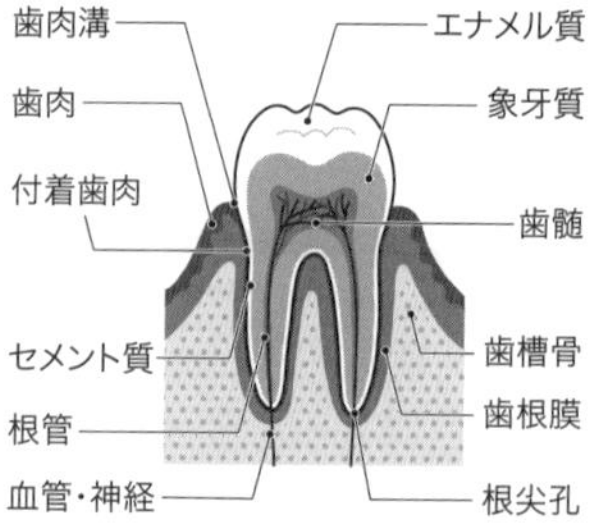

図9－1　哺乳類の歯の構造。出典208を基に作成。

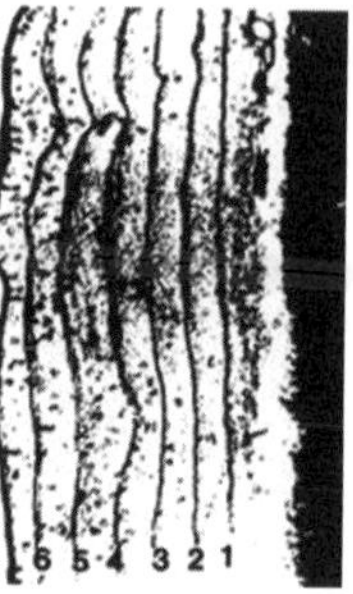

図9－2　ニホンジカの下顎第一切歯のセメント質に見られる年輪。出典209より転載。

いものと言える。しかし、寿命が100年を超えるような長寿の動物や植物については、非常に難しいと思われる。また、飼育下の寿命は野生動物のものとは異なり、一般的には野生状態より長いであろう。

捕獲、標識

野生の動物を若いときに捕獲してその年齢がある程度わかり、それに識別マークをつけて野生に戻したあと、ふたたび捕獲されれば、年齢が大体わかる。昆虫、魚などいろいろな動物について、さまざまな目的でこのような調査が行われている。

歯、骨、角などの年輪

哺乳類の年齢のもっともよい判定法とされるのは、歯の年輪（層状構造）に基づく方法である。この層構造は、図9－1に示す歯の構造の中で、歯の根元の、歯肉に接するセメント質の部分に、春から夏にかけての時期と冬の時期の成長速度の違いの結果生じる。図9－2にその例を示す。

これは、ニホンジカの下顎第一切歯からカルシウムを酸で取り除き、薄い切片にしたあと、ヘマトキシリンで染色したものである。濃く染色されているのが冬に形成される層であり、その数から年齢は6歳と判定する。(209)

このような層構造、あるいは年輪は多くの哺乳類の歯に観察され、年齢の判定に利用できる。ヒトの歯についてもこのような層構造は形成されるが、ヒトには代謝の季節的変化がほぼないので年輪ではなく、年齢の判定には利用できない。また、ハクジラやアザラシなどの歯の象牙質や、ウサギ、鳥類などの骨にもこのような年輪が観察され、年齢の判定に使われる。カモシカでは、角の周囲にあるケラチン質にこのような年輪が生じ、角を直接目で見ることにより年齢がわかる。(209)

甲羅の年輪

爬虫類であるカメの甲羅にも、季節による成長速度の違いにより、年輪が生じ、年齢が推定できる。(210)

耳石、ウロコなどの年輪

魚類では耳石、ウロコ（鱗）、脊椎骨などに年輪のようなものが形成される。とくに、耳石（図9－3）は比較的に年輪がわかりやすく、多くの魚の年齢の判定に用いられている。耳石は炭酸カルシウムの結晶でできている白い骨のようなもので、頭の後方に左右一対存在し、平衡感覚・聴覚に関与している。魚の種類によってこの年輪の読み取りが難しいものもあり、またどの魚でも10歳を

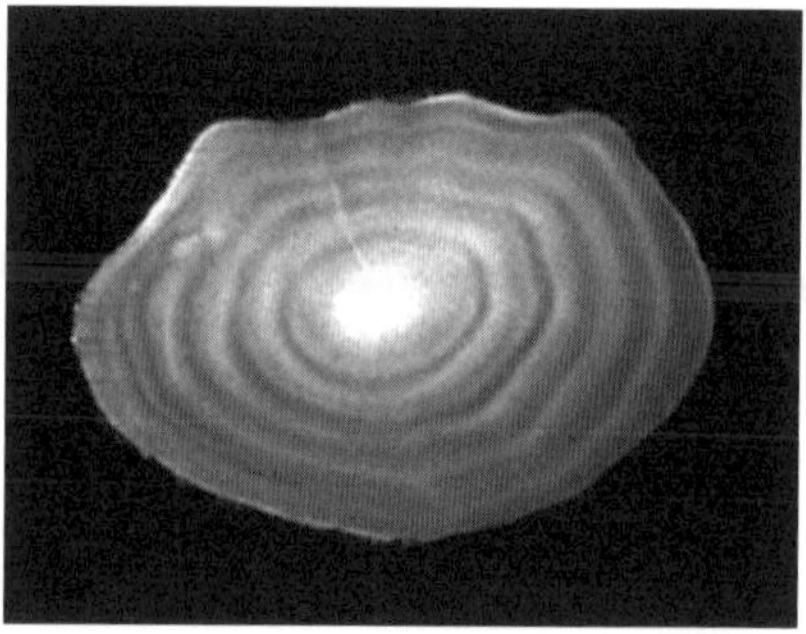

図 9－3　ヤナギムシガレイの耳石に見られる年輪。 出典 211 より転載。

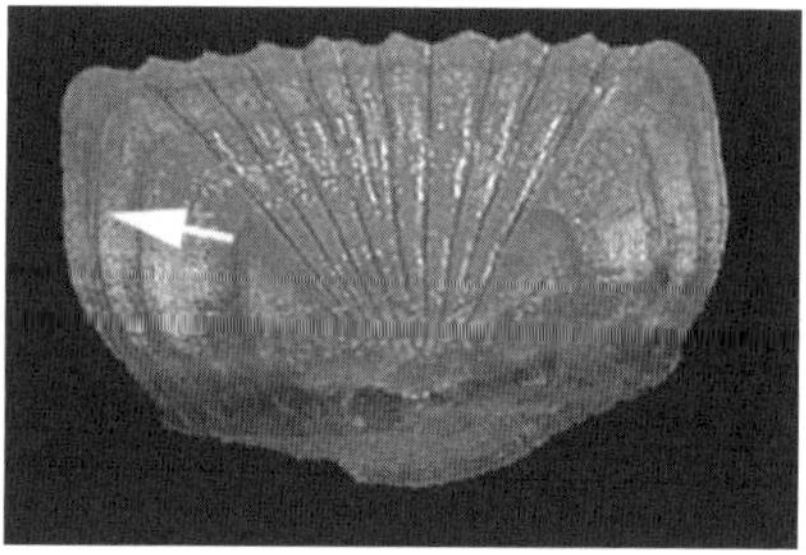

図 9－4　キダイのウロコ。 出典 212 より転載。

超えるような高齢の個体では難しい[211]。

魚のウロコの年輪の例を図9－4に示す。ウロコの年輪についても数えられるとは限らず、年輪が1年に2回できるものもあるので注意が必要である[212]。

アミノ酸のラセミ化

生体内の有機化合物の多くは、鏡像対称である二つの光学異性体（D体、L体）の一方だけとして存在している。これは、これら生体物質の合成を触媒する酵素類が、材料（基質）と生成物の両方について、立体的にはまったく異なるD体とL体を厳密に区別することによって生じる。生物の死んだあと、または生体から取り出されたあとでは、分子の振動によって少しずつD体はL体へ、L体はD体への変換が非酵素的に起こり、最終的にはD体とL体が1：1の平衡状態となるが、この現象を**ラセミ化**と呼ぶ。

アミノ酸は、タンパク質の構成要素などとして生体内に多量に存在するが、生体中ではすべてL体である。ラセミ化の速度は一般に温度によって異なり、アミノ酸の種類によっても異なるが、25℃では生体にあったすべてのアミノ酸が完全にラセミ化するのには約10万年かかる。そこで、アミノ酸のラセミ化の割合が、骨の化石、海底の堆積物、貝殻などの古さやそれが存在した環境の温度を推定するために使われてきた。アミノ酸の中ではアスパラギン酸のラセミ化の速度がもっとも速いとされている。そのために、寿命がせいぜい数百年である生きている動物や死んだ直後の個体の年齢の推定には、アスパラギン酸のラセミ化の程度を調べるのが最適である。(213) アミノ酸のラセミ化に基づく年齢推定法は、脊椎動物だけでなく、すべての動物、植物に適用可能な、一般性の高い方法である。

このような事実に基づき、生体内でつくられたあと、まったく代謝されない組織に含まれるアスパラギン酸のラセミ化の程度を測定すれば、その組織の生成後の年齢がわかると考えられる。上記の論文の著者たちは、さまざまな年齢の、生きている人間の歯のエナメル質（図9－1）のラセミ化の程度（0・045〜0・112）を調べ、人の年齢から推定した歯の年齢とほぼ一致することを見出した。このことは、身元不明の人の死体の年齢推定のもっとも信頼できる方法として法医学で利用されているが、野生動物についても個体の年齢推定に利用できると考えられる。なお、人の歯のエナメル質でのラセミ化の速度は、8.29×10^{-4}／年であった。[213]

このアスパラギン酸のラセミ化を野生動物に利用した重要な例が、1・1節に述べた、生成された脊椎動物の最長寿命記録第2位のホッキョククジラであった（211±35年）[7]。この場合は、生成されたあとまったく代謝を受けない組織として、目のレンズを用い、ラセミ化の速度は、体温37℃のヒトおよび深部体温が最高36℃のヒレクジラでの値に基づいている。±35年は、標準誤差であり、このような年齢推定に含まれるさまざまな要素による不正確さの指標を示す。

放射性炭素の利用

脊椎動物中で最長寿記録をもつのは、ニシオンデンザメという極地の海に棲むサメの1種であった。この寿命の推定は、個体の生まれる前に母親の体内でつくられ、その後まったく代謝を受けないと考えられている、目のレンズの中心部分の一定量の炭素に含まれる放射性炭素（^{14}C）の割合に基づいている。

地球上の生物圏内に存在する放射性炭素の大部分は、大気上層で生成される二次宇宙線中の中性子と窒素原子核の衝突によって生じる。この生成量には変動があるが、平均的には炭素全体中の^{14}Cの割合は約10^{-12}（1兆分の1）である。生じた^{14}Cはすぐに二酸化炭素となって大気や海水中に拡散する。また、その一部は植物の光合成により植物に取り込まれ、その有機化合物が食物連鎖を通じていろいろな動物にも取り込まれる。生物が生きている間は、その多くの組織では代謝が行われて^{14}C

の割合はほぼ一定であるが、死後はそれがなく、^{14}Cの割合は5730年を半減期として対数的に減少する。この原理に基づき、生物の遺骸の^{14}Cの放射能の測定値からその生物が死んだ年代を推定できる。生成されたあと、代謝を受けない組織であれば、その生物が生きている間でも、^{14}Cの割合からその組織が生成された年代が推定できる。これが放射性炭素による、生物や組織の年代測定（推定）の原理である[214]。この方法も、動物、植物すべてに適用可能な、一般性の高いものである。植物で寿命1位のタスマニアロマティア（4万3600年）、長寿の樹木トウヒ（9550年）の年齢は放射性炭素によるものであった。

ニシオンデンザメの年齢推定の場合は、生まれた年が知りたいので、生成後代謝を受けない組織の測定が必要で、目のレンズの^{14}Cの測定を行った。実際には、できるだけ正確な結果を得るために必要ないくつかの修正を行い、体長502cmである最大の個体の生まれた年を392±120年以前と推定した[2]。目のレンズを用いるこの方法は、ヒトの年齢を高い精度で推定するものとして、法医学の分野でも利用されている[215]。

樹木の年齢の測定

①年輪による測定：温帯地方の樹木では、成長が早い夏前後には細胞壁が薄い大きな細胞が、成長の遅い冬前後には細胞壁が厚い小さい細胞が木部につくられ、その結果樹木の幹に成長輪あるいは年輪が形成される。熱帯・亜熱帯でもマツ類などでは年輪が形成される。この数を数えると、その部分が生育した年齢を知ることができる。根元に近い木の幹を切れば、これが可能である。しかし、

年輪は必ずしも明瞭ではなく、そのときには染色したり、水につけたりすると、多くの場合年輪がきれいに見えるという。また、いくつかの方向で年輪を数えるほうが正確である。

木を切らないで年輪を調べるためには、普通「**成長錐**」を使う。これは、T字型の器具であり、T字の縦の部分を木の幹の中心部にねじ込み、直径5㎜ほどの円柱状の材を取り出してその年輪を数える。大木で木の中心部までの測定が難しい場合は、測定できた部分の深さと木の半径との比例計算で年齢を推定する。普通、成長錐は作業がしやすい人の胸の高さで使うので、その時には測定した年輪による年齢にその高さに達するまでの年齢を推定して加える。[216]

②成長速度あるいは成長量による方法：調査区域内にある、目的とする樹木のすべてについて何年かの間隔を置き、あるいは何年かの間毎年、木の幹の直径を測定して成長速度を求め、比例関係があるとして木の現在の直径から年齢を推定する。[216] 同様にして、特定の木が枯れる確率（死亡率）を調べれば、その逆数としてその樹種の**半寿命**が計算できる。6・2節および表6-1に示した屋久島の樹木の寿命はこのようにして調べられた。

草の年齢、寿命

芽が出たときからずっと栽培あるいは観察することのほかには、一般的に利用できる方法はないと思われる。6・1節に記したクモランとヘラオオバコの場合は、32年あるいは10年以上の長期にわたって毎年観察して寿命や年齢を調べている。同じ6・1節の多年草 *Borderea pyrenaica* は、その塊茎に年齢を示す痕跡が残るために正確な年齢が測定でき、300年以上の最長寿命が示された特別な例である。

DNAのメチル化、テロメアの長さ

ゲノムDNAのメチル化などの修飾の研究が盛んに行われ、それが種々の重要な機能をもつことが明らかにされつつある。これに関連して、とくにゲノムの特定の箇所のCpG配列（シトシンCとグアニンGが続く配列）のメチル化の程度が、その年齢と関連することがヒトおよび動物において多数報告されている。[217] たとえば、ヒトの唾液を材料として、年齢に関連するとされるなどの7箇所のCpGのメチル化を調べると、全体として年齢と約95％の連関を示し、法医学的に利用価値が高いと報告されている。[218] 今後さらに研究が進むことにより、いろいろな動物についても同じ程度に信頼性の高い年齢の推定が、DNAメチル化の解析により可能となると期待される。この方法も一般性が高い。

テロメアは、真核生物の染色体中のDNA末端に普遍的に存在する、DNAを含む構造である。その機能は染色体DNAの複製に伴って起こるDNA末端の短小化を元に戻すことであるが、それは必ずしも完全でなく、複製の回数の増加あるいは細胞の老化とともにテロメアが短縮することが知られている。このテロメアの短縮の程度を人の歯について調べた結果では、調べた人の年齢と有意な相関を示したが、これによる年齢の推定の精度は十分ではなかったという。[219] これについても、今後動物の年齢推定に役立つように進歩するかもしれない。

あとがき

「はじめに」に記したような経緯で本書の執筆を始めてからすでに1年半ほどになる。私は他にも何冊かの本を書いたが、執筆にかかった期間はせいぜい半年程度であったので、本書の執筆と出版のための修正には、はるかに長い時間がかかったことになる。非常に多くの寿命に関連する研究が発表されていて、その中の重要と思われる200篇近くを選んで読み、理解し、整理して執筆したが、これは予想以上に大変な作業であった。しかし、寿命・老化は生物にとってもっとも重要で、われわれにとっても切実な問題であり、興味が尽きない分野であることを再認識した。本書が興味深くまた役立つ本として多くの読者に受け入れられれば幸いである。

本書の出版については、化学同人編集部の津留貴彰氏に大変お世話になり、厚く感謝いたします。また、図の転載を快く御許可下さった日本老年医学会、日本生態学会、日本森林学会、京都府農林水産部海洋センター、これらに所属する論文の著者の方々、無料で図の転載を許可された雑誌ＰＮ

ＡＳ、転載した多数の写真を提供しているウィキペディアにも感謝します。

２０２０年１月７日

大島　靖美

および肺」. https://seniorguide.jp/article/1019204.html
(205) 禁煙サポートサイトいい禁煙，タバコの三大有害物質. https://www.e-kinen.jp/harm/poison.html
(206) 禁煙推進委員会，喫煙の健康影響・禁煙の効果. http://www.j-circ.or.jp/kinen/iryokankei/eikyo.htm
(207) DM TOWN，糖尿病になりにくい生活（食事). http://www.dm-town.com/oneself/yobou01.html

第9章

(208) Ask Dentist，歯の構造. http://www.ask-dentist.org/know/base/stracture.php
(209) 三浦慎吾「野生動物の年齢」『森林科学』，**18**，50（1996).
(210) 朝日新聞，動物の年齢，どう数えるの？http://www.asahi.com/edu/nie/tamate/kiji/TKY200703260240.html
(211) 京都府農林水産技術センター海洋センター，研究こぼれ話（魚の年齢を調べる). https://www.pref.kyoto.jp/kaiyo/kenkyukoborebanashi-nenrei.html
(212) 京都府農林水産技術センター海洋センター，この魚は何歳？（年齢調査). http://www.pref.kyoto.jp/kaiyo/job0103.html
(213) Helfman, P. M. and Bada, J. L. Aspartic acid racemization in tooth enamel from living humans. *Proc. Natl. Acad. Sci. USA*, **72**, 2891-2894 (1975).
(214) https://ja.wikipedia.org/wiki/放射性炭素年代測定
(215) Lynnerup, N. et al. Radiocarbon Dating of the Human Eye Lens Crystallins Reveal Proteins without Carbon Turnover throught Life. *PLoS ONE*, **3**, e1529 (2008).
(216) 加茂皓一「樹木の年齢」『森林科学』，**27**，49（1999).
(217) de Paoli-Iseppi, R. et al. Measuring Animal Age with DNA Methylation: From Humans to Wild Animals. *Front. Genet.*, **8**, 106 (2017).
(218) Hong, S. R. et al. DNA methylation-based age prediction from saliva: High age predictability by combination of 7 CpG markers. *Forensic Sci. Int. Genet.*, **29**, 118-125 (2017).
(219) Márquez-Ruiz, A. B. et al. Usefulness of telomere length in DNA from human teeth for age estimation. *Int. J. Legal. Med.*, **132**, 353-359 (2018).

Experimental Botany, **61**, 261-273 (2010).
(182) Minina, E. A. et al. Autophagy mediates caloric restriction-induced lifespan extension in *Arabidopsis*. *Aging Cell*, **12**, 327-329 (2013).
(183) Bigler, C. Trade-Offs between Growth Rate, Tree Size and Lifespan of Mountain Pine (*Pinus montana*) in the Swiss National Park. *PLoS ONE*, **11**, e0150402 (2016).
(184) Ireland, K. B. et al. Slow lifelong growth predisposes *Populus tremuloides* trees to mortality. *Oecologia*, **175**, 847-859 (2014).
(185) Li, Y. et al. Acyl Chain Length of Phosphatidylserine Is Correlated with Plant Lifespan. *PLoS ONE*, **9**, e103227 (2014).
(186) Tuscan, G. A. et al. The genome of black cottonwood, *Populus trichocarpa* (Torr. & Gray). *Science*, **313**, 1596-604 (2006).
(187) Arabidopsis Genome Initiative, Analysis of the genome of the flowering plant *Arabidopsis thaliana*. *Nature*, **408**, 796-815 (2000).

第7章

(188) Jones, O. R. et al. Diversity of ageing across the tree of life. *Nature*, **505**, 169-173 (2014).
(189) 健康長寿ネット，ウェルナー症候群. https://www.tyojyu.or.jp/net/byouki/werner.html
(190) https://ja.wikipedia.org/wiki/ハッチンソン・ギルフォード・プロジェリア症候群
(191) Kenyon, C. J. The genetics of ageing. *Nature*, **464**, 504-512 (2010).
(192) Animal Encyclopedia, National Geographic Society, 2012.
(193) 魚類図鑑，魚の寿命. https://aqua.stardust31.com/jyumyou.shtml
(194) López-Otín, C. et al. Metabolic Control of Longevity. *Cell*, **166**, 802-821 (2016).

第8章

(195) 渡邊昌『栄養学原論』南江堂（2009年）.
(196) 厚生労働省，「日本人の食事摂取基準（2020年版）」策定検討会報告書. https://www.mhlw.go.jp/stf/newpage_08517.html
(197) 出典196の各論，エネルギー，p.79の表8. https://www.mhlw.go.jp/content/10904750/000586556.pdf
(198) Kitada, M. et al. The impact of dietary protein intake on longevity and metabolic health. *EBioMedicine*, **43**, 632-640 (2019).
(199) ダン・ビュートナー「長寿の食卓を巡る旅」『ナショナルジオグラフィック日本版』2020年1月号，p.57-73.
(200) Healthy Diets From Sustainable Food Systems: Summary Report of the EAT-Lancet Commission. https://eatforum.org/content/uploads/2019/01/EAT-Lancet_Commission_Summary_Report.pdf
(201) 国際連合広報センター，国連報告書プレスリリース日本語訳. https://www.unic.or.jp/news_press/info/33789
(202) 大川匡子，高橋清久 監修『睡眠のなぜ？に答える本—もっと知ろう！やってみよう!!　快眠のための12ポイント』ライフ・サイエンス（2019年）.
(203) 高久史麿ほか監修『最新版　家庭医学大全科』法研（2004年）.
(204) シニアガイド，日本人の死亡原因の1位は男女とも「ガン」，部位別では「気管支

(155) 岩手県立大学, ヤマノイモの会. http://p-www.iwate-pu.ac.jp/~hiratsuk/yamanoimo/Borderea/photos.html
(156) García, M. B. and Antor, R. J. Sex-ratio and sexual dimorphism in the dioecious *Borderea pyrenaica* (Dioscoreaceae). *Oecologia*, **101**, 59-67 (1995).
(157) Aiba, S. & Kohyama, T. Tree species stratification in relation to allometry and demography in a warm-temperate rain forest. *J. Ecol.*, **84**, 207-218 (1996).
(158) Marbà, N. et al. Allometric scaling of plant life history. *PNAS*, **104**, 15777-15780 (2007).
(159) https://en.wikipedia.org/wiki/Thuja_occidentalis
(160) Kelly, P. E. & Larson, D. W. Dendroecological analysis of the population dynamics of an old-growth forest on cliff-faces of the Niagara Escarpment, Canada. *J. Ecol.*, **85**, 467-478 (1997).
(161) ボタニックガーデン. https://www.botanic.jp/plants-na/nihiba.htm
(162) 野崎造園新聞, 植物の寿命. http://www.nozaki-zoen.co.jp
(163) Ashton, P. S. & Hall, P. Comparisons of Structure Among Mixed Dipterocarp Forests of North-Western Borneo. *J. Ecol.*, **80**, 459-481 (1992).
(164) 樹種別の寿命と樹高, 直径成長. https://blogs.yahoo.co.jp/freiburgshuji/18140211.html
(165) https://ja.wikipedia.org/wiki/ブナ
(166) Alberts, B. ほか『細胞の分子生物学(第5版)』(中村桂子, 松原謙一 監訳) ニュートンプレス (2010年).
(167) Burian, A. et al. Patterns of Stem Cell Divisions Contribute to Plant Longevity. *Curr. Biol.*, **26**, 1385-1394 (2016).
(168) 木材博物館. https://www.wood-museum.net/specific_gravity.php
(169) 及川真平ほか「葉寿命研究の歴史と近況」『日本生態学会誌』, **63**, 11-17 (2013).
(170) Wright, J. et al. The worldwide leaf economics spectrum. *Nature*, **428**, 821-827 (2004).
(171) 長田典之ほか「環境条件に応じた葉寿命の種内変異:一般的傾向と機能型間の差異」『日本生態学会誌』, **63**, 19-36 (2013).
(172) 森林総合研究所, ヒノキの葉の寿命は寒冷な地域ほど長い. https://www.ffpri.affrc.go.jp/research/saizensen/2012/20120528-02.html
(173) https://ja.wikipedia.org/wiki/大賀ハス
(174) Shen-Miller, J. et al. Exceptional seed longevity and robust growth: ancient Sacred Lotus from China. *American Journal of Botany*, **82**, 1367-1380 (1995).
(175) 鈴木基夫, 横井政人 監修『山渓カラー名鑑 園芸植物』山と渓谷社 (1998年).
(176) http://www.pixino.com/salen/koukannjilyo.htm
(177) Kim, D. H. Extending *Populus* seed longevity by controlling seed moisture content and temperature. *PLoS ONE*, **13**, e0203080 (2018).
(178) Lima, J. J. P. et al. Molecular characterization of the acquisition of longevity during seed maturation in soybean. *PLoS ONE*, **12**, e0180282 (2017).
(179)『世界国勢図会(2014/15年版)』矢野恒太記念会 (2014年).
(180) Nguyen, T. P. et al. A role for seed storage proteins in *Arabidopsis* seed longevity. *Journal of Experimental Botany*, **66**, 6399-6413 (2015).
(181) Sharabi-Schwager, M. et al. Overexpression of the *CBF-2* transcriptional activator in Arabidopsis delays leaf senescence and extends plant longevity. *Journal of*

with exceptional human longevity. *Mech. Ageing Dev.*, **175**, 24-34 (2018).
(134) Dato, S. et al. The genetic component of human longevity: New insights from the analysis of pathway-based SNP-SNP interactions. *Aging Cell*, **17**, e12755 (2018).
(135) Johnson, S. C. et al. mTOR is a key modulator of ageing and age-related disease. *Nature*, **493**, 338-345 (2013).
(136) 大田秀隆「長寿遺伝子 Sirt1 について」『日老医誌』, **47**, 11-16 (2010).
(137) Killic, U. et al. A Remarkable Age-Related Increase in SIRT1 Protein Expression against Oxidative Stress in Elderly: SIRT1 Gene Variants and Longevity in Human. *PLoS ONE*, **10**, e0117954 (2015). DOI: 10.1371/journal.pone.0117954

第 5 章

(138) https://ja.wikipedia.org /wiki/センテナリアン
(139) 権藤恭之「百寿者の国際共同研究の目的と成果」『日老医誌』, **55**, 570-577 (2018).
(140) 新井康通, 広瀬信義「スーパーセンチナリアンの医学生物学的研究」『日老医誌』, **55**, 578-583 (2018).
(141) https://www.chiba.med.or.jp/personnel/nursing/download/tex2016_6.pdf
(142) https://ja.wikipedia.org/wiki/ミニメンタルステート検査
(143) Arai, Y. et al. Demographic, phenotypic, and genetic characteristics of centenarians in Okinawa and Honshu, Japan: Part 2 Honshu, Japan. *Mech. Ageing Dev.*, **165**, 80-85 (2017).
(144) Wilcox, B. J. et al. Demographic, phenotypic, and genetic characteristics of centenarians in Okinawa and Japan: Part 1- centenarians in Okinawa. *Mech. Ageing Dev.*, **165**, 75-79 (2017).
(145) Robine, J. M. et al. Exploring the impact of climate on human longevity. *Exp. Gerontol.*, **47**, 660-671 (2012).
(146) da Silva, A. P. et al. Characterization of Portuguese Centenarian Eating Habits, Nutritional Biomarkers, and Cardiovascular Risk: A Case Control Study. *Oxid. Med. Cell. Longev.*, **2018**, 5296168. DOI: 10.1155/2018/5296168
(147) Hippisley-Cox, J. et al. Predicting cardiovascular risk in England and Wales: prospective derivation and validation of QRISK2. *BMJ*, **336**, 1475-1482 (2008).
(148) Zeng, Y. et al. Demographics, phenotypic health characteristics and genetic analysis of centenarians in China. *Mech. Ageing Dev.*, **165**, 86-97 (2017).

第 6 章

(149) Hutchings, M. J. The population biology of the early spider orchid *Ophrys sphegodes* MilI. III. Demography over three decades. *J. Ecol.*, **98**, 867-878 (2010).
(150) https://en.wikipedia.org/wiki/Ophrys_ sphegodes
(151) Shefferson, R. P. & Roach, D. A. Longitudinal analysis in *Plantago*: strength of selection and reverse age analysis reveal age-indeterminate senescence. *J. Ecol.*, **101**, 577-584 (2013).
(152) https://en.wikipedia.org/wiki/Plantago_lanceolata
(153) 佐竹義輔ほか編『フィールド版　日本の野生植物　草本』平凡社 (1985 年).
(154) Garcia, M. B. et al. No evidence of senescence in a 300-year-old mountain herb. *J. Ecol.*, **99**, 1424-1430 (2011).

Japan. *J. Epidemiol.*, **17**, 31-37 (2007).
(117) Doll, R. et al. Mortality in relation to smoking: 50 years' observation on male British cohorts. *BMJ*, **328**, 1519-1528 (2004).
(118) Zha, L. et al. Changes in Smoking Status and Mortality from All Causes and Lung Cancer: A Longitudinal Analysis of a Population-based Study in Japan. *J. Epidemiol.*, **29**, 1-17 (2019).
(119) 厚生労働省の最新たばこ情報，成人喫煙率（JT 全国喫煙者率調査）. http://www.health-net.or.jp/tobacco/product/pd090000.html
(120) Yang, J. J. et al. Tobacco Smoking and Mortality in Asia: A Pooled Meta-Analysis. *JAMA Netw. Open*, **2**, e191474 (2019).
(121) World Health Organization, WHO Report on the Global Tobacco Epidemic, 2017. https://www.who.int/tobacco/global_report/2017/en/
(122) GBD 2015 Tobacco Collaborators, Smoking prevalence and attributable disease burden in 195 countries and territories, 1990-2015: a systematic analysis from the Global Burden of Disease Study 2015. *Lancet*, **389**, 1885-1906 (2017).
(123) 糖尿病ネットワーク，糖尿病の患者数・予備群の数　国内の調査・統計. https://dm-net.co.jp/calendar/chousa/population.php
(124) Yang, J. J. et al. Association of Diabetes With All-Cause and Cause-Specific Mortality in Asia: A Pooled Analysis of More Than 1 Million Participants. *JAMA Netw. Open*, **2**, e192696 (2019).
(125) Preston, S. H. et al. Effect of Diabetes on Life Expectancy in the United States by Race and Ethnicity. *Biodemography Soc. Biol.*, **64**, 139-151 (2018).
(126) Goto, A. et al. Causes of death and estimated life expectancy among people with diabetes: A retrospective cohort study in a diabetes clinic. *Journal of Diabetes Investigation*, **11**, 52-54 (2020). DOI: 10.1111/jdi.13077
(127) Yamagishi, K. et al. Blood pressure levels and risk of cardiovascular disease mortality among Japanese men and women: the Japan Collaborative Cohort Study for Evaluation of Cancer Risk (JACC Study). *J. Hypertens.*, **37**, 1366-1371 (2019).
(128) Wei, Y. C. et al. Assessing Sex Differences in the Risk of Cardiovascular Disease and Mortality per Increment in Systolic Blood Prssure: A Systematic Review and Meta-Analysis of Follow-Up Studies in the United States. *PLoS ONE*, **12**, e0170218 (2017). DOI: 10.1371/journal.pone.0170218
(129) Winnie, W. Y. et al. Age-and sex-specific all-cause mortality risk greatest in metabolic syndrome combinations with elevated blodd pressure from 7 U.S. cohorts. *PLoS ONE*, **14**, e0218307 (2019). DOI: 10.1371/journal.pone.0218307
(130) 日本生活習慣病予防協会，高血圧の予防と治療. http://www.seikatsushukanbyo.com/guide/hypertension.php
(131) Aune, D. et al. Resting heart rate and the risk of cardiovascular disease, total cancer, and all-cause mortality-a systematic review and dose-response meta-analysis of prospective studies. *Nutr. Metab. Cardiovasc. Dis.*, **27**, 504-517 (2017). DOI: 10.1016/j.numecd.2017.04.004
(132) Hozawa, A. et al. Prognostic Value of Home Heart Rate for Cardiovascular Mortality in the General Population. *American Journal of Hypertension*, **17**, 1005-1010 (2004).
(133) Revelas, M. et al. Review and meta-analysis of genetic polymorphisms associated

(97) Song, M. et al. Association of Animal and Plant Protein Intake With All-Cause and Cause-Specific Mortality. *JAMA Intern. Med.*, **176**, 1453-1463 (2016).
(98) Kurihara, A. et al. Vegetable Protein Intake was Inversely Associated with Cardiovascular Mortality in a 15-Year Follow-Up Study of the General Japanese Population. *J. Atheroscler. Thromb.*, **26**, 198-206 (2019).
(99) Yin, J. et al. Relationship of Sleep Duration With All-Cause Mortality and Cardiovascular Events: A Systematic Review and Dose-Response Meta-Analysis of Prospective Cohort Studies. *J. Am. Heart Assoc.*, **6**, e005947 (2017). DOI: 10.1161/JAHA.117.005947
(100) Åkerrstedt, T. et al. Sleep duration, mortality and the influence of age. *Eur. J. Epidemiol.*, **32**, 881-891 (2017).
(101) Ohara, T. et al. Association Between Daily Sleep Duration and Risk of Dementia and Mortality in a Japanese Community. *J. Am. Geriatr. Soc.*, **66**, 1911-1918 (2018).
(102) Arem, H. et al. Leisure Time Physical Activity and Mortality: A Detailed Pooled Analysis of the Dose-Response Relationship. *JAMA Intern. Med.*, **175**, 959-967 (2015).
(103) Ainsworth, B. E. et al. 2011 Compendium of Physical Activities: A Second Update of Codes and MET Values. *Med. Sci. Sports Exerc.*, **43**, 1575-1581 (2011).
(104) (独) 国立健康・栄養研究所，改訂版『身体活動のメッツ (METs) 表』(2012 年 4 月 11 日改訂). https://www.nibiohn.go.jp/eiken/programs/2011mets.pdf
(105) 代謝当量 METs とその場運動. https://47819157.at.webry.info/201511/article_5.html
(106) Stamatakis, E. et al. Sitting Time, Physical Activity, and Risk of Mortality in Adults. *J. Am. Coll. Cardiol.*, **73**, 2062-2072 (2019).
(107) 身体活動・運動強度と死亡との関連―多目的コホート研究 (JPHC) 研究からの成果報告―. https://epi.ncc.go.jp/jphc/outcome/8048.html
(108) Kikuchi, H. et al. Impact of Moderate-Intensity and Vigorous-Intensity Physical Activity on Mortality. *Med. Sci. Sports Exerc.*, **50**, 715-721 (2018).
(109) Shin, W. Y. et al. Diabetes, Frequency of Exercise, and Mortality Over 12 Years: Analysis of National Health Insurance Service-Health Screening (NHIS-HEALS) Database. *J. Korean Med. Sci.*, **33**, e60 (2018).
(110) 厚生労働省，平成 28 年国民健康・栄養調査報告. https://www.mhlw.go.jp/bunya/kenkou/eiyou/h28-houkoku.html
(111) Chastin, S. F. M. et al. How does light-intensity physical activity associate with adult cardiometabolic health and mortality? Systematic review with meta-analysis of experimental and observational studies. *Br. J. Sports Med.*, **53**, 370-376 (2019).
(112) Jha, P. et al. 21st-Century Hazards of Smoking and Benefits of Cessation in the United States. *N. Eng. J. Med.*, **368**, 341-350 (2013).
(113) 日本学校保健会，タバコの害について. http://www.hokenkai.or.jp/3/3-5/3-55-03.html
(114) Sakata, R. et al. Impact of smoking on mortality and life expectancy in Japanese smokers: a prospective cohort study. *BMJ*, **345**, e7093 (2012).
(115) Ozasa, K. et al. Reduced life expectancy due to smoking in large-scale cohort studies in Japan. *J. Epidemiol.*, **28**, 111-8 (2008).
(116) Murakami, Y. et al. Life expectancy among Japanese of different smoking status in

Metabolism, **19**, 418-430 (2014).
(79) Richie, J. P. et al. Methionine restriction increases blood glutathione and longevity in F344 rats. *FASEB J.*, **8**, 1302-1307 (1994).
(80) Miller, R. A. et al. Methionine-deficient diet extends mouse lifespan, slows immune and lens aging, alters glucose, T4, IGF-1 and insulin levels, and increases hepatocyte MIF levels and stress resistance. *Aging Cell*, **4**, 119-125 (2005).
(81) Kitada, M. et al. The impact of dietary protein intake on longevity and metabolic health. *EBioMedicine*, **43**, 632-640 (2019).
(82) D'Antona, G. et al. Branched-Chain Amino Acid Supplementation Promotes Survival and Supports Cardiac and Skeletal Muscle Mitochondrial Biogenesis in Middle-Aged Mice. *Cell Metabolism*, **12**, 362-372 (2010).
(83) Mattson, M. P. et al. Meal frequency and timing in health and disease. *PNAS*, **111**, 16647-16653 (2014).
(84) Longo, V. D. & Panda, S. Fasting, Circadian Rhythms, and Time-Restricted Feeding in Healthy Lifespan. *Cell Metabolism*, **23**, 1049-1059 (2016).
(85) Brandhorst, S. et al. A Periodic Diet that Mimics Fasting Promotes Multi-System Regeneration, Enhanced Cognitive Performance, and Healthspan. *Cell Metabolism*, **22**, 86-99 (2015).
(86) Baur, J. A. et al. Resveratrol improves health and survival of mice on a high-calorie diet. *Nature*, **444**, 337-342 (2006).
(87) https://ja.wikipedia.org/wiki/ラパマイシン
(88) Harrison, D. E. et al. Rapamycin fed late in life extends lifespan in genetically heterogeneous mice. *Nature*, **460**, 392-395 (2009).

第4章

(89) The Global BMI Mortality Collaboration. Body-mass index and all-cause mortality: individual-participant-data meta-analysis of 239 prospective studies in four continents. *Lancet*, **388**, 776-786 (2016).
(90) Joshi, P. K. et al. Genome-wide meta-analysis associates *HLA-DQA1/DRB1* and *LPA* and lifestyle factors with human longevity. *Nature Commun.*, **8**, 910 (2017).
(91) 伊藤正男ほか編『医学大辞典』医学書院（2003年）.
(92) 今堀和友，山川民夫 監修『生化学辞典（第4版）』東京化学同人（2007年）.
(93) 赤木優也，神出計「長寿の遺伝素因：百寿者研究，高齢者疫学研究から得られた知見より」『日老医誌』，**55**，554-561，2018.
(94) Deng, Q. et al. Understanding the Natural and Socioeconomic Factors behind Regional Longevity in Guangxi, China: Is the Centenarian Ratio a Good Enough Indicator for Assessing the Longevity Phenomenon? *Int. J. Environ. Res. Public Health*, **15**, 938 (2018). DOI: 10.3390/ijerph15050938
(95) Ravussin, E. et al. A 2-Year Randomized Controlled Trial of Human Caloric Restriction: Feasibility and Effects on Predictors of Health Span and Longevity. *J. Gerontol. A Biol. Sci. Med. Sci.*, **70**, 1097-1104 (2015).
(96) Levine, M. E. et al. Low Protein Intake Is Associated with a Major Reduction in IGF-1, Cancer, and Overall Mortality in the 65 and Younger but Not Older Population. *Cell Metabolism*, **19**, 407-417 (2014).

(51) 石井誠治 監修『樹木の名前（山渓名前図鑑）』山と渓谷社（2018 年）.
(52) https://en.wikipedia.org/wiki/Bristlecone_pine
(53) https://ja.wikipedia.org/wiki/縄文杉
(54) 渡辺典博『巨樹・巨木』山と渓谷社（1999 年）.
(55) 林野庁業務資料，スギ・ヒノキ林に関するデータ（平成 24 年）.
(56) 大島靖美『線虫の研究とノーベル賞への道ー1 ミリの虫の研究がなぜ 3 度ノーベル賞を受賞したか』裳華房（2015 年）.
(57) https://ja.wikipedia.org/wiki/一年生植物
(58) https://ja.wikipedia.org/wiki/二年生植物
(59) https://ja.wikipedia.org/wiki/多年生植物
(60) 佐竹義輔 ほか編『フィールド版　日本の野生植物　草本』平凡社（1985 年）.
(61) https://en.wikipedia.org/wiki/Pando_(tree)
(62) https://en.wikipedia.org/wiki/Clonal_colony#Examples
(63) Liu, F. et al. Ecological Consequences of Clonal Integration in Plants. *Frontiers in Plant Science*, 7, 770 (2016).
(64) https://kotobank.jp/word/タケ-1558724
(65) 農林水産省，竹のお話 (2). http://www.maff.go.jp/j/pr/aff/1301/spe1_02.html

第 3 章

(66) McCay, C. M. et. al. The Effect of Retarded Growth Upon the Length of Life Span and Upon the Ultimate Body Size: One Figure. *J. Nutr.*, **10**, 63-79 (1935).
(67) Ladiges, W. et al. Lifespan extension in genetically modified mice. *Aging Cell*, **8**, 346-352 (2009).
(68) Brown-Borg, H. M. et al. Dwarf mice and the aging process. *Nature*, **384**, 33 (1996).
(69) Bartke, A. et al. Extending the lifespan of long-lived mice. *Nature*, **414**, 412 (2001).
(70) Shriner, S. E. et al. Extension of Murine Life Span by Overexpression of Catalase Targeted to Mitochondria. *Science*, **308**, 1909-1911 (2005).
(71) Conti, B. et al. Transgenic Mice with a Reduced Core Body Temperature Have an Increased Life Span. *Science*, **314**, 825-828 (2006).
(72) Benigni, A. et al. Disruption of the Ang II type I receptor promotes longevity in mice. *J. Clin. Invest.*, **119**, 524-530 (2009).
(73) Riera, C. E. et al. TRPV1 Pain Receptors Regulate Longevity and Metabolism by Neuropeptide Signalling. *Cell*, **157**, 1023-1036 (2014).
(74) Hofmann, J. W. et al. Reduced Expression of MYC Increases Longevity and Enhances Healthspan. *Cell*, **160**, 477-488 (2015).
(75) Swindell, W. R. Dietary restriction in rats and mice: A meta-analysis and review of the evidence for genotype-dependent effects on lifespan. *Aging Res. Rev.*, **11**, 254-270 (2012).
(76) Colman, R. J. et al. Caloric restriction delays disease onset and mortality in rhesus monkeys. *Science*, **325**, 201-204 (2009).
(77) Fanson, B. G. et al. Nutrients, not caloric restriction, extend lifespan in a Queensland fruit fly. *Aging Cell*, **8**, 514-523 (2009).
(78) Solon-Biet, S. M. et al. The Ratio of Macronutrients, Not Caloric Intake, Dictates Cardiometabolic Health, Aging, and Longevity in Ad Libitum-Fed Mice. *Cell*

(26) https://ja.wikipedia.org/wiki/アイスランドガイ
(27) National Geographic, News, 2013.11.18. https://natgeo.nikkeibp.co.jp/nng/article/news/14/8548/
(28) NAVER まとめ，人間より長生き!?長寿の昆虫ベスト 5. https://matome.naver.jp/odai/2137949300502513301
(29) 100 年生きるシロアリ女王. http://www10.plala.or.jp/kasuga3/insect/100nen.htm
(30) https://ja.wikipedia.org/wiki/サンゴ
(31) https://en.wikipedia.org/wiki/Hydra_vulgaris
(32) ニホンベニクラゲ．北里大学三宅裕志准教授提供
(33) 八杉龍一ほか編『岩波　生物学辞典（第 4 版）』岩波書店（1996 年）.
(34) Munro, D. & Blier, P. U. The extreme longevity of *Arctica islandica* is associated with increased peroxidation resistance in mitochondrial membranes. *Aging Cell*, **11**, 845-855 (2012).
(35) Ungvari, Z. et al. Extreme longevity is associated with increased resistance to oxidative stress in *Arctica islandica*, the longest-living non-colonial animal. *J. Gerontol. A Biol. Sci. Med. Sci.*, **66A**, 741-750 (2011).
(36) Butler, P. G. et al. Variability of marine climate on the North Icelandic Shelf in a 1357-years proxy achieved based on growth increments in the bivalve *Arctica Islandica*. *Palaeogeogr. Paleocl.*, **373**, 141-151 (2012).
(37) 椎野季雄著『水産無脊椎動物学』培風館（1969 年）.
(38) Martinez, D. E. & Bridge, D. *Hydra*, the everlasting embryo, confronts aging. *Int. J. Dev. Biol.*, **56**, 479-487 (2012).

第 2 章

(39) 世界自然遺産屋久島. http://www.tabian.com/tiikibetu/kyusyu/kagosima/yakusima/2.html
(40) Sussman, R. *The Oldest Living Things In The World*, The University of Chicago Press (2014).
(41) https://ja.wikipedia.org/wiki/樹齢
(42) Alves, R. J. V. et al. Longevity of the Brazilian underground tree *Jacaranda decurrens* Cham. *Anais da Academia Brasileira de Ciencias*, **85**, 671-677 (2013).
(43) de Witte, L. C. & Stöcklin, J. Longevity of clonal plants: why it matters and how to measure it. *Annals of Botany*, **106**, 859-870 (2010).
(44) Vasek, F. C. Creosote Bush: Long-Lived Clones in the Mohave Desert. *American Journal of Botany*, **67**, 246-255 (1980).
(45) Lynch, A. J. J. et. al. Genetic evidence that *Lomatia tasmanica* (Proteaceae) is an ancient clone. *Australian Journal of Botany*, **46**, 25-33 (1998).
(46) de Witte, L. C. et al. AFLP markers reveal high clonal diversity and extreme longevity in four key arctic-alpine species. *Mol. Ecol.*, **21**, 1081-97 (2012).
(47) Takahashi, M. K. et al. Extensive clonal spread and extreme longevity in saw palmetto, a foundation clonal plant. *Mol. Ecol.*, **20**, 3730-3742 (2011).
(48) https://gardens.rtbg.tas.gov.au/lomatia_tasmanica/
(49) https://en.wikipedia.org/wiki/King_Clone
(50) https://en.wikipedia.org/wiki/Old_Tjikko

出典一覧

第1章

（1） R. フリント『数値で見る生物学―生物に関わる数のデータブック』（浜本哲郎 訳）シュプリンガー・ジャパン（2007年）.

（2） Nielsen, J. et al. Eye lens radiocarbon reveals centuries of longevity in the Greenland shark (*Somniosus microcephalus*). *Science*, **353**, 702-704 (2016).

（3） 大島靖美『生物の大きさはどのようにして決まるのか―ゾウとネズミの違いを生む遺伝子』化学同人（2013年）.

（4） National Geographic, News, 2016.01.15. https://natgeo.nikkeibp.co.jp/actl/news/16/011400012/

（5） 鈴木英治『植物はなぜ5000年も生きるのか―寿命からみた動物と植物のちがい』講談社（2002年）.

（6） https://ja.wikipedia.org/wiki/ジャンヌ・カルマン

（7） George, J. C. et al. Age and growth estimates of bowhead whales (*Balaena mysticetus*) via aspartic acid racemization. *Can. J. Zool.*, **77**, 571-580 (1999).

（8） https://ja.wikipedia.org/wiki/ニシオンデンザメ

（9） https://ja.wikipedia.org/wiki/ホッキョククジラ

（10） https://ja.wikipedia.org/wiki/コイ

（11） http://ja.wikipedia.org/wiki/アルダブラゾウガメ

（12） マクマホン，ボナー『生物の大きさとかたち―サイズの生物学』（木村武二 ほか 訳）東京化学同人（2000年）.

（13） BBC News, 2016.10.6.

（14） https://ja.wikipedia.org/wiki/シロエリハゲワシ

（15） 犬の年齢の数え方と平均寿命. https://allabout.co.jp

（16） 日本ペットフード，小動物の基礎知識，種類別の小鳥寿命表. https://www.npf.co.jp/kisoaqua_bird/kop4-03.html

（17） 魚類図鑑／魚の寿命，魚の年齢と寿命. https://aqua.stardust31.com/jyumyou.shtml

（18） マッシモ・リヴィ-バッチ『人口の世界史』（速水融，斎藤修 訳）東洋経済新報社（2014年）.

（19） Kenny, K. L. *Extreme Longevity*, Lerner Publishing Group, Inc. (2019).

（20） Roark, E. B. et al. Extreme longevity in proteinaceous deep-sea corals. *PNAS*, **106**, 5204-5208 (2009).

（21） Schaible R. et al. Constant mortality and fertility over age in *Hydra*. *PNAS*, **112**, 15701-15706 (2015).

（22） Piraino, et al. Reversing the life cycle: Medusae transforming into polyps and cell transdifferentiation in *Turitopsis nutricula* (Cnidaria, Hydrozoa). *Biol. Bulletin*, **190**, 302-312 (1996).

（23） https://ja.wikipedia.org/wiki/ベニクラゲ

（24） https://ja.wikipedia.org/wiki/シオミズツボワムシ

（25） Kenyon, et al. A *C. elegans* mutant that lives twice as long as wild type. *Nature*, **366**, 461-464 (1993).

大島　靖美（おおしま　やすみ）

1940年神奈川県生まれ。69年東京大学大学院理学系研究科博士課程修了。九州大学薬学部助手、米国カーネギー発生学研究所博士研究員、筑波大学生物科学系助教授、九州大学理学部教授、崇城大学教授を経て、現在は九州大学名誉教授。理学博士。

専門は分子生物学、分子遺伝学（線虫、微生物、植物）。

1975年に日本薬学会宮田賞および日本生化学会奨励賞受賞。

著書に『生物の大きさはどのようにして決まるのか』（化学同人）など多数ある。

DOJIN 選書　085
400年《ねん》生《い》きるサメ、4万年《まんねん》生《い》きる植物《しょくぶつ》
生物《せいぶつ》の寿命《じゅみょう》はどのように決《き》まるのか

第1版　第1刷　2020年7月30日

検印廃止

著　　者　大島靖美
発 行 者　曽根良介
発 行 所　株式会社化学同人
600-8074　京都市下京区仏光寺通柳馬場西入ル
編集部　TEL：075-352-3711　FAX：075-352-0371
営業部　TEL：075-352-3373　FAX：075-351-8301
振替　01010-7-5702
https://www.kagakudojin.co.jp　webmaster@kagakudojin.co.jp
装　　幀　BAUMDORF・木村由久
印刷・製本　創栄図書印刷株式会社

ISBN978-4-7598-1685-3
落丁・乱丁本は送料小社負担にてお取りかえいたします。無断転載・複製を禁ず

DOJIN選書・好評既刊

海洋プラスチックごみ問題の真実
——マイクロプラスチックの実態と未来予測

磯辺篤彦

海のプラスチックはなぜ問題か？　汚染の実態からマイクロプラスチックの影響まで、海洋プラスチックごみ研究の第一人者が新たな環境問題への挑戦を真摯に語る。

〈新型コロナウイルス対応改訂版〉パンデミックを阻止せよ！
——感染症を封じ込めるための10のケーススタディ

浦島充佳

スペイン風邪をはじめ、感染症アウトブレイクの実事例を読み解いて見えてきた、封じ込めのための七つのステップ。新型コロナウイルス感染症の内容を加え緊急改訂！

食品添加物はなぜ嫌われるのか
——食品情報を「正しく」読み解くリテラシー

畝山智香子

超加工食品や新しい北欧食をはじめ、近年話題になった食品をめぐるさまざまな問題を取り上げ、情報を判断するためのポイントをわかりやすく解説する。

40℃超えの日本列島でヒトは生きていけるのか
——体温の科学から学ぶ猛暑のサバイバル術

永島　計

体温の決まり方、温度の感じ方、ヒト以外の動物の暑さ対策、熱中症が発症する理由、運動と体温の関係など、広範な話題から解き明かす体温調節のしくみ。

「かわいい」のちから
——実験で探るその心理

入戸野宏

かわいい色や形、年齢や性別による感じ方の違い、かわいいものに近づきたくなる心理などを実験心理学で探る。これまでになかった、科学的なかわいい論の登場。